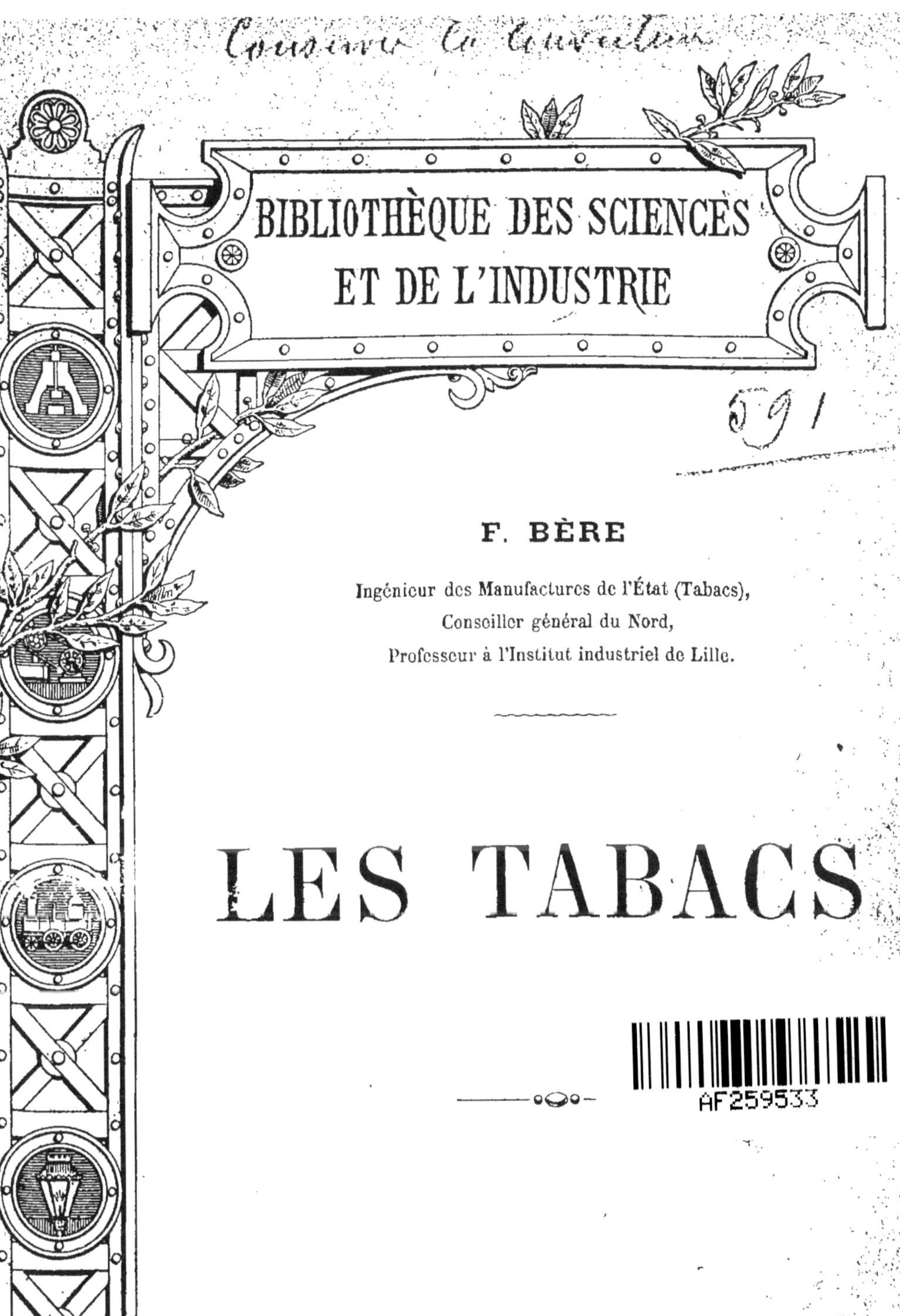

F. BÈRE

Ingénieur des Manufactures de l'État (Tabacs),
Conseiller général du Nord,
Professeur à l'Institut industriel de Lille.

LES TABACS

PARIS

ANCIENNE MAISON QUANTIN
LIBRAIRIES-IMPRIMERIES RÉUNIES
7, rue Saint-Benoît.
MAY & MOTTEROZ, DIRECTEURS

LES TABACS

BIBLIOTHÈQUE DES SCIENCES ET DE L'INDUSTRIE

PUBLIÉE SOUS LA DIRECTION

De MM. J. PICHOT et POL LEFÈVRE, anciens élèves de l'École Polytechnique.

LES TABACS

PAR

F. BÈRE

Ingénieur des Manufactures de l'État (Tabacs),
Conseiller général du Nord,
Professeur à l'Institut industriel de Lille.

PARIS

ANCIENNE MAISON QUANTIN

LIBRAIRIES-IMPRIMERIES RÉUNIES

7, rue Saint-Benoît

MAY ET MOTTEROZ, DIRECTEURS

PRÉFACE

———

Cet ouvrage présente un exposé complet des connaissances acquises jusqu'à ce jour sur la botanique, la culture et la chimie du tabac.

Précédé d'un historique sur le tabac, il fait aussi connaître les procédés de fabrication, et les opinions si opposées qui, à toutes les époques, ont été exprimées sur les effets du tabac.

Envisageant le tabac à tous les points de vue, il s'adresse ainsi à toutes les personnes qui, à un degré quelconque, s'occupent du tabac, c'est-à-dire aussi bien aux consommateurs qu'aux hommes spéciaux, cultivateurs ou fabricants.

Commencé par mon fils, ingénieur à la manufacture des tabacs de Lille, enlevé par la mort en pleine jeunesse, il n'a pu être achevé par lui, et j'ai dû, cédant à un pieux devoir, le terminer.

Les chapitres que j'ai traités ne se rapportent qu'à l'établissement du monopole en France, à son exploitation, à ses résultats, — à son organisation aussi dans quelques pays étrangers, — et aux effets thérapeutiques ou physiologiques du tabac.

1

Je n'ai eu, pour cela, qu'à compulser des documents administratifs, ou à recourir aux publications de quelques savants et de l'Académie de médecine.

J'ai été aidé dans l'accomplissement de ma tâche par les administrations des Manufactures de l'État et des Contributions indirectes, qui ont mis avec empressement à ma disposition tous les renseignements que je leur ai demandés, et je leur en exprime ici mes bien sincères remerciements.

Puisse donc cet ouvrage rendre quelque service et prolonger ainsi le souvenir de celui qui, en l'entreprenant, n'a pas eu d'autre but.

A. Bère,

Ingénieur en chef des mines.

LES TABACS

CHAPITRE PREMIER

Historique.

L'origine du tabac n'est point parfaitement établie ; on s'accorde cependant à penser que cette plante, appelée à prendre une place si importante dans la consommation des peuples, dans les goûts et les besoins des hommes et, par suite, dans les budgets des États, est originaire d'Amérique. Les premiers récits mentionnant l'existence du tabac datent du xve siècle.

Suivant certains auteurs, l'usage du tabac était déjà ancien à cette époque dans le nouveau monde, particulièrement dans la vallée du Mississipi. Il en est fait mention dans les relations des voyages de Christophe Colomb. Lorsque ce grand navigateur aborda dans l'île de Cuba, des hommes de son équipage, envoyés en exploration dans l'intérieur, virent des naturels qui tenaient un petit tison, formé d'herbes en ignition, et en aspiraient la fumée.

L'évêque Don Barthélemy de Las Cazas raconte le fait tout au long dans son *Histoire générale des Indes :* « Ce tison, dit-il, était une espèce de mousqueton bourré d'une feuille sèche, que les Indiens appellent *tabaccos*, et qu'ils allument par un bout, tandis qu'ils hument par l'autre extrémité, en aspirant entièrement sa fumée avec leur haleine. »

D'après Oviedo, les Indiens ont une coutume particulièrement détestable, qui consiste à aspirer des fumées qu'ils appellent *tabaco,* et ils le font avec une herbe qui a la qualité d'un poison.

Les Espagnols en auraient, dit-on, contracté l'usage dès la fin du xve siècle, car on raconte que les compagnons de Magellan, ayant débarqué, en 1521, dans l'une des Philippines, un indigène, caché derrière des bambous, les observa de loin et raconta ensuite aux principaux du pays que les nouveaux venus mangeaient du feu pour terminer leurs repas.

Les historiens portugais ont dit quel usage les Indiens faisaient du tabac en certaines circonstances. Dans les assemblées populaires, on envoyait de la fumée de tabac au visage des orateurs pour les mettre en état d'extase ou d'ivresse stupéfiante.

Le prêtre, chez les Natchez, rendait hommage à la divinité en lançant une bouffée de tabac vers le ciel au lever du soleil.

Le calumet, la pipe des sauvages, est encore, chez certaines peuplades, un symbole de paix. Un Caraïbe, dit Bernardin de Saint-Pierre, faisait fumer, en signe de paix, des matelots dans son calumet. Il y avait aussi le calumet de guerre qu'on se passait de bouche en bouche au moment de décider une expédition, en signe d'enrôlement. Pour terminer une guerre, on envoyait aux ennemis un calumet de paix qui était toujours reçu avec de grands honneurs, car l'Esprit était censé résider dans la fumée, et on eût craint d'offenser le Grand Esprit en dédaignant le calumet.

Le calumet de paix est une pipe de quatre pieds de long, avec foyer de terre rouge et tuyau d'un bois léger sur lequel sont peints des emblèmes de diverses couleurs. Quand les chefs sont rassemblés, on allume le calumet avec des charbons ardents, puis, en le faisant passer par différentes positions, suivant un rite convenu, on implore l'assistance du Grand Esprit, on exorcise les démons, et on appelle la protection des esprits de l'air, de la terre et de l'eau. Le chef du peuple lance ensuite la fumée vers le ciel, vers la terre et passe le calumet aux assistants.

Quelques tribus lui donnaient le nom de *yoli* ou *picelt,* ou bien encore de *gett* ou *piciete;* le nom de *petun* était fort usité en Amérique : au Brésil, disent les uns, dans le Yucatan, suivant les autres; on a dit aussi que le tabac sous ce même nom fut découvert en Floride. A Haïti, on l'appelait *cohoba.*

Mais d'où vient le mot qui a fait fortune? Est-ce de Tabasco, dans la province de Yucatan, où les Espagnols ont trouvé la fameuse plante? Ou bien de Tabago, une des Petites-Antilles, où l'on a prétendu qu'elle fut également découverte?

On admet généralement, d'après un extrait de l'*Histoire générale des Indes* de Barthélemy de Las Cazas, que le nom de tabac vient de la pipe primitive, de l'ustensile dont on se servait pour aspirer la fumée, roseau percé ayant la forme d'un V.

L'histoire de l'introduction du tabac en Europe reste aussi assez vague. Cortez, dit-on, en envoya des graines, vers 1518, à Charles-Quint; l'amiral Drack, revenant de Virginie, en apporta en Angleterre. Vers la même époque, Hernandez de Tolède l'aurait, dit-on encore, introduit en Espagne et en Portugal.

C'est à partir du milieu du xvie siècle que le tabac commence réellement à être connu et l'usage à s'en répandre. L'honneur de l'avoir mis en vogue revient au célèbre Jean Nicot; mais il semble qu'une part de cet honneur doive être réservée à un cordelier, André Thivet, qui, dans ses ouvrages, l'a énergiquement revendiquée.

Cet André Thivet était un moine originaire d'Angoulême. D'humeur fort remuante, il voyagea beaucoup dans toutes les parties du monde et eut d'assez nombreuses aventures. En 1555, il arriva au Brésil, dans la baie de Ganabara, avec le seigneur Villegagnon, chargé par Coligny, grand-amiral à la cour de France, de fonder un établissement dans le pays au profit des protestants.

Il en revint peu après, apportant en France des graines de ce qu'on appela *l'herbe étrange,* et dans son ouvrage *la France antarctique,* qui parut en 1558, il s'exprime ainsi : « Il y a aultre singularité d'une herbe qu'ils nomment en leur langue *petun,* laquelle ils portent ordinairement avec eux, parce qu'ils l'estiment merveilleusement profitable à plusieurs choses. Elle ressemble à notre buglosse. Or, ils cueillent soigneusement ceste herbe et la font sécher à l'ombre dans leurs petites cabanes. La manière d'en user est telle : ils enveloppent, estant seiche, quelque quantité de ceste herbe en une feuille de palmier, qui est fort grande, et la rollent comme de la grandeur d'une chandelle; puis, mettant le feu par un bout, en reçoivent la fumée par le nez et par la bouche. Elle est fort salubre, disent-ils, pour faire distiller et consumer les humeurs superflues du cerveau. Davantage, prise en ceste façon, fait passer la faim et la soif pour quelque temps. Par quoy ils en usent ordinairement, mesme quand ils tiennent quelque propos entre eux; ils tirent de ceste fumée et puis parlent : ce qu'ils font coustumièrement et successivement l'un après l'autre en guerre, où elle se trouve très commode. Les femmes n'en usent aucunement. Vray est que si l'on prend trop de ceste fumée ou parfum, elle enteste et enyvre comme le fumet d'un fort vin. Les chrestiens estant aujourd'hui par delà sont devenus merveilleusement frians de ceste herbe et parfum. Combien qu'au commencement l'usage n'est sans danger avant que l'on y soit accoustumé, car ceste fumée cause sueurs et faiblesses jusques à tomber en quelque syncope, ce que j'ai expérimenté en moi-mesme, et n'est tant estrange qu'il semble, car il se trouve assez d'autres fruits qui offensent le cerveau, combien qu'ils soient délicats et bons à manger. »

Nous trouvons là une description d'un cigare primitif, avec un exposé élémentaire, mais exact, des effets physiologiques du tabac.

André Thivet, devenu par la suite cosmographe du roi, garde des curiosités royales, aumônier de Catherine de Médicis, donna à sa découverte le nom *d'herbe angoulmoisine,* en l'honneur de sa ville natale, et, dans ses ouvrages, notamment sa *Cosmographie universelle,* publiée en 1571, il s'en fit un titre de gloire, protestant contre l'opinion qui, dès cette époque, se montrait à son égard peu reconnaissante.

Il est certain que le véritable auteur de la fortune du tabac, celui qui l'a, en quelque sorte, lancé dans le monde, est l'homme qui jouit encore d'une juste célébrité, maître Jean Nicot.

En 1559, Jean Nicot, maître des requêtes « des défunts rois et dauphins François et de la royne mère », fut nommé ambassadeur en Portugal. Un jour, en 1560, un gentilhomme flamand, alors garde des papiers royaux à Lisbonne, auquel il rendait visite, lui fit cadeau de quelques graines d'une plante nouvelle, récemment apportée de la Floride. Nicot les fit semer et cultiva la plante qui, grâce à son patronage, attira l'attention publique et fut appelée *herbe à l'ambassadeur*. Le gentilhomme flamand dont il s'agit est Damian de Goes, qui était né en Portugal, mais s'était fait remarquer par ses écrits à Louvain, où il avait longtemps vécu.

M. Ferdinand Denis, qui rapporte ces faits, d'après Néander, explique comment les Portugais, dont toutes les relations étaient avec le Brésil, possédaient des graines provenant de l'Amérique du Nord. Elles avaient été rapportées, dit-il, par les compagnons d'un fameux aventurier, Hernand de Soto, qui, avec six cents hommes, avait parcouru la Floride.

Son expédition a été contée par un gentilhomme portugais qui en fit paraître le récit en 1685.

Nicot introduisit à la cour de France les graines de tabac, puis la plante elle-même, qu'il avait déjà cultivée dans son jardin de Lisbonne. C'est là qu'elle aurait été vue, dit-on, par François de Lorraine, commandeur des galères du Ponant et grand-prieur de France, et ce grand seigneur la fit également fructifier dans tout le royaume. La nouvelle plante trouva, en même temps, un plus haut patronage, celui de la reine mère, Catherine de Médicis, à qui Nicot en fit hommage. *L'herbe sainte*, — c'est ainsi qu'on l'appelait en Portugal, à cause de ses effets merveilleux, — se répandit donc dans notre pays, et on la désigna sous les noms de *nicotine* ou *herbe de M. le prieur, herbe de la reine mère* ou encore *médicée*. Plusieurs hauts personnages de l'époque se signalèrent parmi les amateurs de cette herbe qu'on appela le plus généralement la *nicotine*.

Son succès est dû à ses protecteurs de haut parage; mais, si on se rapporte à un écrit de Charles Lestimon et Jean Lechaut, publié en 1676, les matelots faisaient déjà, avant la fin du xvie siècle, usage du petun, qu'ils avaient trouvé au Brésil, où ils se rendaient pour faire le commerce des bois : « Ce que nous pouvons colliger être vray par ceux qui sont revenus de la Floride et par les mariniers qui retournent tous les jours des Indes, lesquels apportent pendus à leur col petits entonnoirs ou cornets faits de feuilles de palme ou de cannes ou de joncs, au bout desquels cornets sont insérées et entassées plusieurs feuilles sèches entortillées et emminuées de cette plante. »

Le nom de *médicée*, quoiqu'il fût adopté par des courtisans désireux de flatter la puissante protectrice du tabac, ne le fut pas, nous l'avons dit, par l'opinion publique; il provoqua même des critiques acerbes, si on en croit une épigramme du temps attribuée à Buchanan: « Catherine de Médicis, cette femme dévorée d'ambition, l'horreur et le fléau des siens, la Médée de son siècle, a appelé cette plante *médicée...* O vous, qui cherchez un soulagement à vos maux, gardez-vous bien de toucher à une plante qui porte un nom aussi infâme, et plutôt que de le prononcer ou de l'entendre, fermez la bouche et les oreilles...» Le tabac prit aussi les noms éphémères de *buglose, panacée antarctique, herbe sacrée, herbe à tous les maux, jusquiame du Pérou.*

Le tabac fut donc, en quelque sorte, naturalisé en France vers l'année 1560, grâce à Jean Nicot, dont le nom est passé ainsi à la postérité.

Jean Nicot, sieur de Villemain, était né à Nimes en 1530; il mourut à Paris, le 10 mai 1600, et fut enterré en l'église de Saint-Paul. D'après Blanchard, sa postérité masculine s'éteignit dès 1611, en la personne de son petit-fils. Jean Nicot fut aussi un érudit et un lettré : il publia, en 1566, une très bonne édition de la chronique d'Aimoin, *Histoire des Francs*, et écrivit un *Trésor de la langue française*, qui fut imprimé seulement en 1606. Il fit aussi un travail sur la marine. Il est juste de rendre tous ses titres à celui qui fit à sa patrie un cadeau si précieux, ou, du moins, si productif, car, quelle que soit l'opinion que l'on ait sur les mérites du tabac, on ne peut nier les satisfactions qu'il procure à tant de personnes, ni les services qu'il rend aux budgets des États modernes.

Le tabac ne tarda pas à se répandre dans les autres contrées d'Europe : en Italie, où il fut introduit par les cardinaux Sainte-Croix et Tornaboni ; on l'appela *herbe de Sainte-Croix* ou *herbe de Tornabon.*

On a prétendu qu'un siècle déjà avant l'époque dont nous parlons, il avait été apporté en Espagne par un ermite nommé Loman Paul, et le médecin Murray dit qu'il était venu d'Orient en Europe, particulièrement de la Perse ; le voyageur Chardin, qui fut en Perse en 1660, aurait constaté qu'il y était connu et employé depuis très longtemps.

La Belgique et la Hollande s'accoutumèrent fort rapidement à en user, et, dès la fin du xvie siècle, il était dans ces pays l'objet d'un important trafic. Une lettre de Guillaume de Méra à Néander, écrite en 1590, montre que le goût du tabac y était déjà fort dévoloppé : « Lorsque j'étudiais la médecine à Leyden, disait-il, je voyais prendre cette fumée aux étudiants anglais et français. Les voulant un jour imiter, pour éprouver la faculté de cette herbe, elle me donna une grande émotion de ventre et d'estomach, accompagnée d'un enyvrement et vertigo si grand, que je fus contraint de m'appuyer pour me retenir, ce qui ne fut pas de longue durée. » Beaucoup de fumeurs retrouveront là leurs premières sensations.

En 1595, sir Walter Raleigh introduisit la culture du tabac en Irlande, d'où elle gagna l'Écosse et l'Angleterre. Favori de la reine Élisabeth, le jeune Raleigh avait été envoyé en Amérique pour faire de nouvelles explorations. En visitant le pays qui fut, depuis lors, appelé Virginie, il remarqua les tuyaux d'argile dont se servaient les habitants pour aspirer la fumée du tabac, et il rapporta aussi en Angleterre quelques-uns de ces tuyaux qui eurent grand succès. La reine Élisabeth se montra très favorable au tabac.

Son successeur, Jacques Ier, en fut, au contraire, l'ennemi déclaré. Il fit enfermer dans la Tour de Londres, sous prétexte de complot, le malheureux Raleigh, qui fut, après quinze ans d'emprisonnement, décapité dans l'ancien palais de Westminster.

Nous verrons plus tard quelles opinions ont été émises sur l'influence hygiénique du tabac et sur ses effets thérapeutiques. Mais si, dès son apparition, il eut ses partisans et ses admirateurs, si on lui attribua des vertus tout à fait merveilleuses, il souleva aussi des hostilités très vives et eut même des persécuteurs. Jacques Ier peut en être regardé comme le plus ancien ; craignant l'abus qu'on semblait en faire dans le royaume, il écrivit contre le tabac un savant traité, *le Misocapnos*, où il menace les fumeurs de peines sévères et leur adresse ces avertissements : « Si vous avez un reste de pudeur, quittez cette folie ; rejetez loin de vous cette plante ramassée dans la boue. C'est par ignorance que vous l'avez reçue, et c'est par stupidité que vous en avez usé. Si vous ne suivez mes conseils, vous attirerez sur vous la vengeance divine, vous nuirez à votre santé, vous ruinerez votre bourse, vous déshonorerez la nation aux yeux de vos concitoyens et aux yeux des étrangers. D'ailleurs, c'est une chose qui répugne à la vue, d'une odeur insupportable, nuisible à l'intelligence ; pour tout dire, enfin, ses noirs tourbillons de fumée ressemblent aux vapeurs qui s'échappent des enfers. »

Les jésuites polonais opposèrent aux écrits du roi Jacques un autre ouvrage : *l'Anti-Misocapnos.*

Le grand-duc de Russie, Michel Feodorowicz, se montra aussi extrêmement sévère pour les fumeurs. A la suite d'un incendie survenu en 1650 dans sa capitale et dû à l'imprudence de fumeurs, il fit défense d'user du tabac sous les peines les plus rigoureuses : c'était, d'abord, la bastonnade ; en cas de récidive, le délinquant devait avoir le nez coupé et pouvait même être décapité.

Cependant quelques années plus tard, son petit-fils, Pierre le Grand, permit la vente du tabac, et la concéda au marquis de

Carmathen et à des négociants anglais, moyennant la somme de 15.000 livres sterling. Le clergé russe ayant déclaré hérétique quiconque oserait faire usage du tabac, Pierre le Grand déclara qu'il ferait fumer le clergé lui-même, et, lorsqu'il revint d'Europe dans ses Etats, il s'escorta d'une armée de fumeurs.

Le sultan Amurat IV, en Turquie, défendit, sous peine de mort, l'usage du tabac tant à fumer qu'à priser, par un respect exagéré du Coran qui, condamnant l'ivresse, proscrivait, en même temps, suivant lui, le tabac. Peut-être aussi craignait-il que le tabac n'excitât les janissaires et amenât des séditions. « Mahomet IV, dit Petton de Tournefort, dans une relation de voyage au Levant, faisait quelquefois sa ronde pour surprendre les fumeurs, et l'on assure qu'il en faisait pendre autant qu'il en trouvait; mais c'était après leur avoir fait percer une pipe au travers du nez et leur avoir fait attacher autour du col un rouleau de tabac. »

Schah-Abbas, souverain de Perse, fut, lui aussi, un persécuteur du tabac. On raconte qu'un jour, après dîner, il offrit à ses courtisans des pipes contenant, au lieu de tabac, du fumier de cheval desséché. Ceux-ci, en vrais courtisans qu'ils étaient, l'ayant trouvé excellent, il s'écria : « Maudite soit la drogue que l'on ne saurait discerner du fumier de cheval ! » Mais son hostilité contre le tabac allait souvent plus loin, car il faisait aussi couper le nez et les lèvres aux fumeurs.

D'ailleurs, les menaces et les peines n'empêchèrent point les Turcs ni les Persans de prendre goût au tabac et, peu après toutes ces persécutions, l'habitude de fumer était devenue générale parmi ces peuples.

Revenons en Europe, où les rigueurs contre le tabac ne furent point, heureusement, poussées aussi avant, les procédés de la justice orientale ne pouvant guère y être pratiqués.

La cour de Rome intervint aussi. Le tabac fut condamné par le pape Urbain VIII, qui lança même contre lui une bulle, en 1642. Après avoir rappelé quelles règles de décence s'imposent dans les maisons de prière, il dit : « Nous avons appris depuis peu que la mauvaise habitude de prendre par la bouche ou le nez l'herbe appelée vulgairement tabac s'est tellement répandue dans plusieurs diocèses, que les personnes des deux sexes, même les prêtres et les clercs, autant les séculiers que les réguliers, oubliant la bienséance qui convient à leur rang, en prennent partout, et principalement dans les églises de la ville et du diocèse d'Hispale (Séville) et ce, dont nous rougissons, en célébrant le très saint sacrifice de la messe : ils souillent les linges sacrés de ces humeurs dégoûtantes que le tabac provoque, ils infectent nos temples d'une odeur repoussante, au grand scandale de leurs frères qui persévèrent dans le bien, et semblent ne point craindre l'irrévérence des choses saintes. » Suit l'interdiction d'user du tabac, en le mâchant, en le fumant dans les pipes, ou en le prenant en poudre par le nez, enfin, d'en faire emploi de quelque manière que ce soit sous les portiques et dans les églises, le tout sous peine d'excommunication.

La bulle fut combattue : les jésuites déclarèrent que l'Église ne pouvait condamner l'usage du tabac. On alla jusqu'à la satire, imitée de la Bible : « Pourquoi employer les armes du pouvoir contre une feuille qu'emporte le vent, et persécuter une feuille sèche ? »

Le monde religieux était divisé : des évêques condamnèrent à une amende les paroissiens usant du tabac ; c'était déjà composer avec lui et tracer, en quelque sorte, la voie de l'avenir. L'évêque de la Grande-Canarie, don Bartholomeo de la Camara, défendit aux prêtres d'user du tabac avant de dire la messe et deux heures après. Clément XI révoque la bulle d'Urbain VIII et interdit le tabac dans l'église Saint-Pierre seulement. La reine d'Espagne Élisabeth défendit de priser dans les églises et autorisa les bedeaux à confisquer à leur profit les tabatières des personnes qui priseraient pendant la messe.

Enfin, ces rigueurs, qui peut-être contribuèrent à la popularité du tabac, cessèrent peu à peu, et les souverains ne songèrent plus qu'à profiter des goûts du public pour augmenter leurs ressources.

L'histoire du tabac devient, dès lors, celle d'une industrie qui se développe rapidement, intéressante, tant par les procédés de fabrication qu'elle emploie, que par les revenus qu'elle procure aux États modernes, suivant divers modes d'exploitation.

Nous nous occuperons d'abord du tabac en lui-même, c'est-à-dire de la plante.

CHAPITRE II

Botanique.

Le tabac a été rangé par de Jussieu dans la famille des solanées ; c'est donc un dicotylédoné.

Si nombreuses sont les variétés de tabac et si diverses les formes par lesquelles on distingue souvent les tabacs de provenances différentes, qu'il n'est pas superflu de rappeler quelques caractères botaniques des feuilles en général. Dans les végétaux qui nous occupent, les dicotylédonés, les feuilles ont un contour denté ou crénelé, et les nervures, qui naissent les unes des autres, forment un angle aigu. Les feuilles sont diversement placées les unes par rapport aux autres ; elles sont dites opposées ou verticillées quand elles naissent à même hauteur au nombre de deux ou en plus grand nombre sur la tige ; alternes, lorsqu'elles sont à des hauteurs inégales.

Rappelons qu'une fleur complète se compose, de l'extérieur à l'intérieur, de lames ovales appelées folioles du calice, puis de lames plus développées qui sont les pétales, de filets terminés par un renflement qui sont les étamines, et enfin d'un amas de corps verts, ovales, qui sont les carpelles. Les fleurs se développent à l'extrémité de la tige ou des axes collatéraux. Le cercle sur lequel sont les premières folioles s'appelle calice, et celui des pétales porte le nom de corolle ; rappelons aussi que le pistil est le cercle des carpelles. Les cercles d'organes sont nommés les verticilles.

L'inflorescence, ou arrangement des fleurs sur la tige, est définie ou indéfinie ; elle est dite définie, si l'axe primaire porte immédiatement une fleur; indéfinie, si les fleurs se trouvent seulement à l'extrémité d'axes d'ordre moins élevé; le tabac est une plante à inflorescence définie.

Les verticilles floraux se distinguent par diverses combinaisons : notamment la réunion ou soudure des parties voisines; ainsi les différentes parties d'un même verticille, les pétales, par exemple, peuvent être réunies entre elles dans la corolle; celle-ci est alors caractérisée par le mot de monopétale, par opposition au mot de polypétale qu'on réserve pour d'autres combinaisons. La fleur du tabac est monopétale. Les différents verticilles peuvent aussi se souder entre eux, d'où une nouvelle distinction. On nomme hypogynes les étamines qui, indépendantes du calice et du pistil, sont fixées au-dessous du pistil. La fleur du tabac porte des étamines hypogynes.

Fig. 1.
Fleur de tabac.

Le calice est le premier verticille de la fleur à l'extérieur, puis on trouve la corolle qui est l'enveloppe colorée. La corolle monopétale du tabac est régulière à cinq divisions; elle a la forme d'un entonnoir; elle s'épanouit comme un cône renversé, de sorte que le limbe ou partie élargie du pétale rappelle la forme d'un entonnoir, d'où le nom de corolle infundibuliforme; Tournefort désigne le tabac par les mots d'herbe à fleur infundibuliforme.

On n'ignore point que l'étamine et le pistil sont les organes de la fécondation. Dans l'étamine, il y a une partie essentielle, l'anthère, qui en est l'épaississement supérieur, et une deuxième partie, le filet, au-dessous, qui se présente sous la forme d'un cylindre mince. L'anthère est un corps creux dont chaque cavité, dite loge, contient la poussière appelée pollen. Les loges de l'anthère se vident en s'ouvrant naturellement; ce phénomène est

Fig. 2.
Étamines.

ce qu'on nomme la déhiscence. La fleur du tabac possède cinq étamines, inserées à la base de la corolle, alternes avec les divisions de celle-ci ; c'est là encore un caractère particulier.

Fig. 3.
Ovaire.

Le pistil nous permet d'en distinguer d'autres ; il est composé, comme on sait, de feuilles modifiées ou carpelles ; or le carpelle complet se compose lui-même de trois parties : un ovaire, ou cavité close renfermant un ou plusieurs corps plus petits, les ovules, le style qui est un prolongement supérieur rétréci et creux, et le stigmate qui termine le style, dont il se distingue par un renflement et un tissu spécial, appelé tissu conducteur, en raison du rôle qu'il joue dans la fécondation. Quelquefois les carpelles sont soudés entre eux ou avec les autres verticilles de la fleur, notamment le calice ; dans le tabac, cette soudure ne se rencontre point ; l'ovaire est libre. Cette disposition était autrefois désignée ainsi : calice infère, ovaire supère qui indique la position relative du calice et de l'ovaire.

Fig. 4. — Capsules.

Il peut arriver que dans le pistil les ovaires soient composés de plusieurs feuilles carpellaires et que plusieurs styles se confondent en un seul ; alors l'ovaire est partagé en plusieurs cloisons ou loges ; sur la paroi de ces loges se dessine une ligne dite ligne placentaire, qui est l'attache des ovules et par laquelle ceux-ci puisent leur nourriture. La distribution des ovules ou des lignes placentaires est appelée placentation.

Fig. 5.
Placentas.

Lorsque la ligne des placentas occupe le bord des feuilles carpellaires et en même temps se trouve dans l'axe de la fleur, les feuilles carpellaires étant repliées sur elles-mêmes, on dit, — c'est le cas du tabac, — que la placentation est axile. Dans les solanées, donc dans le tabac, le style est simple, mais le stigmate qui termine le style forme deux loges, d'où le nom de stigmate bilobé.

Après la fécondation, tous les organes de la fleur disparaissent

successivement, sauf l'ovule qui se développe pour devenir graine,
et l'ovaire qui subsiste, protégeant l'ovule, et devient le péricarpe.
Cet ensemble constitue le fruit. C'est la transformation de la feuille
carpellaire, particulièrement de l'ovaire et des ovules, qui donne
les diverses parties de certains fruits, en termes vulgaires, la peau,
la chair, le noyau, et, en termes de botanique, l'épicarpe, le méso-
carpe et l'endocarpe. Les modifica-
tions de ces organes sont d'ailleurs
très diverses dans les végétaux.
Rappelons aussi que les fruits syn-
carpés sont les fruits formés de carpelles réunis en un corps unique,
les fruits apocarpés ceux qui sont
formés de carpelles indépendantes,
que les fruits déhiscents sont les
fruits qui s'ouvrent d'eux-mêmes
à la maturité; que, si chaque carpelle contient une seule graine,
elle est monosperme; polysperme,
dans le cas contraire. Les solanées
donnent un fruit à déhiscence septicide : ce dernier mot signifie que
les cloisons des carpelles se dis-
joignent avant la fragmentation du
péricarpe.

Fig. 6. — Bouquet floral.

S'il y a plusieurs loges dans
l'ovaire, le péricarpe se sépare en plusieurs pièces dont le nombre
est égal à celui des loges ou double de ce nombre, et qui sont
appelées valves. Le fruit porté par le tabac est biloculaire et
bivalve. L'ovule est contenu dans une loge de l'ovaire; il se compose, en général, d'un noyau cellulaire, enveloppé par un ou
deux sacs ou téguments, creusé à l'intérieur et contenant le sac
embryonnaire, ou masse cellulaire qui contient l'embryon. La
graine est précisément l'ovule complet, devenu tel après fécon-

dation. L'embryon se nourrit à l'aide du tissu qui l'entoure dans le sac embryonnaire et qu'on appelle périsperme. Sur l'embryon se retrouvent les cotylédons, proéminences dont nous avons parlé en commençant. Dans les solanées, l'embryon est arqué.

Nous pourrions borner là ces développements de pure botanique, qui nous offrent l'avantage de rappeler succinctement au lecteur les termes qui servent à classer le tabac au milieu des grandes familles de végétaux ; toutefois, pour bien marquer sa place, il est nécessaire de se reporter à la classification générale que nous emprunterons à Jussieu.

Linné, qui, le premier, mit de l'ordre dans les variétés de plantes, les classant d'après les organes de la fécondation, plaçait le tabac dans la pentandrie monogynie. Le système dont Antoine Laurent de Jussieu est l'auteur se fonde non seulement sur le groupement des espèces et des genres en familles, mais aussi sur la coordination de ces familles. Ainsi, dans la grande famille des dicotylédonés, il considère en particulier les monopétales, et, parmi eux, les hypogynes. Les solanées en sont une espèce particulière. Le tabac ou nicotine, de la famille des solanées, doit donc être rangé parmi les végétaux dicotylédonés monopétales hypogynes ; ses autres caractères sont les suivants : corolle régulière, portant les étamines alternes en nombre égal, un seul ovaire avec style terminal, périsperme épais, deux loges, placentation anile, feuilles alternes, fruit capsulaire à déhiscence septicide, embryon arqué. Les plantes de cette famille ont toutes des propriétés très diverses d'une énergie remarquable, notamment la propriété narcotique ; celles du tabac sont dues à un alcaloïde particulier, la nicotine.

Le tabac est, comme nous l'avons dit, originaire des contrées tropicales, mais la culture s'en est répandue partout ; herbe annuelle, cette plante ne demande pas, en effet, une grande quantité de chaleur.

On distingue trois espèces de tabac : la *Nicotiana macrophylla* (à grandes feuilles) ; la *Nicotiana tabacum*, à fleurs roses ; la *Nicotiana rustica*, à fleurs jaunes, qui se trouve principalement dans l'Afrique occidentale, l'Égypte et le midi de l'Europe. Les différentes espèces de végétaux sont susceptibles de nombreuses modifications : le tabac n'échappe point à cette règle et donne un grand nombre de variétés. Nous aurons occasion de les signaler en nous occupant de sa culture et de sa fabrication, car il y a un intérêt évident à pouvoir produire, suivant les besoins de la fabrication, des variétés qui possèdent des propriétés déterminées ; l'hybridité, qui est la fécondation d'un individu par un autre d'une espèce différente, est un des moyens fréquemment employés pour atteindre ce but.

Nous nous bornerons ici à signaler quelques-unes des principales variétés, dont nous emprunterons l'énumération à l'ouvrage du baron de Babo, et qui se trouvent aussi indiquées dans l'ouvrage plus récent de Ladislaus von Wagner.

PREMIÈRE DIVISION. — *Fleurs rouges ou rougeâtres.*

Nicotiana macrophylla (originaire du Maryland). — Tige ramifiée à la partie supérieure, feuilles s'écartant de la tige, larges ou étroites, ovoïdes : le parenchyme est tantôt mince, tantôt épais.

On distingue deux espèces : la première est le Maryland à feuilles sessiles, ainsi nommées parce que les feuilles, dépourvues de pétiole ou de pied, reposent directement sur la tige. Comme variétés, nous trouvons : 1° le Maryland à feuilles oblongues, lancéolées ; côtes minces ; nervures secondaires bien écartées les unes des autres, et parenchyme mince. Les feuilles provenant du Maryland, du Brésil, de la Havane se rapprochent de cette forme ; 2° le Maryland à larges feuilles, avec tige très élevée, feuilles s'écartant beaucoup les unes des autres, épaisses, onctueuses ; ce tabac est appelé aussi tabac d'Amersfort ; 3° le Maryland à courtes feuilles, avec tige très élevée, feuilles très espacées, ovoïdes, côtes minces, nervures secondaires à angle droit sur la nervure médiane, parenchyme assez épais ; 4° le Maryland à grandes feuilles ou Ohio, variété semblable à la précédente, mais portant des feuilles plus grandes et plus arrondies.

Le Maryland à feuilles pétiolées forme la seconde espèce. On distingue les variétés suivantes : 1° le Maryland à pétiole ailé, ainsi nommé parce que le pétiole porte des fragments de parenchyme en forme d'ailes ; les feuilles sont ovoïdes et plus petites

Fig. 7. — Tabac à grandes feuilles.   Fig. 8. — Tabac à grandes feuilles.

que dans l'espèce déjà indiquée ; 2° le Maryland pétiolé proprement dit, avec tiges minces et élevées, feuilles très écartées, petites, ovoïdes, pétioles courts, nervures secondaires à angle droit sur la nervure médiane, parenchyme épais. Le tabac turc, le tabac chinois appartiennent à cette variété.

Deuxième division. — Fleurs roses.

Nicotiana tabacum. — Tabac de Virginie d'où il est originaire. Ses caractères généraux consistent en une tige ramifiée à la partie supérieure, des feuilles très rapprochées sur la tige, lancéolées, avec nervures secondaires faisant un angle aigu avec la nervure médiane, au parenchyme épais. À cette espèce appartiennent les tabacs de Hollande, du Palatinat, d'Alsace, de Norvège.

Ici également nous trouvons deux espèces : le Virginie à feuilles sessiles et le Virginie pétiolé.

Dans la première espèce, nous avons comme variétés : 1° le Virginie à feuilles étroites. Son caractère particulier est la grande longueur des feuilles par rapport à leur largeur ; 2° le Virginie ordinaire avec feuilles moins étroites que dans la précédente variété ; 3° le Virginie à feuilles lancéolées, se distinguant par ses côtes blanches ; 4° le Virginie à feuilles raides et pointues ; 5° le Virginie à feuilles larges et lancéolées avec parenchyme très mince ; 6° le Virginie à côtes épaisses, qui a aussi une forte nervure médiane ; 7° le Virginie à côtes épaisses et boursouflées, peu différent du précédent.

Dans la seconde espèce, le Virginie pétiolé, on peut distinguer deux variétés : l'une, la *Nicotiana fruticosa* des jardins, avec feuilles lancéolées à pointes aiguës et tiges très élevées ; l'autre, désignée sous le nom de tabac des Indes orientales, avec feuilles cordiformes, ovoïdes et grasses.

C'est la *Nicotiana rustica*, ou tabac à la violette, avec feuilles très écartées, pétiolées, ovoïdes, presque rondes, nervures secondaires à angle droit sur la nervure médiane, parenchyme lisse, épais, corolle courte, dont on peut distinguer aussi deux variétés : la première est le tabac qui fut connu le premier en Portugal et en France, l'herbe à l'ambassa-

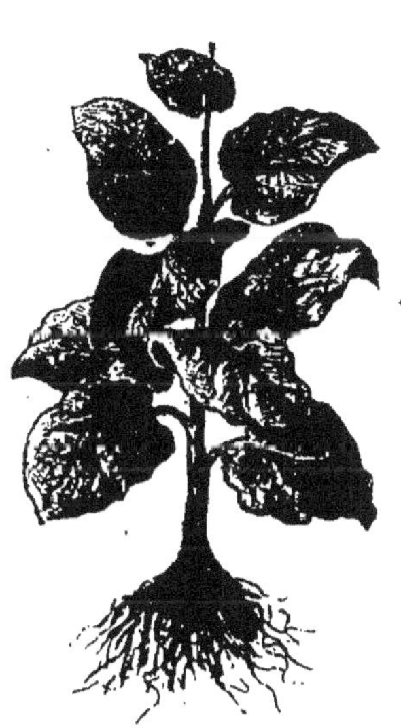

Fig. 9. — Tabac rustique
« herbe sainte ».

deur, l'herbe sainte ou tabac à la reine; la seconde variété est très petite, d'où les dénominations de tabac à la violette à grandes feuilles, et tabac à la violette à petites feuilles qu'ont reçues ces deux variétés.

Pour compléter les caractères généraux déjà indiqués, nous ajouterons que les racines du tabac sont fibreuses; sa tige cylindrique, rameuse, peut atteindre jusqu'à deux mètres de haut; ses feuilles sont, en général, grandes et fortement nervées; les noms de *Nicotiana latifolia*, *angustifolia* et *auriculata* sont parfois usités pour désigner les tabacs à feuilles larges, étroites ou auriculées. Le tabac est une plante fournissant beaucoup de dégénérescences. Le fruit renferme des semences si petites qu'un centimètre cube en contient de 4,000 à 6,000.

CHAPITRE III

Étude chimique.

Les notions sur la composition chimique du tabac sont restées longtemps vagues et confuses. D'ailleurs la chimie est une science récente ; ses procédés, appliqués à l'analyse du tabac, sont venus de notre temps expliquer les propriétés extraordinaires qu'on lui avait reconnues dès l'époque de son importation dans nos pays.

Mais les résultats de cette analyse sont variables, à la fois suivant les différentes espèces examinées et suivant l'état des feuilles que l'on traite. La nature du sol, le mode de culture exercent aussi, comme nous le verrons, une influence marquée sur la composition chimique du tabac.

Le principe caractéristique du tabac est un alcaloïde particulier, la nicotine, qui agit avec violence lorsqu'il est pris à l'intérieur, et qui produit encore un effet énergique par le simple contact avec les narines ou la bouche. Le chimiste Vauquelin en reconnut le premier la présence, mais il ne la sépara pas nettement. En traitant par la potasse ou l'ammoniaque le suc exprimé des feuilles vertes, il mit en évidence un principe âcre, volatil et incolore, mais ne put en déterminer la nature véritable. Les analyses de Vauquelin lui permirent de constater dans le tabac l'existence d'albumine, de résines, de divers acides, de silice, etc.

MM. Posselt et Reimann reprirent l'analyse des tabacs et dosèrent un grand nombre de substances qu'ils parvinrent à isoler, notamment la nicotine. MM. Pelouze, Frémy, Beauchet déterminèrent le taux pour cent de cendres dans différents tabacs et firent l'analyse de ces cendres. On reconnut ainsi que le tabac contient beaucoup de matières minérales, qu'il est riche en matières azotées, en potasse et en chaux.

Enfin c'est grâce à M. Schlœsing que l'analyse du tabac peut se faire aujourd'hui d'une manière complète et tout à fait satisfaisante ; les recherches de cet éminent chimiste l'ont conduit à déterminer un certain nombre de méthodes simples, remarquables par leur caractère pratique, qui servent non seulement à isoler tous les éléments du tabac, mais aussi à les doser ; nous les examinerons rapidement. Nous verrons, en particulier, quel est le procédé industriel qui permet de déterminer le taux pour cent de nicotine.

La première précaution à prendre, lorsqu'on veut déterminer la composition de certaines feuilles, consiste à former un échantillon représentant bien le tabac soumis à l'expérience ; à cet effet, il convient de prendre une notable quantité de ces feuilles, de les dessécher jusqu'à les rendre friables et de les réduire en poudre.

Le tabac contient une forte proportion d'eau ou d'humidité qu'on peut, en général, déterminer par une dessiccation à l'étuve Gay-Lussac. Cette proportion d'eau est très variable, car le tabac est une matière fortement hydroscopique. Après passage à l'étuve, le tabac doit contenir encore 8 à 10 pour 100 d'eau ; du moins l'état auquel on l'amène ainsi est assez bien déterminé pour que les résultats des analyses faites avec des feuilles de nature diverse soient comparables entre eux. Si on pousse la dessiccation au delà de 100°, le tabac perd encore 2 à 3 pour 100 d'eau qui provient de certains sels déliquescents ou de sels hydratés.

Les feuilles contiennent trois sortes d'éléments : les éléments minéraux, les éléments organiques et des matières indéterminées qu'on trouve dans les extraits végétaux ; la proportion de ces dernières est d'environ 10 pour 100. Les autres éléments entrent dans le tabac en proportion variant entre certaines limites qui seront indiquées plus loin. Contentons-nous tout d'abord de faire connaître les composés minéraux et les composés organiques.

COMPOSÉS MINÉRAUX

Acide nitrique.	Chaux.
Acide chlorhydrique.	Magnésie.
Acide sulfurique.	Fer.
Acide phosphorique.	Manganèse (des traces seulement).
Ammoniaque.	Silice.
Potasse.	Sable.

COMPOSÉS ORGANIQUES

Acide malique.	Nicotine.
Acide citrique.	Cellulose.
Acide oxalique.	Matières résinoïdes : corps gras.
Acide acétique.	résines, essences.
Acide pectique.	Matière azotée.

La recherche et le dosage des composés minéraux se font en préparant une certaine quantité de cendres. Pour calciner et réduire en cendres l'échantillon des feuilles que l'on veut soumettre à l'analyse, on peut opérer à l'aide d'une capsule fortement chauffée et bien exposée à l'air pendant la combustion; mais il est préférable de brûler la matière dans un courant d'oxygène à l'aide d'un appareil disposé à cet effet. On évite de la sorte certaines erreurs provenant de la décomposition anticipée de quelques éléments, comme les sulfates et les chlorures. Le dosage se fait ensuite en traitant un poids déterminé des cendres ainsi obtenues par les méthodes générales de la chimie.

Le tabac en feuilles renferme à peu près 22 pour 100 de matières minérales; 5 grammes de tabac donnent donc environ 1 gramme de cendres. Le sable et l'argile qu'on y trouve ont été apportés mécaniquement et sont étrangers à la constitution du tabac; l'analyse en donne à peu près 2 pour 100 dans les cendres.

Les résultats des analyses sont très variables avec les différents tabacs; ils varient même suivant les parties de la plante et les parties des feuilles que l'on traite.

Voici, à titre d'indication générale, le résumé de soixante-trois

4

analyses faites par M. Émile von Wolff : sur 100 grammes de cendres, il a trouvé en moyenne 29 grammes de potasse, 36 grammes de chaux, 7 de magnésie, 6 d'acide sulfurique, un peu moins de 6 grammes de silice, près de 7 grammes de chlore.

La composition varie sensiblement d'un point à l'autre de la feuille. Ainsi la distribution des nitrates entre la côte et la feuille est très inégale ; dans la feuille, les parties voisines de la côte sont plus riches que les bords en acide nitrique, et la proportion de cet acide diminue à mesure que la côte s'amincit. Cette répartition tient, peut-être, comme dit M. Schlœsing, à ce que les nitrates sont une source de la matière azotée et qu'ils se décomposent de plus en plus en s'éloignant de la côte pour se répandre dans le parenchyme.

Et, contrairement à ce que l'on pourrait croire, un tabac qui est très combustible, comme le tabac de Hongrie, ne contient presque pas d'acide nitrique ; les tabacs de Java, du Brésil, qui brûlent bien, en contiennent peu ; tel autre, qui brûle mal, en contient beaucoup.

La côte est bien plus riche en acide nitrique que le parenchyme. Dans la côte, la proportion peut aller jusqu'à 6 pour 100, ce qui correspond à 11 pour 100 de salpêtre, et, dans les feuilles écôtées, elle varie de 0,02 à 2 pour 100. Voici, d'ailleurs, quelques chiffres donnant une idée de la proportion d'acide contenue dans certains tabacs d'usage fréquent ; ces chiffres sont rapportés à 100 grammes de tabac sec :

	FEUILLES ÉCÔTÉES.	CÔTES
Feuilles d'Alsace	0,23	0,46
— du Lot	0,60	2,08
— d'Algérie (tabac des colons)	0,74	6,10
Hongrie	0,02	0,43
Maryland	0,09	0,74
Kentucky	0,97	5,67
Havane	0,14	0,72
Brésil	0,08	1,80
Java	0,02	0,15

Le dosage de l'ammoniaque offre plus d'intérêt pour les tabacs

fabriqués, la poudre notamment, que pour les tabacs en feuilles ;
dans ces derniers, la proportion varie entre 0,25 et 0,75 pour 100 ;
elle est presque nulle dans le tabac vert. Le dégagement d'ammoniaque a lieu dans les feuilles mises en tas aussitôt après la cueillette.

La recherche des matières organiques contenues dans le tabac
présente plus de difficultés que celle des éléments minéraux, car les
matières organiques, facilement altérables, ne supportent point en
général l'action de la chaleur et des réactifs énergiques dont on
peut user pour l'analyse minérale. Une méthode indiquée par
M. Chevreul est fondée sur l'emploi des dissolvants simples, ne
pouvant pas produire de décompositions et permettant de séparer
les corps qu'on recherche, tels que l'eau, l'éther, l'alcool, le sul-
fure de carbone, le chloroforme, le pétrole, l'eau acidifiée ou alca-
linisée. Cette méthode, employée par M. Chevreul pour la recherche
des corps gras, est impuissante en présence des corps insolubles ;
elle est d'une longueur extrême. On peut heureusement s'en passer
lorsqu'il s'agit d'analyser le tabac, car les principes du tabac, à
l'exception des résines, pour lesquelles la méthode des dissolvants
reste seule applicable, sont bien définis et supportent l'emploi
de certains réactifs.

Occupons-nous d'abord de la nicotine, qui est assurément
l'élément le plus intéressant. Elle a été l'objet d'études nombreuses,
entreprises par plusieurs chimistes. M. Barral l'a préparée en
distillant sur de la chaux du jus de tabac concentré. Dès 1847,
M. Schlœsing indiquait un nouveau procédé de préparation consistant essentiellement à concentrer du jus de tabac jusqu'à consistance
sirupeuse, à traiter ce jus concentré par l'alcool à 36°, à décanter,
après quelque temps de repos, le liquide clair, à ajouter de la
potasse et à employer ensuite l'éther pour entraîner la nicotine. Ce
procédé donna pour la première fois des quantités notables de
nicotine et permit de constater que cet alcaloïde était, dans le tabac,
bien plus abondant qu'on ne l'avait pensé jusqu'alors. Le procédé
actuel, imaginé aussi par M. Schlœsing, est fondé sur la solubilité de

la nicotine dans l'éther : on sature du jus de tabac concentré avec du sel marin, on ajoute de la potasse et de l'éther, et, comme la nicotine est beaucoup plus soluble dans l'éther que dans l'eau salée, elle passe, si on remue convenablement le mélange, dans l'éther, d'où on peut l'extraire par distillation.

Naturellement, nous ne pouvons insister ici sur des opérations de chimie pure. Nous nous arrêterons cependant un peu sur le dosage industriel de la nicotine, car il est fondé sur le même principe que le procédé dont il vient d'être question. Le dosage industriel se fait en utilisant la propriété dissolvante de l'eau salée, la même propriété, beaucoup plus marquée, de l'éther, et en comparant divers tabacs avec un tabac-type, contenant une quantité de nicotine bien déterminée.

Les feuilles des tabacs soumis aux expériences étant découpées en lanières d'environ 1 centimètre, on prend, après brassage, 30 ou 40 grammes de feuilles représentant un échantillon moyen. Tous les échantillons sont chauffés à 35° environ, de façon à leur laisser seulement 8 à 9 pour 100 d'eau, puis on met 20 grammes de chaque échantillon dans une certaine quantité d'eau saturée de sel marin, soit 200 centimètres cubes. Au bout de vingt-quatre heures, on décante et on verse 100 centimètres cubes des jus dans de longs tubes en verre, on ajoute 5 centimètres cubes de potasse pour déplacer la nicotine, et 30 centimètres cubes d'éther du commerce pour la dissoudre. Mais ces résultats ne s'obtiennent qu'en mêlant intimement les matières; comme l'agitation brusque des tubes causerait la formation d'une mousse très gênante dans les opérations ultérieures de l'analyse, le mélange intime s'obtient en faisant rouler ces tubes sur un appareil que M. Schlœsing a imaginé et qui est représenté figure 10.

Les tubes sont posés horizontalement sur deux courroies sans fin qu'on fait tourner avec une manivelle; ils tournent sans être entraînés par les courroies, grâce à des taquets qui, placés sur le bâti de l'appareil, empêchent le mouvement de translation. Au bout de vingt minutes, à raison de deux tours par seconde, les tubes ont fait deux mille quatre cents révolutions; la nicotine a passé dans l'éther. De chaque tube on retire 25 centimètres cubes de cet éther nicotineux qu'on laisse ensuite évaporer dans des capsules de porcelaine; il ne reste plus qu'à doser la nicotine au moyen d'une liqueur acide titrée; la comparaison des divers résultats avec

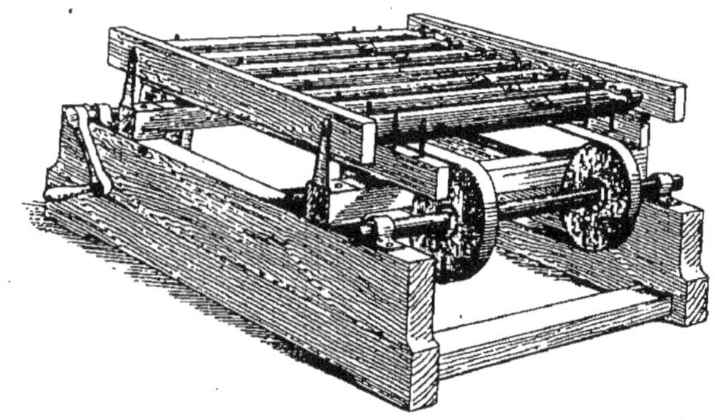

Fig. 10.

celui que donne le résidu provenant du tabac-type fait connaître la richesse en nicotine de chacun des tabacs traités.

Si on veut déterminer la proportion de nicotine, non plus par comparaison, mais directement, il faut effectuer un dosage complet: on épuise le tabac par l'éther, c'est-à-dire qu'on fait passer par une sorte de lavage prolongé toute la nicotine du tabac dans l'éther, qui est ensuite distillé; on décante le résidu dans une capsule qui est abandonnée à l'évaporation, et il ne reste plus que la nicotine avec les résines; le taux de nicotine est déterminé finalement en versant dans la capsule un acide titré, jusqu'à neutralisation complète du contenu de la capsule.

La détermination du taux de nicotine présente un grand intérêt pour le fabricant, car il y a une relation très étroite entre ce taux et la force du tabac. L'aspect des feuilles varie, d'ailleurs, suivant leur teneur en nicotine; elles sont plus ou moins foncées en couleur, suivant que cette teneur est plus ou moins élevée; dans les feuilles épaisses, ce taux de nicotine peut aller jusqu'à 8 ou 9 pour 100;

il ne dépasse guère 2 pour 100 dans celles qui ont un parenchyme fin.

Comme pour les nitrates, non seulement la richesse en nicotine varie dans les différentes espèces, mais elle varie aussi d'un plant à un autre, d'une feuille à l'autre et entre les différentes parties d'une même feuille; elle dépend du terrain, du mode de culture, des conditions climatériques. Les chiffres suivants, rapportés à 100 grammes, font connaître la richesse de quelques espèces en nicotine:

Lot.	7,96
Nord	6,58
Ille-et-Vilaine.	4,94
Alsace.	3,21
Virginie.	6,87
Kentucky.	6,09
Maryland	2,29

Nous avons vu que la nicotine est très soluble dans l'éther; le procédé de préparation de cette substance est précisément fondé sur cette propriété. Elle est soluble aussi dans l'eau froide, dans l'alcool, dans les huiles grasses; peu soluble, au contraire, dans l'eau chaude et dans l'essence de térébenthine, peu soluble aussi dans l'eau salée.

Elle est très hygrométrique; lorsqu'elle est chargée d'eau, elle se prend aisément en une masse cristalline si on la plonge dans un mélange de glace et de sel.

C'est un liquide oléagineux et qui reste incolore lorsqu'il est à l'abri du contact de l'air; dans le cas contraire, il devient jaunâtre, brun et épais.

Sa densité à la température ordinaire est de 1,02; sa vapeur a une densité assez forte : 5,62. Cette vapeur brûle en donnant une flamme blanche, fuligineuse, et un dépôt de charbon comme celui que donne la combustion des huiles essentielles.

Elle est inodore à froid, mais à chaud elle a une odeur âcre. Elle bout vers 250°.

C'est un alcali très puissant, pouvant déplacer les acides forts de leurs combinaisons et séparer les oxydes métalliques de leurs solutions salines. Elle est elle-même déplacée de ses combinaisons par l'ammoniaque. Si on la traite par le chlore, on obtient de l'acide chlorhydrique, et il reste une liqueur colorée en rouge sang. Lorsqu'on verse une dissolution aqueuse de nicotine dans une dissolution de bichlorure de mercure, vulgairement nommé sublimé corrosif, il se forme un dépôt ou précipité blanc.

Rappelons pour terminer que la nicotine est un poison violent dont les effets sont presque instantanés; elle occasionne des vertiges, des nausées, embarrasse la respiration. Une goutte suffit pour tuer un chat. Les antidotes qui peuvent être employés pour combattre ses effets sont la solution de tannin, ou les infusions concentrées de thé, de café vert, d'écorce de chêne, de quinquina.

L'acide malique et l'acide citrique sont les acides de la pomme et du citron; chacun d'eux entre pour une assez forte proportion, 5 ou 6 pour 100 environ, dans la constitution des feuilles de tabac. Leur somme constitue donc jusqu'à 10 ou 12 pour 100 du poids des feuilles. L'acide malique, soumis à la distillation, donne à 176° un liquide incolore qui cristallise rapidement; il forme avec différents corps la potasse, la chaux, etc., des sels neutres ou acides plus ou moins solubles dans l'eau. L'acide citrique, étant distillé, commence par fondre, puis entre en ébullition, abandonne de l'eau et laisse comme résidu un acide un peu différent qu'on appelle l'acide aconitique. Il se combine avec la chaux et peut donner un sel neutre, un sel acide, ou un sel basique.

On peut obtenir l'acide malique en traitant du jus de tabac à 3° ou 4° Baumé par de l'acétate de plomb concentré; on peut même profiter de ce que le malate de plomb est soluble dans l'eau, tandis que le citrate est à peu près insoluble, pour séparer nettement l'acide malique de l'acide citrique par l'addition progressive de l'acétate de plomb, et traiter ensuite le malate par l'acide sulfurique, pour obtenir l'acide malique lui-même.

L'acide citrique s'obtient, à son tour, en prenant le citrate, isolé au moyen des précédentes opérations, et en faisant agir sur lui successivement l'hydrogène sulfuré, l'acétate de plomb, la chaux et l'acide sulfurique. On trouvera dans les ouvrages de chimie le détail de ces opérations.

C'est en employant la chaux et en la faisant agir directement sur les jus de certains fruits : citrons, framboises, groseilles à maquereau, oranges, baies de divers végétaux, qu'on peut avoir aisément aussi l'acide citrique.

Ces procédés imparfaits permettent seulement d'extraire du tabac une très petite quantité des acides précités. Un dosage exact le démontre. Ce dosage s'effectue en utilisant la solubilité dans l'éther des acides qui nous occupent ; cette solubilité est faible, mais l'éther ne dissolvant ni la matière azotée ni les composés minéraux du tabac, elle est suffisante. On traite le tabac par l'acide sulfurique étendu, et on le soumet à l'action de l'éther dans un appareil à épuisement ; de l'éther, on fait passer dans l'eau l'acide citrique et l'acide malique, qui sont mêlés alors à d'autres acides : l'acide oxalique et l'acide acétique. L'acide oxalique est séparé au moyen de l'acétate de chaux ; le dosage est achevé suivant une méthode qui est fondée sur l'emploi de l'acétate de plomb.

Lorsque les acides qui entrent dans le tabac s'y trouvent à l'état de sels insolubles dans l'eau, il n'est pas possible de les obtenir par le traitement des jus, il faut les chercher directement dans les feuilles : tel est le cas de l'acide oxalique. La présence de ces sels insolubles et des acides qui les composent est révélée par l'examen des cendres du tabac. Celles-ci contiennent une quantité notable de carbonate de chaux, et comme les feuilles du végétal en contiennent naturellement fort peu, il y a lieu de penser que le carbonate de chaux a été formé pendant l'incinération par la décomposition de sels calcaires à acides organiques. Ces derniers, comme on le constate, se réduisent à l'acide oxalique, que l'on met en liberté en épuisant le tabac par des lavages et en le traitant ensuite par l'acide chlorhydrique étendu. Si, en effet, on neutralise la liqueur chlorhydrique par l'ammoniaque, on reproduit l'oxalate de chaux qui existe dans le tabac.

Nous avons parlé plus haut de l'acide acétique; le tabac en feuilles en contient un peu : 0,25 pour 100 environ. Cette proportion est bien plus forte dans le tabac à priser. On isole aisément cet acide en mettant le tabac dans un récipient où passe un courant de vapeur; l'eau condensée est traitée par le carbonate de soude, et l'acétate de soude qui se forme est soumis à l'action de l'acide sulfurique. L'acide acétique se trouve déplacé. Le même procédé sert à effectuer le dosage exact.

Plus forte que celle de l'acide acétique est la proportion d'un cinquième acide contenu dans le tabac, l'acide pectique. Le taux pour cent de ce dernier varie entre 4 et 6. On l'extrait du liquide obtenu après avoir épuisé le tabac successivement par l'eau et par l'acide chlorhydrique. On traite cet extrait par la potasse ou la soude; le résidu devient pâteux et la dissolution se colore en brun. Filtrant, puis versant de l'acide chlorhydrique, on sépare l'acide cherché.

Un meilleur procédé consiste à prendre des côtes de tabac, car elles sont beaucoup plus riches que le parenchyme en acide pectique, à les broyer, les épuiser par l'eau, par l'acide chlorhydrique, chauffer le résidu additionné d'oxalate de chaux, filtrer et verser du chlorure de calcium. Ces opérations donnent un sel double, d'où on extrait l'acide pectique en le chauffant avec de l'acide chlorhydrique concentré. Comme pour l'acide acétique, le dosage exact de l'acide pectique consiste simplement en l'application soigneuse du procédé de préparation.

On vient de voir qu'en préparant l'acide pectique on transforme le tabac en pâte sous l'action de la potasse ou de la soude. Ce phénomène s'explique par la décomposition du pectate de chaux, qui se trouve en abondance dans les côtes, dans les nervures, formant en quelque sorte le squelette des feuilles et leur donnant de la raideur.

D'autres substances remplissent le même rôle, dans le tabac

comme dans tous les végétaux, et forment les enveloppes des cellules. Dans toutes les parties de la feuille : parenchyme, nervures et côtes, se trouve la cellulose, qui donne aux tissus la rigidité et la fermeté. L'amidon et le sucre se rencontrent aussi dans le tabac vert ; on sait combien ces deux corps sont voisins de la cellulose ; ils disparaissent très vite sous l'action d'une température de 35° ou 40°. On n'en retrouve donc plus dans les feuilles quelque temps après la récolte, quand elles ont déjà subi une certaine préparation ; mais, dans les feuilles vertes, la teinture d'iode donne à l'amidon qu'elles contiennent une coloration bleue, bien perceptible au microscope.

On extrait la cellulose des matières végétales par divers procédés. Celui de Payen consiste à broyer la matière et à la traiter successivement par l'eau, l'acide chlorhydrique convenablement étendu, une solution de soude ou de potasse, puis encore par l'eau, en portant tous ces mélanges à une température élevée et en filtrant. Le résidu est de la cellulose.

Le réactif de Schweitzer, qui est une dissolution d'oxyde de cuivre dans l'ammoniaque, sert à purifier la cellulose ainsi obtenue.

Il y a encore un procédé dû à M. Péligot pour doser la cellulose dans le tabac. On commence par opérer suivant la méthode qui vient d'être indiquée ; le résidu obtenu après traitement par la potasse ou la soude et par l'eau est épuisé par l'alcool ou l'éther, puis filtré, broyé au sein du réactif de Schweitzer ; la dissolution est filtrée, et la cellulose, précipitée ou séparée par un acide.

Le tabac contient 5 à 8 pour 100 de cellulose, les parties rigides en contiennent la plus grande quantité, et les tabacs fins, comme le Maryland, sont les plus riches en cette matière.

Il nous reste à parler des matières résinoïdes, des essences que contient le tabac. Dans cette plante, les résines paraissent vertes ; mais il semble que cette coloration soit due à la chlorophylle, car si on les extrait des tissus, après dessiccation de ces derniers, elles apparaissent en vert brun foncé, et quand on les dissout dans l'éther, en épuisant les feuilles avec ce liquide, on obtient une liqueur d'un vert brunâtre.

L'éther dissout, en effet, les résines ; en même temps il dissout les huiles, les graisses et les essences ; le liquide, étant évaporé, laisse un résidu sirupeux qui, presque solide à froid, devient de plus en plus fluide, si on le chauffe, et se liquifie complètement à 80°. Les matières formant ce résidu entrent en fusion à des températures différentes ; c'est pourquoi la fluidité du mélange augmente peu à peu jusqu'à la température de 80°, où tous les principes sont à l'état liquide.

Le total de ces matières forme les 5 ou 6 centièmes du tabac sec, et leur mélange contient 4 cinquièmes de carbone. Il n'a pas été possible, jusqu'à ce jour, de distinguer nettement tous les éléments constituant des matières résinoïdes, graisses et huiles.

Lorsqu'on se propose de les extraire du tabac en totalité, il ne faut pas se contenter d'épuiser les feuilles avec l'éther, car il vient un moment où l'éther passant sur ces feuilles n'emporte plus rien et reste incolore. L'alcool, substitué à l'éther, se colore et entraîne une matière qu'on peut recueillir par l'évaporation, qui se dissout ensuite dans l'éther, et qui n'est autre que de la matière résinoïde. Il est probable que l'alcool a pu dissoudre certains sucs enveloppant les résines dans le tissu du végétal et les préservant primitivement de l'action de l'éther.

Ce qui précède montre qu'il faut, pour recueillir toutes les résines, se servir d'éther, puis d'alcool. L'éther ne dissout que les résines ; la dissolution, si on opère sur le tabac en feuilles, où la nicotine n'est pas à l'état libre, ne contient pas les sels composés de la nicotine ; mais la liqueur alcoolique a entraîné des sels de nicotine ; on s'en débarrasse tout simplement par l'eau, qui les dissout, et, de la sorte, on sépare la résine, qui vient flotter à la surface du liquide. Pour terminer, on filtre, on lave avec certaines précautions, et on distille l'éther.

Il existe encore dans le tabac une matière grasse qu'on a découverte en examinant les suies déposées dans les cheminées où passent les gaz sortant des torréfacteurs, appareils servant dans les manufactures à dessécher le tabac à fumer. Cette matière, soluble dans l'éther, analogue à la cire des abeilles, est un carbure d'hydrogène très riche en carbone.

Le tabac renferme aussi une essence particulière qu'on peut isoler en faisant passer un courant de vapeur sur du tabac haché, et en condensant la vapeur dans un serpentin. Le liquide obtenu a une couleur ambrée et une odeur de vieux cuir; on en sépare complètement l'essence par des distillations fractionnées. Il convient d'opérer de préférence sur un tabac fortement odorant, comme le Virginie.

M. Wunschendorff, à qui est dû ce procédé, a obtenu environ 15 grammes de cette essence en traitant 300 à 400 kilogrammes de tabac; elle est remarquable par son odeur persistante de vieux cuir; son analyse n'a pas été faite.

« Au point de vue pratique, dit M. Schlœsing, cette substance n'offre d'ailleurs que peu d'intérêt; elle ne doit entrer que pour une faible part dans le parfum de la fumée de tabac, parfum qui est la résultante d'une foule d'odeurs : celles de l'ammoniaque, de la nicotine et de tous les produits volatils qui prennent naissance pendant la combustion des principes des feuilles. »

Le tableau donné plus haut des éléments contenus dans le tabac se termine par la matière azotée. En quoi consiste cette matière? on ne le sait au juste. Mais sa présence est révélée par l'incinération du tabac; il se dégage dans cette opération une odeur de corne brûlée, odeur caractéristique de la matière azotée.

Elle peut être extraite en traitant du jus par un sel métallique, l'acétate de cuivre, par exemple; l'oxyde de cuivre donne avec la matière cherchée un composé insoluble, tandis que les combinaisons formées avec tous les autres corps sont solubles. On arrive ainsi à séparer une poudre brune qui, étant desséchée, brûle avec une facilité remarquable. Elle pourrait encore être extraite par des lavages à l'eau, à l'acide chlorhydrique, suivis d'un épuisement au moyen d'un alcali.

Ces procédés ne sont pas excellents, car la matière azotée reste mêlée à une notable proportion de matières étrangères.

On ne peut déterminer avec exactitude que la quantité d'azote qu'elle renferme. Outre l'azote de la matière dont il s'agit, le tabac contient l'azote de la nicotine, celui de l'ammoniaque et celui de l'acide nitrique ; or, ces trois derniers composés peuvent être dosés : l'azote qu'ils contiennent étant retranché de l'azote total, on obtient celui qui correspond uniquement à la matière azotée proprement dite. L'azote total se détermine par les procédés de l'analyse élémentaire organique, au moyen de la chaux sodée, par exemple. Le taux d'azote trouvé pour le tabac sec est voisin de 12 pour 100.

La matière azotée qui entre dans le tabac vert a, sans doute, une composition un peu différente de celle qui subsiste dans le tabac sec, car, en se desséchant dans les greniers ou les magasins, la matière azotée du tabac frais se décompose et donne naissance à divers produits. Si on admettait que la matière azotée du tabac vert est analogue à l'albumine végétale, on en conclurait qu'elle contient, comme cette albumine, 16,5 pour cent d'azote, et de la quantité d'azote on pourrait ainsi remonter à la quantité de matière azotée elle-même. Mais, ainsi que nous venons de le dire, l'incertitude subsiste, car c'est le tabac sec seulement qu'on a analysé, et la composition de la matière azotée a certainement varié pendant la dessiccation.

La liste des composés que nous avons fait connaître et auxquels nous nous sommes arrêtés plus ou moins longuement n'est pas encore complète, car il se trouve dans le tabac des matières que l'analyse n'a ni séparées, ni déterminées, qui sont solubles dans l'eau, se retrouvent dans les extraits végétaux, et sont désignés sous le nom fort vague de principes extractifs. On ne saurait les négliger, puisqu'ils forment à peu près 10 pour 100 du poids du tabac.

Nous avons dit que la proportion d'ammoniaque était à peu près nulle dans le tabac vert, et très faible dans les tabacs en feuilles. Pour la déterminer, on réduit le tabac en poudre, on l'humecte légèrement et on arrose avec du lait de chaux très fluide ; celui-ci chasse l'ammoniaque qu'on recueille dans un acide ; ces opérations sont très sûres et peuvent être effectuées en adoptant un dispositif particulier et fort simple ; contentons-nous d'en indiquer le principe. Le même procédé sert pour les tabacs fabriqués, c'est-à-dire pour le tabac à priser, où le dosage de l'ammoniaque présente beaucoup plus d'intérêt.

L'analyse complète du tabac s'effectue en combinant tous les procédés qui ont été successivement indiqués ; il suffit d'y mettre de l'ordre. Il faut commencer par la détermination de l'humidité, qui se fait, comme il a été dit au début, sur un échantillon. On incinère cet échantillon pour avoir les composés minéraux ; parmi ces derniers se trouvent l'ammoniaque et l'acide nitrique ; l'incinération les détruit ; il faut donc les doser directement sur de nouveaux échantillons, en suivant les méthodes indiquées.

Sur un nouveau lot, on dose la nicotine, suivant le procédé de dosage complet, en épuisant le tabac par l'éther ; lorsque, finalement, on a séparé la nicotine par un acide, il reste dans la capsule des résines qu'on dose à leur tour. Le résidu de cette opération, c'est-à-dire le tabac épuisé par l'éther, contient encore intacts l'acide pectique et la cellulose, dont on sait également faire le dosage. L'acide malique, l'acide citrique et l'acide oxalique peuvent être dosés sur un même lot qu'on traite par l'acide sulfurique étendu. Pour doser l'acide acétique, il faut encore opérer directement avec un autre lot. Reste la matière azotée, à propos de laquelle nous sommes déjà entrés dans quelques détails.

Tout ce qui précède s'applique à l'analyse chimique des feuilles, dont nous avons fait connaître la composition : mais l'étude chimique du tabac, pour être complète, doit s'étendre aux conditions du développement de cette plante : il convient de rechercher l'influence du sol, des engrais, des agents atmosphériques, des conditions de culture sur le tabac, de considérer la plante aux diverses époques de sa croissance. La fabrication a besoin aussi du concours de la chimie, car les divers produits subissent des transformations successives qui ne peuvent être réglées et surtout bien connues qu'à l'aide de l'analyse chimique.

Les chapitres suivants, relatifs à la culture et à la fabrication, offriront ce complément de l'étude chimique du tabac.

CHAPITRE IV

Culture.

Le tabac peut être cultivé sous des climats très divers et dans des régions très différentes, car la végétation dure trois ou quatre mois ; il suffit que la plante trouve, pendant ce temps, la chaleur qui lui est nécessaire ; toutefois, les climats chauds sont plus favorables à son développement. Il n'acquiert tout son arome que dans les contrées où la température moyenne ne descend pas au-dessous d'une certaine limite, 24°, d'après Boussingault.

Les terres qui conviennent le mieux au tabac sont les bonnes terres arables, celles qui sont composées d'humus ou terreau naturel et qui conservent toujours une certaine humidité. Autant que possible, ces terres doivent être homogènes, meubles, bien exposées, abritées contre les vents du nord. Le meilleur sol pour planter le tabac est donc un sol argileux, sablonneux ou calcaire, riche en détritus organiques, surtout ceux qui proviennent du règne végétal. Tous ces éléments : argile, sable, calcaire, détritus, doivent se trouver mélangés dans de justes proportions ; en cas d'excès de l'un d'eux, le terrain doit être amendé au moyen des autres. Un sol trop sec et trop maigre donnerait du tabac léger et précoce ; trop fort, trop compact, trop argileux, il produirait une plante rabougrie, sans grand arome ; trop gras ou trop humide, il porterait un tabac très développé, mais herbacé, gras et âcre.

On constate qu'une certaine sécheresse du sol supérieur et la présence de cailloux, de pierrailles, facilite la croissance et améliore le produit.

Ces conditions d'une bonne culture ont été déterminées par la pratique; des recherches suivies et minutieuses, des expériences nombreuses ont permis d'établir, comme on le verra plus loin, l'influence des diverses natures de terrain sur les qualités du tabac, particulièrement sur sa combustibilité.

Il convient aussi de choisir les espèces qu'on veut cultiver et de les approprier au climat, au terrain; en distinguant, comme le font les cultivateurs, les espèces ou variétés par la largeur des feuilles, on peut dire que les tabacs à feuilles larges, longues et épaisses, peuvent être cultivés dans les régions où l'air est calme, où il y a peu de vent; si les conditions climatériques sont différentes, il faut cultiver des plantes à feuilles rapprochées et à courte tige, qui résistent mieux à l'action des vents et aux pluies.

C'est pour de tels motifs que dans les régions du Midi on cultive des espèces à longues et larges feuilles en espaçant les plants, et que, dans le Nord, on cultive d'autres espèces en serrant les pieds de tabac. Dans le Midi, sous les climats doux, les produits sont généralement supérieurs en qualité; le parfum est plus fin, plus pénétrant; encore faut-il, bien entendu, que le terrain soit convenablement choisi; vers le Nord, le parfum et le goût sont moins agréables, l'infériorité due au climat pouvant, d'ailleurs, être compensée dans une certaine mesure par un bon choix du terrain et une bonne exposition.

Nous allons maintenant entrer dans le détail des opérations qui constituent la culture du tabac. Elle réclame, comme nous allons le montrer, des soins minutieux. La succession de ces opérations est à peu près la même en tous pays, mais elles s'effectuent naturellement, suivant les régions, à des époques un peu différentes. Les autres dissemblances portent sur des détails, et nous les indiquerons à l'occasion, tout en insistant plus particulièrement sur les conditions générales de la culture en France.

A cause des soins que réclame le tabac, surtout au début de sa croissance, à cause de la fragilité de la jeune plante, on ne pourrait la laisser venir tout de suite en pleine terre; d'où la nécessité de faire ce qu'on appelle des semis, c'est-à-dire de semer les graines sur de petites bandes de terrain spécialement disposées à cet effet; de laisser le pied se développer un peu sur le semis jusqu'à ce qu'il ait acquis une certaine vigueur, et de le transporter alors sur le champ, bien préparé par des labours et des amendements. Ce transport s'appelle transplantation.

On sait que les agriculteurs ont l'habitude de faire succéder sur une même terre diverses cultures les unes aux autres : le tabac, par exemple, sera remplacé, l'année suivante, par le blé, et le blé par l'orge, chaque culture enlevant à la terre certains éléments nutritifs, mais en laissant d'autres pour les cultures ultérieures. La terre se reconstitue ainsi pendant la période déterminée pour cette alternance ou mieux pour cette rotation, car après la période écoulée, on recommence dans le même ordre. Cette pratique constitue ce qu'on appelle l'assolement. Le tabac étant tête de rotation, il convient de donner au champ de nombreux sarclages, aussi bien pour favoriser sa croissance que pour enlever les mauvaises herbes, dans l'intérêt des cultures subséquentes; c'est pourquoi le tabac doit être planté en lignes. Le binage est une opération qui suit le sarclage et qui a pour but d'ameublir le sol; le buttage, qui vient après, sert à fortifier le pied de tabac. Ensuite, il faut épamprer, ou enlever les feuilles basses, écimer ou couper la cime, retrancher les bourgeons. Enfin arrive le moment de la récolte, qui est soumise aussi à des règles fort importantes. La dessiccation, le triage sont les dernières opérations qui précèdent la mise du tabac en magasin; il y reste jusqu'au jour où, suffisamment préparé, il peut être livré à la fabrication.

Ce résumé succinct serait dépourvu d'intérêt s'il n'était complété par des explications faisant connaître les difficultés, les avantages, les caractères, en un mot, de la culture du tabac.

Les semis sont des plates-bandes qui ont une largeur de $1^m,20$ au plus et une longueur proportionnée à la surface à cultiver. Ils doivent être constitués avec des substances organiques, surtout des substances azotées et des terres légères, permettant l'accès facile de l'air et la décomposition rapide des substances. Ce mélange forme le terreau, ou bien ce qu'on appelle souvent aussi le compost; il peut se faire, par exemple, avec de bonne terre de jardin et du fumier de bêtes à laine bien décomposé. Il convient d'abriter les semis contre les vents du nord, en les adossant à des talus, à des murs d'habitations ou de jardins, ou bien encore au moyen de haies vives, et de les exposer au midi. On leur donne parfois une certaine inclinaison vers le sud. A défaut d'abris, il faut les protéger avec des rideaux de branchages, avec des planches ou des paillassons que soutiennent des pieux.

On peut faire des semis en pleine terre dans les jardins, en se contentant de mélanger la terre avec de la vase pendant l'hiver, de la retourner à la bêche au printemps et de la recouvrir de compost.

Les plantes dans ces conditions sont exposées à des risques assez grands; mais, quand elles résistent, elles sont particulièrement vigoureuses. Le plus souvent, on a recours à ce qu'on appelle des couches chaudes ou demi-chaudes, couches artificiellement composées avec des fumiers qui procurent aux jeunes plantes une chaleur particulièrement utile sous nos climats; il n'y a d'autre différence entre ces deux sortes de couches que la quantité de fumier employée à les former. Les couches demi-chaudes sont en général préférables: elles suffisent pour défendre les jeunes plants contre les intempéries. On distingue aussi les couches suspendues, construites dans des caisses exhaussées de $0^m,15$ à $0^m,30$ au-dessus du sol, des couches ordinaires, qui sont simplement confectionnées dans la terre creusée à quelque profondeur. Pour établir ces dernières, on remplit l'excavation avec de l'engrais, et par-dessus on met un peu de terre de jardin et du compost.

Voici (fig. 11) un type de couches demi-chaudes en usage dans les départements français de l'est : on creuse une fouille de $0^m,50$ environ, dont on garnit les parois au moyen de planches; ces planches maintiennent les terres et constituent une barrière contre les insectes. Le fond, d'une hauteur de $0^m,15$ à $0^m,20$, est garni de ronces ou toute autre matière empêchant l'accès des rats et des taupes. Au-dessus est disposé du fumier de cheval que l'on mélange à du fumier d'étable. Pour éviter une fermentation trop rapide, cette couche, de 0^m,30 à 0^m,35 d'épaisseur, bien tassée, est recouverte d'une couche de 0^m,10 de terre meuble et d'une légère couche

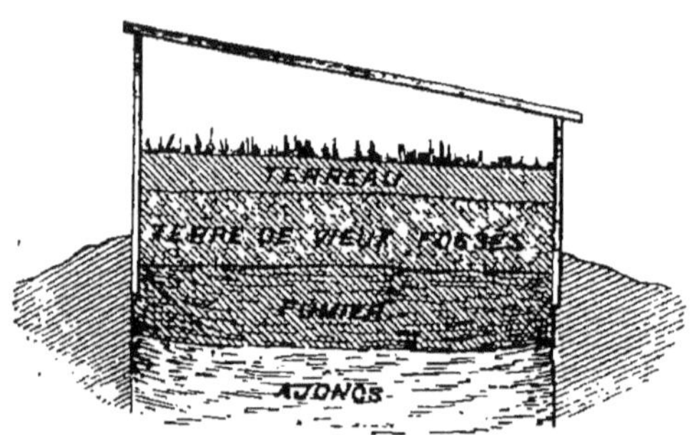

Fig. 11. — Semis sous châssis.
(Coupe.)

de terreau bien désagrégé, bien débarrassé des mauvais germes par l'exposition au froid. Le semis émerge ainsi de 0^m,20 environ.

Cette couche entre donc dans la catégorie des couches suspendues ; parfois, ces dernières sont contenues dans des caisses, et, par conséquent, fermées dans le bas ; on les construit aussi avec des lattes et, quelquefois, en maçonnerie.

Vers le mois de mars, en France du moins, se fait l'ensemencement ; un peu plus tôt, fin février, dans le Midi, et un peu plus tard, fin mars et commencement d'avril, dans le nord, ainsi qu'en Belgique.

La graine de tabac est extrêmement petite ; elle est de couleur brune ; on en compte plus de 6,000 dans un centimètre cube ; aussi pour la semer régulièrement convient-il de la mélanger avec un volume dix fois plus grand environ d'une substance pulvérulente de couleur claire, sable, cendres ou plâtre. L'aspect grisâtre du semis montre si la graine est bien répandue. Celle-ci subit d'ailleurs, en général du moins, une opération préliminaire qui consiste à la faire germer en l'enfermant dans un sachet de laine, en la maintenant quelques instants dans l'eau tiède, puis en l'humectant, matin et soir, pendant dix jours environ, à une température comprise entre 20° et 30°. Au bout de ce temps, l'enveloppe qui recouvre l'embyron se brise, et la graine mise dans le sol peut absorber la nourriture. Dans les pays où la chaleur est suffisante, ce moyen factice peut être négligé. On sème à graines vierges; dans ce cas, la résistance de la plante est même plus grande. On peut se contenter aussi de mélanger les graines sèches avec de la terre de saule préalablement chauffée, et d'abandonner le mélange dans une cave à la température de 15°, jusqu'à ce que les radicules, au bout d'une huitaine de jours, apparaissent. Il faut compter 3 ou 4 grammes de graines pour ensemencer 5 mètres carrés.

En France, les graines sont livrées par l'administration des tabacs aux planteurs. Mais si l'agriculteur achète sa graine, il agit avec prudence en l'essayant, et il s'assurera facilement de la bonne qualité de celle-ci en l'enfermant dans un tissu de laine et en la traitant à peu près comme nous venons de le dire. Au bout de cinq ou six jours, doivent apparaître les points blancs qui indiquent le commencement de la germination.

Après les semailles, il faut répandre sur la couche, à l'aide d'un tamis, un peu de terreau sur une épaisseur de 5 millimètres et le tasser légèrement avec une planche.

Il est essentiel de protéger les plants, dès leur apparition à la surface du semis, contre les froids et les pluies; à cet effet, on dispose au-dessus des couches, soutenus par des planches et tendus sur des châssis, soit des paillassons, soit des nattes, soit des toiles qu'on soulève peu à peu, à mesure que les plantes se fortifient et quand le temps le permet; plus tard, on peut même les enlever tout à fait.

Une méthode employée en Hollande, et imitée en France, consiste à remplacer le terreau répandu sur le semis par de la terre ordinaire engraissée, et à recouvrir la couche au moyen d'un châssis (fig. 12) portant un fort papier blanc qui est rendu translucide par application d'huile de lin.

Fig. 12. — Châssis de papier huilé.

Signalons encore les principaux soins à donner au semis : les sarclages, pour enlever les mauvaises herbes, doivent être fréquents et faits avec délicatesse pour ne pas découvrir les racines des jeunes plants de tabac ; les arrosages, suppléant au défaut de pluie, doivent être prudemment mesurés, effectués avec douceur pour ne pas déchausser les plants, et autant que possible avec de l'eau de pluie pas trop froide, vers le déclin du jour de préférence.

Il est sage de ne pas ensemencer toutes les parties d'une couche à la même date, de façon que les plants se développent successivement, ce qui est plus commode pour la transplantation à effectuer ultérieurement ; de mettre sur le côté du semis quelques plants en réserve, ce qui se fait en débarrassant le semis des plants en excès, en pratiquant ce qu'on appelle des éclaircissages, qui laissent seulement 10 à 15 plants par décimètre carré.

Enfin, les semis doivent être défendus contre les nombreux ennemis qui les menacent : d'abord la taupe, qui, soulevant la terre de côté et d'autre, déterre les racines et bouleverse les plates-bandes. Le meilleur moyen, pour éviter ces ravages, consiste à établir le semis sur un lit de buissons ou de ronces, ou à creuser, dans certains cas, autour des semis, une rigole plantée de branchages. Quand les semis sont dans des caisses, ils sont tout à fait préservés. Les lombrics, les vers soulèvent aussi la terre et mettent à nu les racines ; on les détruit en les ramassant le soir sur la couche, après les avoir attirés à la surface en ébranlant le sol, soit avec une bêche, soit avec des pieux. Les limaces, les courtilières sont aussi très nuisibles : les premières peuvent être attirées à la surface par des branches de sureau ou autres, et détruites. Les courtilières, qui creusent des galeries dans les veines, sont difficiles à prendre ; les moyens varient suivant les régions ; le plus simple consiste à leur donner la chasse, le soir, avec des lumières. Les pucerons, autres ennemis de tabac, sont combattus par l'épandage de suie ou de cendres de houille.

Les couches suspendues, telles qu'on les trouve dans le Palatinat, sont naturellement les mieux défendues.

Lorsque les plants ont de six à huit feuilles et qu'ils ont atteint 10 à 12 centimètres de hauteur, il convient d'effectuer la transplantation, c'est-à-dire d'enlever les plants du semis et de les repiquer en pleine terre, dans un champ convenablement préparé. Cette préparation a une grande importance : elle consiste en labours, hersages, introduction d'engrais, opérations multiples qui s'effectuent de différentes manières et à différentes époques, suivant les pays et les climats. Règle générale, le sol doit être bien ameubli, débarrassé des mauvaises herbes, donc labouré à diverses reprises : trois fois, s'il est léger ; plus fréquemment, s'il est fort ou compact ; un sol léger recevra un labour avant l'hiver, deux au printemps ; deux labours avant l'hiver seront nécessaires pour un sol compact. Le dernier labour, qui précède immédiatement la transplantation, est complété souvent par des façons vigoureuses à la herse.

Ces labours ont aussi pour effet d'incorporer les engrais dans le sol. Les tabacs réclament une notable quantité d'engrais. Encore faut-il tenir grand compte de la nature du sol : c'est ainsi que l'emploi des engrais doit se faire avec prudence dans les sols légers, sous peine de voir la plantation dépérir et jaunir rapidement ; dans les terres vierges, comme celles qu'on trouve encore en Amérique, l'engrais est inutile. Il importe surtout de savoir quelle doit être la richesse des engrais en azote et en potasse, car ces substances ont une grande influence sur la combustibilité du tabac et sa teneur en nicotine. Nous ferons connaître plus loin, avec quelques détails, les recherches faites dans cet ordre d'idées ; bornons-nous, quant à présent, à mentionner les engrais le plus généralement en usage : les composts qui se font avec des matières végétales ou animales mises en tas et arrosées, notamment des tiges de tabac saupoudrées de chaux ; les tourteaux qui sont les résidus des fabriques d'huile, tourteaux de colza, d'œillette, etc., employés après avoir été délayés ou à l'état pulvérulent ; les immondices des villes et aussi les matières fécales ; le guano et la colombine, déjections de toutes sortes d'oiseaux ; enfin, on utilise aussi du fumier de ferme, du fumier de mouton, qui, dans certains cas, a donné du tabac très onctueux ; des mélanges de fumiers de divers animaux, et aussi des cendres de diverses provenances. L'observation, l'expérience sont les meilleurs guides pour le choix des fumures, en qualité et en quantité ; elles ont conduit l'agriculteur à poser quelques principes généraux : employer pour les terrains légers des fumiers frais qui se décomposent lentement, et pour les terres argileuses des fumiers en voie de décomposition. Le tabac s'accommode mieux d'engrais facilement décomposables, qui sont plus facilement aussi absorbés par les organes de la plante et déterminent une croissance plus rapide. Donc, pour le tabac, les fumiers décomposés sont préférables aux fumiers frais ; ces derniers, d'ailleurs, contiennent souvent des graines de toutes sortes qui donnent naissance à des plantes parasites. Il est généralement avantageux de fumer la terre par petites doses et en plusieurs fois, pour éviter la déperdition d'éléments fertilisants. Des planteurs soigneux enterrent l'engrais tout autour du pied de tabac ; ils évitent ainsi des pertes de matières, car, si l'engrais est répandu sur toute la surface du sol, même éparpillé avec soin et régulièrement, il se distribue sur des points que n'atteignent pas les racines du tabac et, par suite, n'est pas complètement utilisé.

La question des engrais se lie intimement aussi à celle du mode d'assolement, dont nous aurons occasion de dire quelques mots.

Il serait trop long d'indiquer même les principaux procédés en usage pour la fumure des terres destinées à porter du tabac : à titre d'exemple, et pour préciser les idées, nous nous bornerons à signaler sommairement la méthode en usage dans le nord de la France, avec quelques chiffres à l'appui. On fume un hectare de terre avec 40,000 kilogrammes de fumier de ferme et 8,800 kilogrammes de tourteaux. Il faut admettre que le tiers du fumier et la moitié des tourteaux, n'étant pas absorbés par la plantation de tabac, restent disponibles pour les cultures qui succèdent à celle du tabac.

La terre, ainsi préparée, peut recevoir les jeunes plants de tabac après deux mois environ de végétation sur le semis, soit, en France, vers le mois de mai ou au commencement de juin. La transplantation doit se faire par un temps ni trop chaud, ni trop sec, et, dans le cas où de tels inconvénients seraient à redouter, on y procédera de grand matin ou le soir. Voici, d'ailleurs, un court exposé des précautions à observer : arroser le semis avant l'arrachage, pour ramollir la terre et pour extraire les plants sans détériorer le chevelu des racines ; placer les plants dans un panier en les recouvrant d'un linge humide ou d'herbes fraîches ; les repiquer au plus tôt dans un trou préparé, soit avec la main, soit avec un plantoir conique, grosse cheville de bois munie d'une poignée, soit avec d'autres instruments ; éviter que les racines mères ne soient refoulées et recourbées dans ce trou ; arroser chaque plant après repiquage ; les abriter, dans certains cas, contre les ardeurs du soleil, en les recouvrant au moyen d'une feuille fraîche ou de papier retenu sur le sol par de petites pierres. Si le semis porte une grande quantité de plants, on peut faire l'extraction à la bêche.

Fig. 13. — Jeune plant de tabac.
(1/3 de grandeur naturelle.)

La reprise a lieu au bout de trois ou quatre jours ; les sujets qui n'ont pas supporté le repiquage doivent être remplacés en prenant ceux qui sont en excédent sur le semis. La disposition des plants sur le champ ne varie guère : ils sont disposés en deux alignements obliques ou rectangulaires tirés au cordeau ; l'écartement des rangées est variable suivant les pays, depuis $0^m,40$ jusqu'à $0^m,70$ et au delà ; la distance entre les plants d'une même rangée varie aussi : elle dépend de ce qu'on appelle la compacité des plantations ou le nombre des plants à l'hectare : 10.000 dans le Midi de la France, 40,000 à 45,000 dans le Nord.

En Belgique, les lignes parallèles sont distantes entre elles de $0^m,40$ et $0^m,55$ alternativement ; en Allemagne, il en est à peu près de même. L'écartement des plants, dans le Palatinat, varie entre $0^m,30$ et $0^m,90$; en Hollande, on met deux lignes de plants en quinconce, on espace les lignes de $0^m,36$ à $0^m,38$, et les plants, de $0^m,50$ environ. Les champs sont disposés en billons, petits monticules de terre.

Comme il a été dit plus haut, les tabacs à feuilles s'écartant de la tige demandent plus d'espace que les espèces caractérisées par des feuilles formant avec la tige un angle aigu.

Les plantations exigent des soins incessants ; les tabacs restent longtemps petits et les champs ne tardent pas à être envahis par de mauvaises herbes dont il faut se débarrasser au moyen de sarclages qu'on répète aussi souvent qu'il est nécessaire. Par les binages qui accompagnent les sarclages, on brise la terre à une petite profondeur et on achève la destruction des mauvaises herbes. Ces opérations se font sans difficulté tant que les tabacs ne sont pas très développés ; on ne court point alors le risque de détériorer les plants avec les outils. Elles servent à ameublir le sol, et, en brisant les petits canaux par où l'humidité pourrait s'évaporer, elles y maintiennent de la fraîcheur ; le mieux est de les effectuer par un temps sec, pour ne point tasser les terres en les piétinant.

Le buttage est une opération qui consiste à ramener autour de la tige une certaine quantité de terre et qui s'effectue cinq ou six semaines après la transplantation, de préférence quand la terre est ramollie par une pluie abondante. Il faut éviter de toucher aux racines et il est bon de pratiquer autour de la butte une petite rigole pour retenir les eaux pluviales et les diriger vers les racines. En buttant le tabac, on supprime les feuilles trop basses, dites feuilles de terre ; on laisse $0^m,05$ entre la dernière feuille et le haut de la butte.

Le buttage est très profitable au tabac, qui prend aussitôt une vigueur et un développement très sensibles.

Fig. 14. — L'écimage.

Pendant que s'effectuent ces divers travaux, le planteur remplace les pieds qui n'ont pas réussi par d'autres pieds qui ont été conservés sur le semis, ou bien par des pieds cultivés en supplément sur la plantation et qu'en France on désigne sous le nom de pieds intercalaires. Les nouveaux plants doivent être transportés avec toutes leurs racines et même avec la terre adhérente.

Les travaux subséquents ont pour but de favoriser le développement foliacé du tabac : il ne faut pas perdre de vue, en effet, que le tabac est cultivé pour ses feuilles.

On appelle épamprement l'opération qui consiste à supprimer les feuilles basses, avariées, dès que leur défaut de qualité est reconnu.

L'écimage, qui est la suppression de l'extrémité de la tige et par conséquent du bouton floral, a pour but de faire refluer la sève dans les feuilles. Le tabac subit ainsi un traitement analogue à celui qui est en usage pour les pêchers, les abricotiers, etc., que l'on taille pour développer les fruits. L'écimage se fait en pinçant le haut de la tige entre le pouce et l'index, mais avec beaucoup de précautions, car il faut se garder d'abîmer les feuilles supérieures ou feuilles de couronne. Suivant les conditions de la culture, l'écimage est fait haut, moyen ou bas : haut dans les plantations venues en bas fonds et à l'abri du vent ; bas, lorsque les conditions sont toutes différentes. Une grosse question est celle du nombre de feuilles à laisser sur chaque plant : la force du produit à venir en dépend. Pour le tabac très fort il convient de ne laisser que 10 ou 12 feuilles à la plante, et pour le doux on peut aller jusqu'à 20. En France, l'administration des tabacs ne laisse subsister en moyenne que 9 feuilles par plant ; en Belgique, en Hollande, on en conserve 10, 12 ou 15, suivant la nature du sol. En Afrique, on en laisse davantage.

La variété de tabac *Nicotiana rustica* n'est point soumise à l'écimage, parce que cette variété a une forte tendance à se ramifier et que l'enlèvement des boutons à fleur ne donne ni plus de poids, ni plus de valeur aux feuilles.

Aussitôt après l'écimage, la sève s'ouvre de nouvelles voies et, passant à travers les parties charnues de la plante, donne naissance à des bourgeons qui partent de l'aisselle des feuilles ; ils n'ont pas de valeur et doivent être supprimés : c'est l'ébourgeonnement

Pendant la croissance, les tabacs sont exposés à des périls de plusieurs sortes : concurrence des mauvaises herbes, attaques des animaux nuisibles et maladies spéciales.

Les mauvaises herbes sont extirpées, en général, par les sarclages et binages. La plus dangereuse est une plante parasite, l'arobanche, qui se montre après le binage, s'attache aux racines et les épuise. Elle est tellement vivace qu'il faut, si elle se montre, empêcher ses graines d'arriver à maturité, et que le meilleur moyen, le seul même, consiste à faire disparaître le plant envahi. On peut l'extirper d'un champ par une rotation bien entendue.

Les animaux nuisibles sont les limaces, sauterelles vertes, punaises, hadena du chou, qui s'attaquent aux organes aériens et dont on n'arrête les ravages que par une surveillance constante : un bon planteur doit parcourir sa plantation tous les deux jours, pour les détruire. Des chenilles, provenant de petits papillons de la famille des *Noctuidæ*, rongent le parenchyme ou l'épaisseur de la tige et se logent sous l'aisselle des feuilles. Comme ces chenilles, le ver gris et la courtilière, dont nous avons parlé à propos des semis, s'attaquent aux parties non visibles et sont très difficiles à saisir.

La courtilière ou taupe-grillon a un aspect très déplaisant : corps brun à reflets jaunes, tête petite et allongée, yeux lisses et brillants, corselet ovoïde, ailes ordinairement placées le long du corps, très larges quand elles se déploient, pattes de devant très fortes, jambes terminées en dessous par quatre grosses griffes en scie et en deux en dedans. Cette bête malfaisante est carnivore ; elle ne coupe les racines et tiges que pour se frayer un passage. Elle se développe surtout dans les sols profonds des vallées, craint le froid et ne se montre pas non plus dans les grandes chaleurs. Au commencement de l'hiver, quand les courtilières sont engourdies, le planteur peut assez facilement les trouver et les détruire. Divers moyens sont employés dans ce but : les attirer dans des trous remplis de fumier, verser un peu d'eau mêlée d'huile de noix dans le trou qui leur sert de retraite, etc...

Les chenilles, signalées plus haut, sont encore plus dangereuses : elles ne sont guère connues que dans les pays adonnés à la culture du tabac ; on les nomme aussi vers rongeurs et, dans certaines régions, sauvagines ou tores. M. Mourgues, dans son *Traité de culture*, raconte qu'en 1735 les campagnes d'Alsace furent désolées par ces insectes, que des prières publiques furent ordonnées pour obtenir la fin du fléau et que, sur les instances des habitants de la province, des prêtres écrivirent à l'évêque de Paros, suffragant de Strasbourg, pour recevoir l'autorisation de faire des processions dans le même but. Réaumur, le célèbre naturaliste, parle également des ravages qu'elles causèrent dans une grande partie de la France, se répandant dans les champs, les prairies, les jardins, traversant les chemins par bandes sous les yeux des agriculteurs désolés.

C'est à la fin de juin et en juillet que les vers rongeurs font leur besogne destructive. On les trouve roulés en cercle au pied des plants attaqués, un peu au-dessous de la surface du sol. M. Mourgues, à qui nous empruntons ces détails, estime, contrairement à l'opinion d'un grand nombre de planteurs et après avoir élevé un grand nombre de ces larves, qu'il en existe une seule espèce. Leur caractère le plus curieux est une gloutonnerie extrême : elles mangent pendant plusieurs heures consécutives, tellement que leur corps enfle énormément et qu'elles tombent alors, pour rester engourdies pendant deux ou trois jours. La moelle contenue dans la tige du tabac est leur aliment préféré. Elles s'introduisent dans l'intérieur de la tige en pratiquant un trou au-dessous des feuilles les plus basses. C'est la flétrissure de la feuille qui trahit leur présence.

La chenille en question, ou tore, a seize jambes, une tête grise, un corps flasque sillonné d'anneaux circulaires, une peau vert sombre sur le dos, vert clair sur le ventre, des mâchoires très fortes ; elle avance par bonds. Elle subit plusieurs transformations : elle s'enferme d'abord dans une coque de soie blanche fine, puis dans une espèce d'étui de $0^m,018$ à $0^m,020$ de long, ayant $0^m,005$ à $0^m,006$ de diamètre. Cet étui de couleur rouge brique, transparent, laisse voir le corps de la chrysalide, qui reste dix-sept ou dix-huit jours privée de mouvement. Alors naît un papillon, connu sous le nom de *noctuelle gamma*, à cause d'une tache de couleur or pâle et présentant la forme de la lettre grecque gamma (γ) renversée. Ce papillon, qui malgré son nom vole aussi pendant le jour, a une trompe fort longue, deux ailes supérieures multicolores et deux ailes inférieures bordées d'une ligne un peu foncée, et toutes d'un gris cendré par-dessous. La fécondité de la noctuelle gamma femelle est prodigieuse; aussi pour s'en débarrasser ou, du moins, pour limiter la dévastation de ses larves, faut-il beaucoup de vigilance de la part du cultivateur, qui doit rechercher avec soin les plants attaqués, et sur ces plants le ver rongeur. Le froid et le labourage du sol dans la saison rigoureuse empêchent son développement. Aussi les tores sont-elles peu à redouter dans le Nord.

La teigne est une bête au corps effilé, de nuance jaunâtre, sillonné d'anneaux, à tête brune aplatie, avec seize jambes. Elle attaque le tabac par le sommet de la plante, déchire l'épiderme et s'introduit par la moelle jusqu'au collet de la tige. Sa longueur atteint $0^m,02$ et demi. Il y a, pour s'en débarrasser, un moyen assez curieux qui consiste à déposer près du plant une pomme de terre; celle-ci attire les insectes, qui en sont très friands, et sert ainsi à les capturer.

On peut citer encore, au nombre des insectes à craindre pour le tabac, un petit rongeur, le ténébrion, et une petite larve qui ressemble un peu à la chenille dite tore.

Parmi les maladies qui peuvent atteindre le tabac, il en est trois qui ont des caractères particuliers : la rouille, la nielle et le blanc.

La rouille est la plus connue, la mieux étudiée; elle se manifeste par des taches roussâtres qui s'agrandissent peu à peu, envahissent les feuilles dans les parties aériennes de la plante et les flétrissent.

L'origine de la rouille est mal connue; faut-il l'attribuer au brouillard, à la rosée ou au soleil qui brûlerait la feuille sous les gouttes d'eau concentrant ses rayons? Elle paraît, du moins, se développer surtout dans les années pluvieuses et les sols humides. Elle semble due, en un mot, à l'humidité qui relâche les tissus et détrempe la sève; dans les plateaux calcaires, le tabac lui résiste mieux. Les progrès de la rouille ne peuvent guère être arrêtés qu'en élaguant les feuilles les plus tachées.

La nielle, qui cause parfois de grosses pertes aux planteurs, a pour signes caractéristiques des marbrures jaunâtres, formant sur la feuille comme des taches huileuses. Celles-ci apparaissent d'abord sur le bourgeon terminal et gagnent ensuite le reste de la plante. Cette maladie se montre quelques jours après le repiquage, et l'expérience tend à prouver qu'elle provient souvent d'un repiquage mal effectué, parce que les racines se trouvent gênées par des obstacles dans le trou fait avec le plantoir conique, ou n'ont pas été bien allongées, ou encore ne sont pas bien en contact avec la terre; la cause primitive du mal serait donc un manque de nourriture. Les ravages de la taupe et de la tore peuvent aussi amener la nielle. Des plants venus sur des semis surchauffés par des engrais excitants, des plants hâtifs y sont particulièrement exposés.

Le tabac atteint par la troisième maladie, le blanc, perd son chevelu et sa moelle, qui se transforme en matière molle et blanchâtre. C'est toujours après l'écimage que le blanc se déclare. Alors la plante cesse de se développer, les feuilles s'épaississent, se boursouflent et prennent une fausse apparence de maturité. Mais le tabac attaqué ne donne ni bourgeon, ni rejeton. Les pores engorgés ne fonctionnent plus comme il convient; la respiration est arrêtée et la plante meurt de pléthore. Est-ce une dégénérescence de la plante qui cause la maladie? Est-ce le froid, comme on pourrait le penser, en remarquant que le mal se manifeste rarement dans les pays où la récolte se fait avant l'automne? on ne sait au juste. En tout cas, le mieux est d'arracher et d'enterrer les plants malades, dont la conservation, d'ailleurs inutile, pourrait être dangereuse dans les dépôts, après la récolte.

D'une manière générale, le tabac souffre, comme toutes les plantes, des inclémences du temps : sécheresse, froid, brouillards,

gelées, variations subites de température, pluies prolongées, etc...
Il est particulièrement affecté, à cause de la fragilité de sa tige et
de son feuillage, par les vents violents, la grêle et les pluies d'orage.
Les soins bien entendus, le choix des terres, la connaissance du
climat et du sol, la vigilance du planteur sont les meilleures garanties contre tous les maux et les accidents possibles.

CUEILLE ET RÉCOLTE

La maturité du tabac survient, en général, après quatre-vingt-
dix jours de végétation en pleine terre ; elle se manifeste par des
signes très nets : les feuilles se gondolent, se boursouflent, deviennent cassantes et gommeuses ; elles se couvrent de marbrures d'un
jaune pâle et d'une sorte de velouté qu'on aperçoit assez bien par
réflexion. Elles cessent naturellement de croître, s'affaissent sous
leur propre poids et se rident vers la pointe, sur une longueur de
quelques millimètres.

Il importe de ne cueillir le tabac que quand il est parfaitement
mûr, sous peine d'avoir un déchet très grand à la dessiccation,
et, finalement, des feuilles dépourvues d'onctuosité et d'arome.

Le moment le plus favorable pour la cueille est la fin de
l'après-midi, quand, le soleil déclinant, l'humidité commence à
s'évaporer, la chaleur subsistant encore assez forte pour faner un
peu les feuilles. Plusieurs procédés sont en usage pour effectuer la
récolte : ils consistent à couper le plant à sa partie inférieure et à
laisser ainsi toutes les feuilles sur la tige, ou bien à sectionner
celle-ci de façon à obtenir des couples de feuilles, ou bien encore
à cueillir feuille à feuille. Des précautions spéciales, dont le détail
est assez minutieux, doivent être prises pour ne point endommager
les feuilles, pour les débarrasser de leur excès d'humidité, ne point
les laisser trop longtemps sur les champs ou ne pas les rentrer
trop vite dans les lieux de dépôt. Les procédés de récolte varient
beaucoup suivant les pays.

Le dernier dont nous avons parlé est le meilleur. Car, non seulement il faut récolter les plants à mesure qu'ils arrivent à maturité, et tous n'y arrivent pas en même temps, mais il faut procéder de même pour les feuilles. Dans le procédé de la cueille feuille à feuille, il convient d'enlever d'abord les feuilles basses, puis les feuilles de corps et, finalement, celles de la couronne. Les pétioles doivent être coupés le plus près possible de la tige. L'ordre indiqué pour la cueillette permet de distinguer trois catégories de feuilles, dont on forme des paquets séparés. Parfois le classement se fait en deux catégories seulement : feuilles de bas et feuilles de haut. La distinction en catégories se fait aussi quelquefois suivant le degré de maturité. La récolte est ensuite transportée au séchoir : les feuilles, liées en bottes ou libres, parfois enguirlandées sur le terrain même, sont mises à cet effet

Fig. 15. — Pied de tabac avec ses racines.

dans une charrette ou une brouette; le transport exige de nombreuses précautions.

Les souches laissées sur la plantation ne tardent pas, si on n'y touche point, à donner de nombreux rejetons qui partent du collet de la plante et portent de nouvelles feuilles, dites *feuilles de regain*. Ces dernières n'ont aucune valeur; une telle végétation épuise le champ et le prive des engrais qui sont utiles pour les

cultures suivantes; il faut donc arracher les souches, les briser et
les enterrer, pour restituer au sol une partie des substances que la
végétation lui a enlevées. Ce n'est que dans les pays chauds, où
l'été est prolongé, qu'un supplément de récolte de cette nature
pourrait avoir quelque importance.

ASSOLEMENT

Les observations qui précèdent nous amènent à dire quelques
mots de l'alternance des récoltes. L'épuisement d'une terre dépend
de la nature des plantes qu'on y cultive, qui absorbent particulièrement certains éléments et y laissent avec leurs racines certains
principes fertilisants. Il y a donc un intérêt à choisir les cultures
et leur ordre de succession. L'assolement est la succession de certaines cultures dans un ordre déterminé. Son utilité n'est plus
contestée aujourd'hui; celui qu'on adopte dépend évidemment de
la nature du sol et du climat. Il est plus arbitraire quand l'engrais
abonde, et on peut même s'en dispenser lorsque, disposant de
grandes étendues de terres, on peut laisser une certaine partie de
ces terrains en jachère jusqu'à ce qu'ils aient reconstitué leur
approvisionnement en principes fertilisants. La théorie et l'expérience ont conduit les agriculteurs à un système consistant à al-
terner les *plantes* dites *épuisantes* et les *plantes* dites *améliorantes*.
On en donne comme exemple la rotation suivante, qui correspond
à un assolement quinquennal : culture sarclée, comme celle du
tabac, qui reçoit la fumure et permet un nettoyage complet du sol ;
le blé, plante épuisante, qui profite du nettoyage précédent et
trouve encore de l'engrais en quantité suffisante ; puis le trèfle,
qui étouffe en partie les mauvaises herbes, se nourrit surtout avec
les éléments du sous-sol et de l'atmosphère et améliore le sol ; le
blé en profite ensuite, et il est finalement remplacé par l'avoine, qui
utilise le restant d'engrais.

Cet assolement est pratiqué depuis longtemps dans le Nord.

Dans certaines régions, notamment en France, dans le Lot, l'expérience a démontré que le tabac récolté sans alternance sur la même terre perdait peu à peu ses qualités, et que les produits diminuaient d'année en année. Cependant certains agriculteurs ont soutenu qu'il vaut mieux faire revenir le tabac sur la même terre. On a vu en Hollande, dans les provinces d'Utrecht et de Gueldre, des plantations successives de tabac qui venaient dans de bonnes conditions. Il y a lieu de faire entrer en ligne de compte la composition du sol et l'engrais employé.

D'une manière générale, on peut dire que le tabac se place aisément dans des rotations bien variées d'une durée plus ou moins longue. Il entre dans le système biennal, permettant le nettoiement et la préparation du sol. Ainsi, dans le Palatinat, on était arrivé à la succession tabac, épeautre. Le système triennal a été appliqué en Alsace : tabac, blé, orge. Mais d'après Schwarz, ce système ne peut se maintenir que dans un pays jouissant d'un sol très fertile et se procurant aisément les engrais. En Flandre, dans le Palatinat, en Alsace, où l'agriculture est perfectionnée, les systèmes d'assolement varient beaucoup et ne sont pas uniformes. M. de Moor, dans son traité de culture, loue beaucoup les choix judicieux et libres que font les agriculteurs de ces régions et donne plusieurs types recommandables.

PORTE-GRAINES

Nous avons suivi le tabac depuis l'ensemencement jusqu'à la récolte. Avant de décrire le traitement qu'il subit ensuite dans les séchoirs et de quitter le champ, nous dirons quelques mots des plantes qu'on a laissées fructifier pour obtenir la graine. Ces plantes, les porte-graines, sont choisies naturellement parmi les sujets les plus beaux, les plus vigoureux. Elles ne sont point écimées et reçoivent des soins particuliers : buttages et arrosages fréquents. Si elles se trouvent sur le même champ, il est à craindre que le pollen des étamines ne soit transporté d'un pied à un autre par le vent ou par les papillons. Les caractères particuliers à l'espèce d'origine seraient ainsi altérés et la graine donnerait ce qu'on nomme des *hybrides*. Il ne faut donc pas que les porte-graines soient trop rapprochés; mieux vaut les prendre sur des plantations différentes ou les cultiver dans des enclos.

Le besoin d'aliments est très grand surtout au moment de la floraison et de la maturation de la graine, d'où la nécessité de leur fournir une bonne fumure, de l'air et de la lumière en quantité.

La maturité s'annonce par la couleur brun rougeâtre de la capsule et par un commencement de dessiccation de son pédoncule. Si elle se manifeste pour toutes les capsules en même temps, comme il arrive souvent dans le Midi, on fait la récolte sur tige. Celle-ci est coupée à la partie inférieure et transportée dans l'endroit où elle doit sécher. Les capsules sont ensuite séparées. Dans le cas contraire, qui se présente généralement dans le Nord, les capsules sont recueillies par rameaux ou bouquets.

Après dessiccation, les capsules sont égrénées et les graines vannées, et même passées au crible, si on veut ne garder que les graines les plus belles. On les enferme ensuite dans des flacons bien bouchés.

La fécondité des plantes mères est très grande ; on a compté jusqu'à 360,000 graines sur un seul pied. Les bonnes graines sont lourdes et de grosseur uniforme : elles pèsent environ 50 grammes au décilitre ; leur poids spécifique varie de 0,85 à 0,95. Elles ont une couleur roussâtre. Bien que leur faculté germinative dure plusieurs années, jusqu'à dix ans, il convient de ne pas employer dans les semis des graines anciennes. M. Mourgues cite, d'après l'abbé Rozier, un cas assez curieux de longévité: « En Suède, on avait, en 1747, jeté des graines de tabac en terre, et on vit pulluler des plants en 1756. Comme cette plante est très étrangère à ce climat et qu'on ne la cultive point, il n'est pas probable qu'elle y ait été transportée par le vent ou par d'autres causes accidentelles. »

M. Blot, qui s'est livré à des recherches sur la culture des porte-graines dans le département du Nord, recommande d'élaguer les bourgeons secondaires et de ne conserver que cinquante ou soixante-dix capsules ayant fleuri les premières, de supprimer les bourgeons floraux qui naissent après l'élaguage, de n'enlever aux plantes mères que les feuilles basses en laissant subsister un minimum de dix feuilles et de n'opérer l'épamprement qu'après la fructification. D'après lui, il peut être avantageux dans le Nord, où la maturation est plus lente, de ne pas dépasser cinquante capsules par plante et d'élaguer quelques feuilles de plus, mais seulement après entière formation de la graine et dans le cas où celle-ci tarde trop à mûrir.

DESSICCATION ET SÉCHOIRS

Les feuilles qu'on vient de récolter contiennent une forte proportion d'eau qu'on leur enlève par divers procédés de dessiccation dans des locaux spéciaux, dits *séchoirs*. Dans les régions du nord les feuilles détachées de la tige doivent être rapidement desséchées. A cet effet, on les met en guirlandes ou chapelets qu'on suspend sous des arbres, sous la saillie des toits d'habitation, sous des hangars ou dans des greniers. Mais il est infiniment préférable de suspendre les guirlandes dans des locaux spéciaux, dans des séchoirs convenablement aménagés.

Ce procédé est désigné sour le nom de *mise à la pente*. Souvent la mise à la pente est précédée d'une courte fermentation qu'on fait subir aux feuilles en les entassant, ou bien en rapprochant les chapelets les uns des autres. Cette opération, qu'on nomme le *javelage*, a pour but de faire jaunir le tabac, mais elle offre le grave inconvénient d'amoindrir sa consistance, d'altérer son arome et de détruire son onctuosité.

Les feuilles sont enfilées à des ficelles ou à des baguettes. Les deux systèmes ont leurs partisans et sont en usage suivant les pays. Le système d'enfilage sur ficelles est pratiqué en Alsace, dans le

Palatinat badois, en France. Les chapelets sont formés en faisant
passer une grosse aiguille dans les pétioles, et en laissant un inter-

Fig. 16. — Baguette portant des feuilles enfilées.

valle de 2 ou 3 centimètres entre chaque feuille ; puis ils sont suspendus en attachant l'extrémité des ficelles à des clous, ou, ce qui
vaut mieux, à des fils de fer tendus de façon à
pouvoir les rapprocher ou les éloigner suivant les
besoins. Les guirlandes sont disposées en plusieurs
étages espacés de 75 à 80 centimètres.

    Lorsqu'on emploie le système des baguettes,
on prend des perches minces, mais suffisamment
résistantes qu'on fait passer dans des trous pratiqués à la base de la nervure médiane des
feuilles ; les perches ou baguettes sont disposées
en rangées dans les séchoirs. Le figure ci-dessus
fait voir une de ces baguettes portant les feuilles
enfilées (fig. 16.)

    Quand la récolte a été faite par tiges, celles-
ci sont suspendues à des cordelettes ou à des
gaules ; pour les fixer, on attache l'extrémité des
tiges ou bien on les accroche, soit par le pétiole
d'une feuille de terre supprimée, formant ainsi
crochet, soit par une cheville introduite dans
la base de la tige et formant de même un crochet (fig. 17.)

Fig. 17. Cheville
formant crochet.

L'attache peut se faire par enroulement d'un cordeau en spirale (fig. 18.)

La cueillette, avons-nous vu, se fait parfois par tronçons de la tige portant des couples de feuilles : alors ces couples sont tout simplement placés à cheval sur des perches ou des ficelles.

Fig. 18. — Cordeau en spirale.

La dessiccation sur tige est préférable quand le climat permet d'y recourir, parce que les feuilles sont mieux isolées; mais elle exige plus de place. Toutefois les feuilles de couronnes, étant en partie couvertes, sèchent moins bien.

Quel que soit le système adopté, la bonne disposition du séchoir présente un très grand intérêt; les planteurs qui ont une culture importante et qui la soignent ne manquent pas de faire construire des séchoirs spéciaux.

Les principales conditions à réaliser sont l'absence d'humidité et une aération facile. En observant ces principes, on peut édifier et on a construit des séchoirs de types très différents. En général, il faut leur donner une toiture élevée pour mettre la récolte à l'abri des variations atmosphériques, laisser, sur les parois opposées, des lucarnes en nombre suffisant, munies de volets, pouvant être ouvertes ou fermées à volonté, de façon à établir des courants d'air.

Les séchoirs belges sont le plus souvent des hangars en plein champ, faits avec des perches recouvertes d'un toit en paillasson.

Les Américains établissent souvent des séchoirs spéciaux en maçonnerie et bois, couverts en planches ou en briques, avec ouverture régnant tout autour dans les parois, au-dessous du toit. Schwarz recommandait comme séchoirs des hangars clos par des treillages avec des lucarnes dans la toiture; en Hollande, les séchoirs sont construits d'après ces indications.

Les perches, lattes ou ficelles sont placées de différentes manières dans ces locaux.

La côte sèche plus lentement que le parenchyme; elle conserve quelquefois une teinte blanche; et on peut craindre qu'elle ne donne à la feuille un peu de moisissure.

La dessiccation est achevée quand les côtes sont devenues brunes, ridées et comme lignifiées. Alors on procède à une mise en masse. Certains planteurs, qui suspendent les chapelets, les rapprochent, les serrent et entourent de paille la masse ainsi formée, dans laquelle se déclare alors une fermentation avantageuse. D'autres empilent les guirlandes et forment des couches dans lesquelles les pointes des rangées voisines s'entre-croisent, les caboches étant à l'extérieur ; le tout est recouvert de paille. Il faut surveiller ces masses, au besoin les retourner et les aérer.

Si la récolte a été faite par tiges, on fait l'effeuillaison avant la mise en masse; il faut alors que les tabacs ne soient ni trop secs, ni trop humides.

Il résulte d'expériences faites par M. Dargnies que le meilleur degré de maturité est indiqué par des marbrures se produisant huit ou dix jours d'avance, que ces marbrures disparaissent ensuite assez vite, que la dessiccation par la mise en pente doit cesser quand les feuilles ont encore une grande souplesse.

Les procédés de dessiccation usités aux États-Unis sont particulièrement intéressants, car ils donnent un moyen d'obtenir des feuilles d'une couleur claire, qui est souvent très recherchée par les consommateurs. En Virginie et dans quelques états du Sud et de l'Ouest, on sèche le tabac dans des séchoirs fermés, sous l'action du feu, ce qui donne au bout de trois ou quatre jours seulement des feuilles bien sèches d'une belle coloration jaune.

La dessiccation proprement dite est précédée d'une fermentation qui est assez délicate : le séchoir étant plein de tabac, on porte la température à 30°, et on l'élève successivement jusqu'à 40°, en un temps qui varie suivant la nature et les qualités propres de l'espèce de tabac en traitement, mais qui ne dépasse pas quarante-huit heures. Grâce à certaines précautions et au tour de main que possèdent les bons ouvriers sécheurs, le tabac acquiert ainsi la coloration jaune cherchée.

Alors commence une deuxième phase de l'opération, dans laquelle on élève en quelques heures la température à 51°, puis graduellement à 60°, pour dessécher le parenchyme.

Dans une troisième phase, la température est élevée encore plus haut, jusqu'à 75°, parfois même jusqu'à 93°, mais progressivement pour éviter la couleur de brûlé et pour ne point altérer l'arome. Cette période, qui est celle de la dessiccation des côtes, dure environ vingt heures. Cette méthode présente un grand avantage sur la dessiccation à l'air, qui dure deux ou trois mois.

Les Américains préfèrent le tabac léger et jaune ; ils exportent les tabacs forts, à grandes feuilles, de couleur brune plus ou moins foncée. Le traitement de ces tabacs repose aussi sur l'emploi de l'air chauffé, mais on ne sèche plus la côte et la tige, de sorte que l'opération comprend seulement les deux premières périodes : fermentation et dessiccation du parenchyme. La température ne dépasse pas 60° ; on laisse la côte et la tige se noircir, se dessécher à la pente.

Quelques planteurs laissent le tabac se dessécher un peu, ou, comme on dit, font suer le tabac, à l'air extérieur, pendant quarante-huit heures, avant de chauffer ; la température est maintenue à 38° jusqu'à ce que le parenchyme soit sec.

Quelques-uns récoltent le tabac avant maturité complète, et, avant de le chauffer comme on vient de le voir, le font fermenter et sécher un peu, soit à l'air du séchoir, soit en chauffant doucement.

Deux autres procédés de dessiccation sont usités aussi aux États-Unis et se distinguent du précédent par le séchage au soleil.

Fig. 19. — Étendoir.

Ils sont employés dans les États du Sud, de l'Ouest, et en partie dans les États du Nord Ouest.

La dessiccation exclusive au soleil ne peut être pratiquée qu'assez rarement, quand l'arrière-saison est très belle ; autrement elle est complétée au séchoir.

Dans ce dernier cas, on installe près des séchoirs et à l'abri des vents du nord ou du nord-ouest des étendoirs qui consistent en rangées parallèles de piquets (fig. 19), réunis par des perches sur lesquelles sont posées les gaules portant les plantes. Le tabac, retourné à différentes reprises, se colore en jaune ; suivant l'état de l'atmosphère, les plantes sont rapprochées ou écartées. Des

rameaux verts ou bien une légère toiture servent d'ordinaire
à recouvrir et à abriter le tabac. Sortant des étendoirs, où elles
restent un temps variable suivant l'état du ciel et de l'atmosphère,
les feuilles sont portées au séchoir, où la dessiccation est complétée, soit à la température ordinaire, soit à l'aide de la chaleur
artificielle. Cette méthode demande beaucoup de temps et de
main-d'œuvre ; de plus, elle est assez coûteuse.

Dans le Sud et dans l'Est, les séchoirs pour séchage artificiel
sont fort simples ; ce sont des pièces avec une porte et deux
fenêtres, construites avec des arbres écorcés ou bien en planches,
dont les joints sont calfeutrés avec de l'étoupe, au toit raide en
planches ou en bardeau, d'une hauteur variant entre $7^m,50$ et
9 mètres, d'une longueur et d'une largeur comprises entre $5^m,50$
et $7^m,50$; les murs reposent directement sur le sol, sans fondations
en pierres.

Les séchoirs à air libre sont munis de fenêtres sur toute la
largeur de la paroi, et d'une ou deux cheminées traversant le toit.

La dessiccation artificielle est faite ou à feu nu, ou bien avec
des fourneaux et des tuyaux, en utilisant soit le charbon, soit le
bois, soit les deux combustibles à la fois. Les meilleures qualités
de tabac jaune sont séchées au charbon. Pour un séchoir de
6 mètres de côté, qui peut contenir 180 à 270 kilogrammes de
tabac sec, il faut brûler de 22 à 27 hectolitres de charbon de bois.
Les tabacs lourds se sèchent exclusivement au bois. Un séchoir
de $6^m,30$, qui contient 270 à 360 kilogrammes de tabac sec, exige
environ 9 stères de bois. Le chauffage est obtenu avec des foyers
ordinaires ou avec des calorifères de systèmes divers, installés
extérieurement ou dans l'intérieur des séchoirs.

La méthode américaine, fondée sur la récolte en tiges et le
séchage artificiel, paraît en définitive donner de très bons résultats.

Après dessiccation, en Amérique comme en France, les tabacs
sont soumis à une petite fermentation, soit en les laissant à la pente
et en serrant les plants les uns contre les autres, soit en les mettant en masses. Chaque système peut avoir ses avantages, suivant

les cas ; de toute façon, il y a un certain nombre de précautions de détail à prendre que les bons planteurs connaissent bien. Elles consistent, notamment, à choisir convenablement l'époque où les plants doivent être effeuillés ; les feuilles sont classées, réunies en poignées ou manoques, conservées à l'abri de l'humidité jusqu'au moment de la vente, parfois mises en masses cubiques ou circulaires. Si le tabac doit être vendu sur des marchés éloignés, il est mis en tonneaux ; chaque qualité est placée dans un tonneau séparé.

En France, comme on le verra plus loin, la culture n'est pas libre et la récolte doit être livrée intégralement aux magasins de l'État.

Les travaux auxquels doivent se livrer les planteurs, après la dessiccation, sont subordonnés aux règles qui leur sont imposées pour les livraisons. Un mois environ avant de les effectuer, ils commencent à les préparer. La première opération consiste à défaire les guirlandes, ce qui permet d'opérer un premier triage des feuilles par longueur et par couleur, travail facilité par la séparation antérieurement faite des feuilles basses, des feuilles de corps et de couronne. Un triage plus soigné vient ensuite : il s'effectue d'après des types donnés, et les feuilles triées sont réparties par paquets ou poignées qu'on appelle des *manoques*.

Chaque manoque doit contenir un nombre déterminé de feuilles, 25 ou 50. Les caboches doivent être bien alignées. La manoque est entourée par une feuille formant lien, placée à deux ou trois centimètres de l'extrémité, du côté des caboches. Un ou deux jours avant la livraison, pas plus tôt, pour éviter toute fermentation, les manoques sont mises en ballots de 100 ou bottelées, et les tabacs sont, dans cet état, transportés au magasin où ils sont pesés, examinés et classés par une commission de réception ou d'expertise.

Les tabacs restent plusieurs mois dans les magasins, jusqu'à l'époque de l'expédition aux manufactures. Ils y subissent divers traitements : d'abord ils sont mis en masses par manoques ; les masses de forme cubique ont 2 ou 3 mètres de haut, 4 ou 5 mètres de largeur et de longueur. On procède à des battages et à des secouages pour enlever les poussières et les débris, ensuite à des retournements qui ont pour effet de retirer l'excédent d'humidité et d'empêcher toute moisissure des côtes et du parenchyme. L'opération finale est un emballage qui se fait dans des toiles au moyen de presses à bras ou de presses hydrauliques.

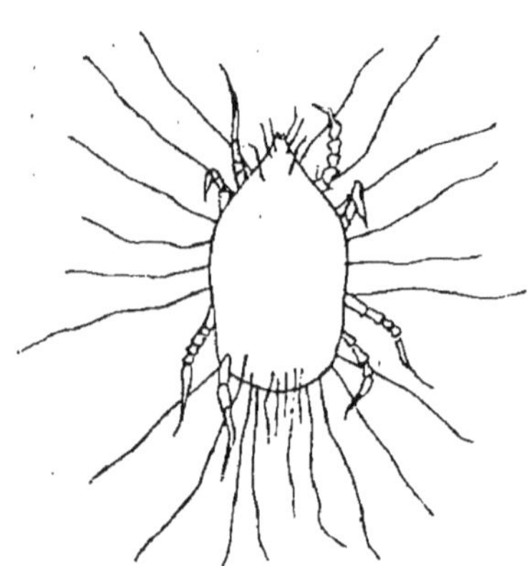

Fig. 20. — Glycéphage.
(Grossi 75 fois.)

On observe dans les magasins, dès le printemps, du côté des masses les plus anciennes ou composées de tabacs inférieurs, particulièrement de celles qui sont au frais, des traînées de poussières qui sont formées d'une multitude d'êtres microscopiques ou mites, dont l'action sur le tabac paraît être bienfaisante. Ils ont été étudiés en Alsace par M. Hardy, qui a reconnu cinq espèces appartenant à la famille des acarides, de la série des articulés.

L'espèce de beaucoup la plus abondante est celle des *glycéphages*, au corps diaphane, grisâtre, légèrement opalin, pourvu de longs poils blancs hérissés de petites pointes.

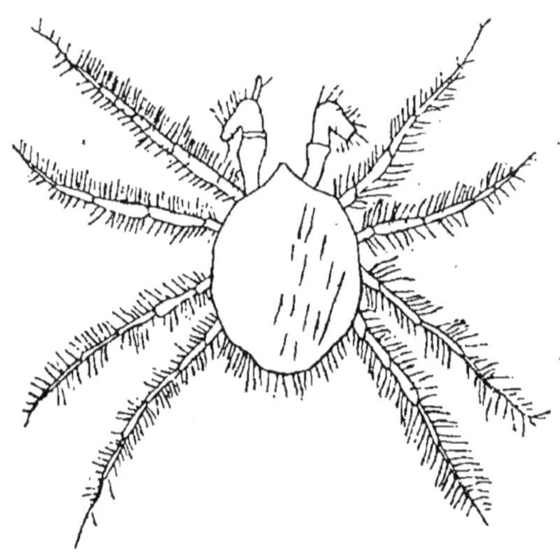

Fig. 21. — *Trombidium parotinum.*
(Grossi 60 fois.)

La figure 20 donne une idée de ces petits êtres. Ils se nourrissent de substances végétales, mais leurs pièces maxillaires sont trop faibles pour qu'ils puissent s'attaquer à des tissus d'une certaine fermeté ; ils se nourrissent donc seulement avec les moisissures recouvrant les nervures ou le parenchyme des feuilles de tabac et ne sont pas nuisibles, au contraire.

D'ailleurs, ils sont combattus par des ennemis du même ordre de grandeur, ou peu s'en faut, qui sont carnassiers et par conséquent ne sont nullement à redouter pour le tabac. Ces animalcules sont : le *trombidium parotinum*

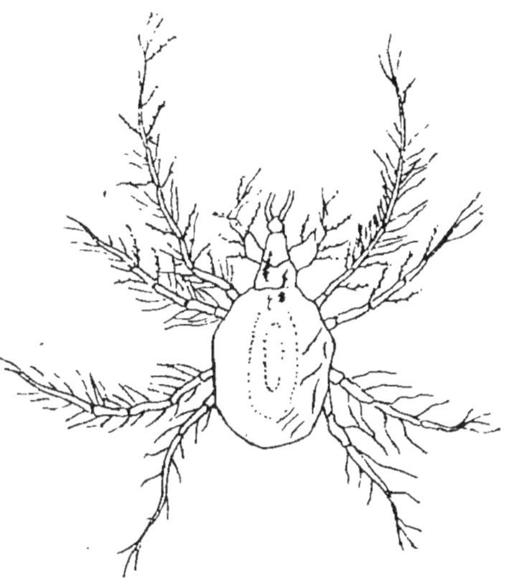

Fig. 22. — *Cheyletus rufus.*
(Grossi 50 fois.)

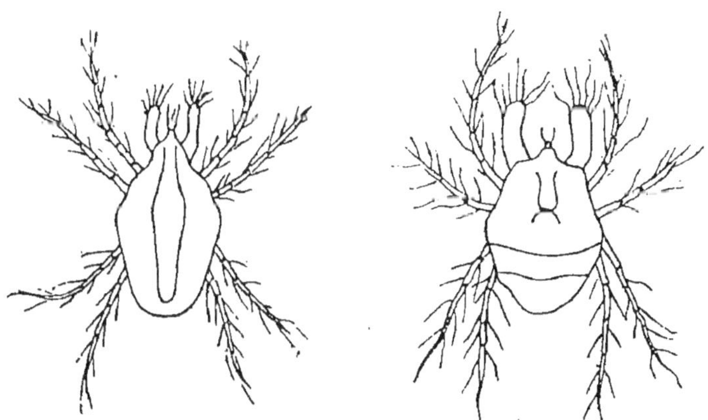

Fig. 23 et 24. — *Cheyletus cruditus.*
(Grossi 50 fois.)

(fig. 21), au corps ovulaire, velu, de couleur rouge pourpre, muni

de palpes saillantes et de huit pattes; le *cheyletus rufus* (fig. 22),
au corps roux, ovoïde, au rostre conique, aux pattes longues et
grêles; le *cheyletus eruditus* (fig. 23 et 24), au corps elliptique, de
couleur blanc verdâtre, muni de palpes
épais; l'*oribata castanea* (fig. 25), ayant un
corps ovoïde, d'un brun foncé, un bouclier
corné, hérissé de poils courts et raides,
surtout aux deux extrémités.

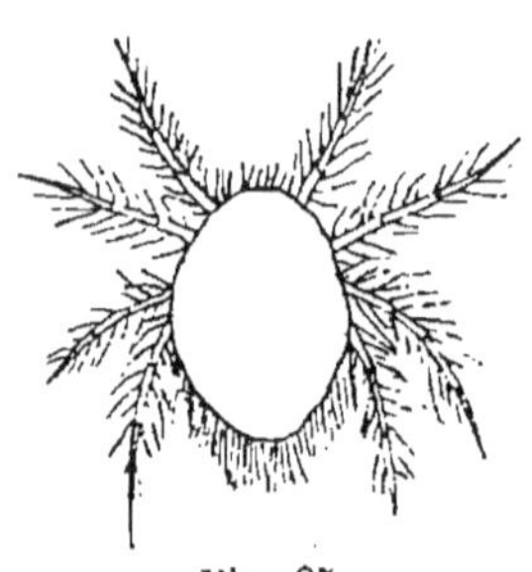

Fig. 25.
Oribata castanea.
(Grossi 50 fois.)

Cette dernière espèce est très rare dans
les magasins de tabacs en feuilles. Les
autres aussi, d'ailleurs, sont beaucoup plus
rares que les glycéphages.

Toutes ces mites se rencontrent dans
les endroits frais et humides: elles ne sont
pas spéciales au tabac et sont apportées chaque année par les
planteurs. Les trombidiums et les oribatas se trouvent dans les
greniers à fourrage et ceux où on conserve le vieux blé battu.

Lorsque les tabacs devenus plus secs ne fournissent plus aux
glycéphages une nourriture suffisante, ces acarides émigrent et
sont suivis par leurs ennemis. Ainsi s'expliquent ces traînées de
poussière qui s'observent dans les magasins et indiquent la fin de
la maturation des tabacs. Dans les établissements du Midi, les mites
sont moins nombreuses que dans les établissements de l'Est.

VARIÉTÉS CULTIVÉES EN FRANCE

Nous avons déjà indiqué les principales variétés du tabac et
les principales régions où elles sont cultivées.

Les tabacs qu'on cultive généralement en Europe appartiennent à l'espèce *Nicotiana tabacum,* qui est originaire de Virginie.
C'est notamment le tabac commun en Allemagne, et certaines variétés sont plus spécialement cultivées dans le Palatinat, où la culture du tabac a toujours été fort soignée.

En Orient, on cultive deux variétés de *Nicotiana tabacum*, qui sont le tabac à larges feuilles (*Nicotiana latifolia*), le tabac crêpu (*Nicotiana crispa*) dont la graine provient du Pérou ou du Brésil, et aussi le tabac rustique (*Nicotiana rustica*).

Les variétés de tabac ont pris dans tous les pays des noms très divers qui sont empruntés généralement à certaines localités. Il est bon de rappeler que le tabac fournit un grand nombre de dégénérescences, et que les caractères secondaires changent constamment. Il suffit donc d'indiquer l'origine première des espèces les plus répandues ; c'est ce que nous allons faire pour la France.

On distingue principalement les tabacs à fumer, c'est-à-dire les tabacs cultivés pour être fumés sous forme de cigares, ou bien après hachage, dans la pipe et en cigarettes, des tabacs à priser, qui sont cultivés en vue de la fabrication de poudre à priser.

Les premiers, les tabacs à fumer, sont presque tous de la famille du Paraguay-Bas-Rhin : on désigne ainsi une variété de tabacs du Palatinat qui était cultivée en Alsace depuis très longtemps, et qui s'est formée sans doute par hybridation. Cette variété a été obtenue avec des graines de tabac du Paraguay. Le tabac

Fig. 26.
Pas-de-Calais.

du Paraguay, sur lequel M. Demersay a donné des renseignements détaillés, à la suite d'une mission dont il avait été chargé en 1844 par le gouvernement français, appartient à l'espèce *Nicotiana tabacum*.

Deux départements français, les Alpes-Maritimes et le Var, cultivent des tabacs à fumer qui appartiennent à l'espèce *Macrophylla*, originaire du Maryland.

Dans les départements du Nord et du Pas-de-Calais, la variété de Paraguay-Bas-Rhin a subi des transformations diverses résultant de la nature du sol, des engrais et des méthodes de culture, et dues aussi à des hybridations; la variété dite Philippin, dans le département du Nord, se rapproche plus du Paraguay-Bas-Rhin que la variété dite Dragon-Vert, qu'on trouve dans la plus grande partie du Pas-de-Calais. Le Dragon-Vert vient plus facilement que le Philippin dans tous les terrains; il exige moins de soins, mais il a un tissu moins consistant et moins élastique.

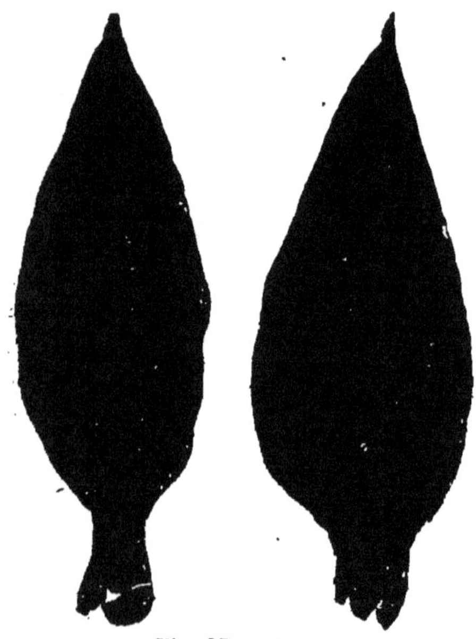

Fig. 27. — Lot.

Les tabacs qui sont cultivés en vue de la fabrication de la poudre se rattachent par leur origine au tabac de Virginie, qui est aussi de l'espèce *Nicotiana tabacum*.

Le département du Lot, qui fournit de très bons tabacs pour la poudre, cultivait jadis le Virginie, plante d'un beau port et d'une constitution vigoureuse. D'après M. Mourgues, il fut supplanté vers 1812 par un tabac de Hollande nommé l'Amersfort, qui lui fut préféré comme s'acclimatant plus facilement et moins susceptible de dégénérescence. On distingue deux variétés de ce dernier, savoir : l'Amersfort jaune, à feuilles veloutées et tissu fin; l'Amersfort noir, ayant plus de corps que le précédent, mais une couleur moins belle et un grain moins fin. Une autre variété, originaire aussi de la Hollande et présentant avec les précédentes des analogies marquées, s'introduisit plus tard dans le Lot, le Nykerk, tabac d'une constitution robuste, venant bien dans tous les terrains, mûrissant et séchant plus vite que l'Amersfort, mais plus sensible à l'humidité. A son tour, il a supplanté peu à peu l'Amersfort.

Dans le Lot-et-Garonne, le Virginie a fourni deux variétés principales; l'une, plus généralement cultivée, a conservé le nom de Virginie, l'autre, aux feuilles moins longues et plus larges, plus pesantes, est le tabac Camus ou Auriac.

On distingue aussi, comme nous l'avons dit, les tabacs par les dimensions des feuilles : tabacs *latifolia* et tabacs *angustifolia*. Les tabacs à fumer sont de la première catégorie et les tabacs à priser de la seconde.

A propos des tabacs du Paraguay dont nous venons de voir l'influence sur la culture française, M. Demersay nous dit que cette espèce était un tabac rouge, importé de la Havane, la même qui donnait au Pérou, au Brésil et dans l'Amérique du Nord, des tabacs fort estimés; qu'on essaya, vers 1812, une espèce à haute tige, à feuilles allongées, dite tabac long (*pety pucu*), mais qu'on revint promptement au tabac rouge, dont on tira par des procédés particuliers de culture deux variétés distinctes : le tabac *canela*, de couleur jaune, celui qui s'exporte le plus, et le tabac tacheté, fort, gommeux, ne sortant guère du pays.

Ce qui précède montre quelle influence l'hybridation a exercée sur la production des variétés actuellement les plus connues. Nous empruntons à un travail de M. Hardy quelques détails intéressants sur cette opération.

Fig. 28.
Lot-et-Garonne.

Une étude complète de l'hybridation avait été faite, de 1760 à 1766, par le savant allemand Kobreuter, et ses résultats se trouvent dans quatre mémoires édités à Leipzig à cette époque, ainsi que dans les *Mémoires de l'Académie de Saint-Pétersbourg*. Kobreuter fit précisément ses essais sur des plants de tabac, et leur valeur est confirmée par M. Sagerit, membre de la Société d'agriculture de Paris, qui publia, en 1826, un travail sur l'hybridation. Des expériences nombreuses furent faites par d'autres savants, notamment Gaertner : elles sont relatées dans les *Annales des Sciences naturelles* (1827). Gaertner démontra sur un fruit de *Nicotiana macrophylla* que la fécondation n'est jamais complète dans les hybrides, et que le nombre des semences était beaucoup moindre dans les capsules de ceux-ci que dans les capsules de la plante naturelle.

L'hybridation consiste, on le sait, à féconder une espèce avec le pollen tiré d'une autre espèce, en enlevant les étamines d'une fleur avant l'ouverture ou la déchirure des anthères, et recouvrant son stigmate d'un pollen étranger. Il convient, avant tout, de se souvenir que la fleur est une transformation d'un bourgeon foliacé, et que ses différentes pièces sont des feuilles modifiées ; que les fleurs, organes de la reproduction, se développeront mieux si les organes de nutrition, les feuilles de la plante, ne prennent pas de leur côté un trop grand essor ; qu'il y a, par conséquent, intérêt, en vue de l'hybridation, à empêcher un excessif développement de ces derniers pour accroître la vitalité des autres, en cultivant la plante sur un sol léger et ménageant les arrosages.

L'action du pollen de la plante elle-même étant bien plus énergique que celle du pollen étranger, il faut, pour empêcher celui-ci d'agir, c'est-à-dire pour empêcher la fécondation naturelle, pratiquer l'hybridation avant la maturité des anthères, et, par prudence, avant l'épanouissement de la corolle ; le meilleur moment est le matin ou le soir après le coucher du soleil, alors que les anthères un peu humides sont moins susceptibles de s'ouvrir et de laisser échapper leur pollen ; l'enlèvement des anthères peut se faire avec une petite pince ou simplement avec les doigts, en saisissant le filet de l'étamine. Le pistil avec les carpelles, c'est-à-dire avec les ovaires, styles et stigmates, restent sur la plante à hybrider ; alors, prenant sur l'autre plante, la plante mâle, une fleur toute développée, dont les anthères sont ouvertes, on applique successivement l'une de ces anthères sur les stigmates de la fleur soumise à l'hybridation.

Dans la fécondation naturelle, la corolle ne tarde pas à se

flétrir et tombe au bout de deux ou trois jours ; ce phénomène, au contraire, ne se produit qu'au bout de six ou sept jours dans la fécondation artificielle, comme si l'action du pollen étranger était aussi plus lente. Gaertner en a fait l'observation sur des sujets de *Nicotiana rustica*, ce qui s'explique en remarquant que le ralentissement de la fructification est favorable à la fonction de végétation, la corolle et ses pétales devenant, après fécondation, de simples organes de végétation qui se conservent plus longtemps si la fructification est ralentie. Le fruit se montre aussi plus tardivement après hybridation ; la raison en est la même ; d'ailleurs la forme du fruit et celles des graines ne sont aucunement modifiées.

Les hybrides dégénèrent très facilement : ces plantes sont stériles, leur pollen très défectueux ; il semble donc qu'on ne puisse compter sur l'hybridation pour produire de nouvelles espèces. Toutefois, pratiquée entre des plantes de même famille ou de même genre, elle peut donner quelques bons résultats, faire passer à une espèce de tabac quelques-unes des propriétés appartenant à une autre espèce. Le meilleur procédé consiste à répéter les hybridations, à féconder un hybride avec le pollen de l'espèce qui l'a formé.

Il y aurait intérêt à reprendre et à poursuivre des expériences de ce genre.

CULTURE DANS DIFFÉRENTS PAYS

Les renseignements généraux qui ont été donnés sur la culture du tabac sont applicables, sauf changements de détails, à tous les pays où cette culture est soumise à des procédés réguliers. Ils suffisent pour donner une idée générale de ces procédés ; cependant il y a intérêt à considérer quelques particularités propres aux pays réputés pour leur production, notamment les États-Unis, l'île de Cuba, l'île de Sumatra, le Paraguay, et près de nous la Hollande.

Culture aux États-Unis. — Le sol des États-Unis, comme

celui de l'Europe, est tantôt sablonneux et sec, tantôt riche en terreau, tantôt argileux et quelquefois marécageux.

Dans le Nord, il y a encore quelques forêts qu'on défriche pour la culture du tabac, mais, le plus souvent, cette culture se fait sur des terrains déjà aménagés à cet effet, et auxquels on demande une ou deux récoltes successives de tabac, quelquefois trois. Les assolements sont très variables. Comme engrais, on emploie des fumiers d'animaux, du guano, ou des superphosphates, du noir d'os, du gypse, des cendres, ou encore des engrais verts, comme le trèfle. Le sol est préparé avec grand soin; les semis se font en pleine terre, la plantation est faite en lignes, le nombre de pieds varie de 5,000 à 18,000 par hectare.

Dans le Sud et le Sud-Est, les tabacs sont transplantés généralement sur une terre vierge qu'on défriche et qu'on débarrasse des mauvaises herbes, des racines, des insectes, en brûlant le sol sur 5 ou 6 centimètres de profondeur, au moyen d'un bûcher enflammé mobile. Le sol des semis est fumé, quand les feuilles commencent à pousser, avec de l'engrais de poulailler.

La germination artificielle des graines n'est guère en usage. Les différentes opérations de la culture : repiquage, binage, buttage, écimage, ébourgeonnement, se font à peu près comme dans nos pays, et le traitement des porte-graines est analogue à celui qui est usité en France.

Signalons une maladie spéciale du tabac : le pied noir ou tige creuse, qui se manifeste par la pourriture du milieu de la tige, et sévit dans les plantations cultivées sur de vieilles terres ou des terres basses, lorsqu'elles ont été engraissées avec des matières très azotées. Parmi les principaux insectes, ennemis du tabac, se distinguent : le ver blanc, une chenille très destructive, ressemblant à un sphinx, d'un vert clair, nommé le *sphinx quinque maculatus,* à cause des cinq taches qui marquent le dos du papillon né de cette chenille, et la larve d'un petit papillon de la famille des noctuidées, dite : *Lud worm noctuor.*

On récolte le tabac en tiges. Le moment de la récolte doit être

.saisi avec soin, pour que les feuilles conservent leur belle couleur jaune; ce moment vient cinq ou six jours après l'apparition des premiers signes de la maturité. La tige de la plante est coupée au ras du sol; dans quelques États, on la fend en deux à partir du bas, sur une longueur de 0^m,10 à 0^m,15, avant de la sectionner.

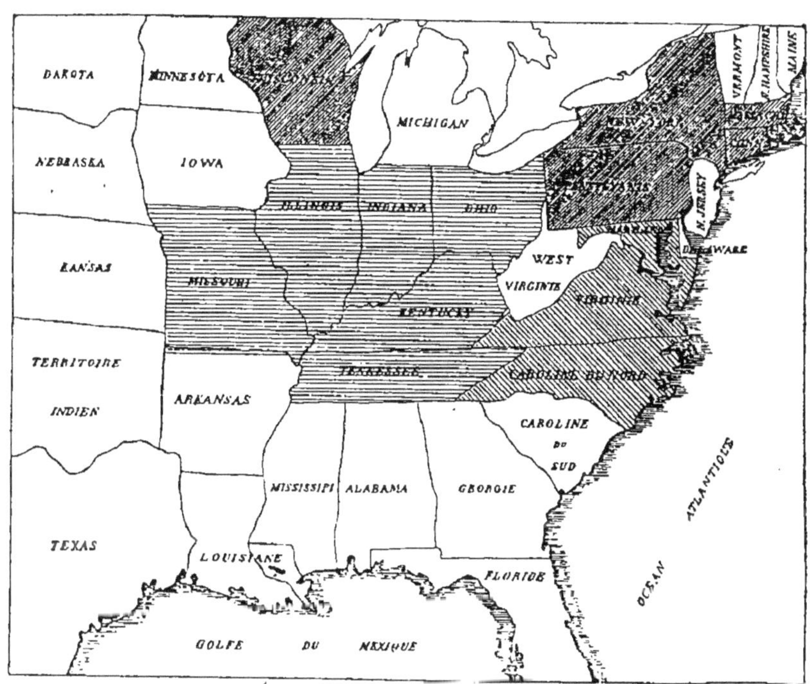

Fig. 29. — Carte de la production des tabacs aux États-Unis.
(Extrait du *Mémorial des manufactures de l'État.* — Berger-Levrault et Cie, éditeurs.

Les tiges ainsi fendues sont enfilées sur des gaules et transportées au séchoir dans des chariots de formes diverses. Quand les tiges n'ont pas été fendues, on les suspend après les avoir enfilées sur une gaule qui est terminée à cet effet par une alène, ou bien après les avoir piquées et percées avec des chevilles formant crochet, ou bien encore en les attachant avec des ficelles de lin ou de coton. Les procédés de dessiccation ont été décrits ci-dessus.

Les États-Unis peuvent être divisés, au point de vue de la production des tabacs, en trois régions bien distinctes, ayant chacune des tabacs spéciaux[1], la carte ci-jointe (fig. 29) indique la séparation des trois régions.

A la région Nord, comprenant l'État de New-York, appartient le tabac appelé *Seed leaf* (fig. 30) qui provient de graines (*Seed*) originaires de Cuba; le tabac le plus apprécié est donné, non par la graine importée, mais par les graines de la deuxième ou de la troisième récolte; les tabacs récoltés ne sont point répartis en classes bien définies, comme ceux des autres régions.

Fig. 30.
Seed-Leaf.

La région de l'Est est formée par les États de Virginie, du Maryland et la Caroline du Nord; elle donne, en général, des tabacs clairs et légers; cependant la Virginie et la Caroline du Nord produisent une certaine quantité de tabac noir et corsé, qui, en France, est utilisé pour la poudre, mais n'a point cette destination en Amérique. Les tabacs de Virginie du marché de Baltimore sont clairs et ressemblent à ceux du Maryland. Après séchage et fermentation, les feuilles sont classées suivant leur grandeur; on distingue les lugs, feuilles du pied de la plante, et les leafs, feuilles de la couronne; ce classement est suivi d'un autre par qualités. Les tabacs clairs sont les plus demandés et, par suite, les plus coûteux.

Dans la région de l'Ouest sont compris, en particulier, les États du Kentucky et d'Ohio qui sont très productifs; cette région donne deux espèces très différentes : le tabac ordinaire, qui est cultivé depuis longtemps et qui se divise en deux classes, le léger et le lourd, suivant la nature du tissu, et un tabac qui se cultive seule-

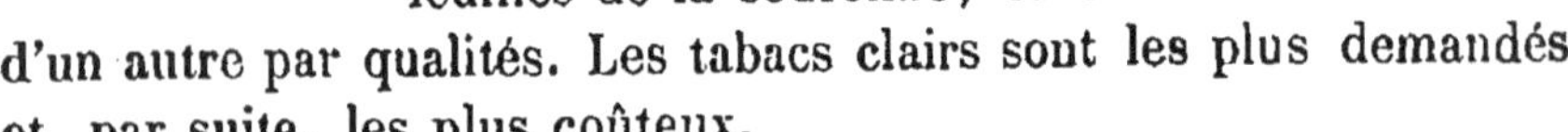

1. Travail de M. Muffat dans les *Annales.*

ment depuis 1866, le burley. Ce dernier est récolté sur les bords
de l'Ohio, dans les États du Kentucky et d'Ohio. Un fermier du
comté de Brown (Ohio) remarqua l'arome fin, délicat et l'odeur
agréable que possédait son tabac, sa différence de goût et de qualité
avec les tabacs voisins; ces avantages furent appréciés par les
acheteurs, et la culture de la nouvelle plante, ainsi encouragée,
ne tarda pas à prendre un très grand déve-
loppement. Le burley se divise, d'après sa
couleur plus ou moins claire, en red burley
et en colory burley; ce dernier, le plus
recherché des deux, comprenant des tabacs
de nuances variables, depuis le jaune jusqu'au blanc.

Les produits de l'Ouest sont coupés en
septembre, séchés en octobre et novembre,
emballés en décembre.

Il y a encore une autre région, la
Louisiane, qui doit être ajoutée à la liste
des États producteurs. On y récolte un tabac
appelé périque, comme son premier cultivateur, paraît-il, et très apprécié par les consommateurs américains. Le périque se cultive
seulement dans le comté de Saint-Jacques,
à cent kilomètres au nord-ouest de la Nou-

Fig. 31. — Maryland.

velle-Orléans. Le meilleur vient dans la paroisse de Grande-Pointe;
des essais de culture, tentés avec ce tabac, dans des comtés voisins
sont restés infructueux.

Ce tabac est noir, d'odeur agréable, très fort; il sert à fabriquer ce qu'on appelle des carottes : les feuilles, corsées et gommeuses, sont séchées sous des hangars, écôtées et comprimées
dans des presses où elles restent trois ou quatre mois. On en fait
des paquets, qui sont vendus avec une petite corde les entourant.
Le périque est souvent mélangé avec du burley ou du Virginie pour
être fumé soit dans la pipe, soit en cigarettes.

La Californie et l'Arizona cultivent le tabac sur une petite échelle.

Culture dans l'île de Cuba. — Tout le monde sait quelle est la réputation, parfaitement méritée d'ailleurs, dont jouit le tabac de l'île de Cuba ou tabac de la Havane. C'est sans doute à la nature du sol et au climat de ce pays, bien plutôt qu'aux procédés de cul-

Fig. 32. — Havane.

ture, que ce tabac doit ses qualités exceptionnelles, particulière-ment son arome, car les essais de culture tentés dans nos pays avec des graines de Havane ont donné des plantes rappelant par leurs caractères physiques celles de la Havane, mais dépourvues de l'arome qui leur donne tant de prix.

L'île de Cuba est tout entière fertile en tabacs; toutefois, c'est principalement dans la partie occidentale appelée la Vuelta de abajo (partie d'en bas) que viennent les meilleurs crus. Les terrains de la Vuelta de arriba (partie d'en haut) sont moins propices à la culture. Même dans la Vuelta de abajo, tous les terrains ne sont pas également favorables.

Les terres de la Vuelta de abajo sont en général meubles et sablonneuses, conditions qui sont les meilleures, comme on sait, tandis que dans la Vuelta de arriba, les terres, plus compactes, plus fortes, produisent un tabac de formes plus développées, aux feuilles plus grossières et plus nervées, avec parenchyme un peu gommeux. Aussi préfère-t-on les terres dites rouges, parce qu'elles sont plus fines et plus sèches, et parmi toutes ces terres, celles qui sont en plaine, mais présentant une pente douce qui empêche les submersions.

Autrefois, le tabac était planté, autant que possible, sur terres vierges, débarrassées des futaies qui les recouvraient. Les planteurs n'avaient point recours aux amendements, ils laissaient le sol en jachère pendant un an d'intervalle. Maintenant, ils font grand usage du guano, ne soumettent les terres à aucune rotation, cultivent le tabac chaque année, obtenant même souvent dans l'intervalle, et en peu de temps, une récolte intermédiaire d'une plante alimentaire. Le guano favorise le développement du tabac, mais il paraît avoir une fâcheuse influence sur l'arome.

Les semis se font sur les terres des savanes ou des forêts défrichées récemment, sans engrais. Il est admis que les terres consacrées aux semis doivent être plus compactes et moins bonnes comme qualité que les terres des plantations; car, pense-t-on, si les jeunes plants se développent bien sur une terre médiocre, ils prospèrent mieux encore après repiquage sur des terrains de qualité supérieure. Les semis couvrent une très grande étendue : environ un huitième de celle des plantations.

La graine employée est généralement celle de la dernière récolte. Elle est semée à la volée, vers la fin de juillet ou bien au commencement d'août. L'espace réservé au semis est divisé en parcelles, pour que l'apparition des plants soit un peu espacée et que les travaux subséquents puissent être faits successivement.

Au bout de deux mois au plus, les jeunes plants peuvent être repiqués ; on choisit ceux qui ont les racines les plus développées et une hauteur de $0^m,15$ à $0^m,20$. Le champ est disposé en billons ou monticules, les pieds placés contre leurs parois sud. Les distances des rangées et l'espacement des pieds sont de $0^m,85$ environ. L'hectare porte 25 à 30,000 pieds. Les opérations ultérieures de la culture sont celles que nous avons décrites. L'écimage laisse neuf à dix feuilles sur la plante. Il importe de signaler le soin avec lequel les planteurs opèrent les sarclages, les ébourgeonnements, et font la chasse aux insectes qui abondent dans le pays. Ils les recherchent la nuit à la lueur des torches, ou bien lâchent contre eux dans les plantations les animaux, tels que poules, canards, porcs, qui en sont friands.

Le mois de décembre est le moment de la cueillette, sur les terres qui ont reçu du guano ; il vient un peu plus tard pour les terres non engraissées. La maturité se reconnaît, à la coloration d'abord, aux marbrures qui recouvrent le parenchyme, en pressant le pétiole des feuilles, qui fait entendre un certain craquement, et au toucher de la feuille même, qui est alors rugueuse et gommeuse. On attend une maturité plus avancée à Cuba qu'en France. On récolte d'abord les feuilles de couronne, qui sont les plus belles, et sont réservées pour les couvertures de cigares, puis, un peu plus tard, les feuilles plus basses.

La cueillette est faite par sections de la tige, et, contrairement aux usages des bons planteurs dans nos pays, les Havanais laissent venir sur le restant de la tige des feuilles de regain, qui, de qualité inférieure, sont destinées à l'intérieur des cigares.

Les porte-graines ne sont pas très soignés ; c'est après le deuxième regain qu'on laisse fructifier la plante. Aussi la graine obtenue sur ses plantes débilitées n'a-t-elle qu'une médiocre vigueur pour la reproduction.

Les feuilles, accouplées sur le tronçon des tiges, sont réunies sur des perches et portées au séchoir, où l'aérage est réglé avec soin, suivant les conditions atmosphériques ; les perches sont éloignées ou rapprochées suivant les besoins, et les tabacs portés,

Fig. 33. — Un champ de tabac à la Havane.

au fur et à mesure de la dessiccation, aux étages supérieurs du séchoir.

Vers la fin d'avril, la dessiccation est achevée ; on procède à l'effeuillaison, et on forme des masses appelées pilones, qu'on laisse fermenter pendant une quarantaine de jours. La température monte à 40°, et le tabac prend un goût aromatique, en même temps qu'une couleur plus uniforme et un aspect plus brillant.

Ces manutentions sont complétées par une opération assez curieuse, qui consiste dans une faible mouillade opérée avec un jus spécial, appelé *betun*, nom présentant beaucoup d'analogie avec celui de *pety* ou *petun*, par lequel le tabac lui-même a été jadis désigné en Amérique. Ce jus s'obtient en faisant macérer des bouts de tige dans de l'eau de rivière limpide, et, souvent, en y ajoutant des bouts de feuilles, de la mélasse, diverses décoctions, même de l'urine. Il fermente tout de suite, ne se conserve pas longtemps, mais peut être employé au bout de deux ou trois jours. La mouillade faite avec ce jus est regardée par les planteurs comme très importante, elle donne de la souplesse au tabac et facilite le triage.

Ces triages sont exécutés avec grand soin ; ils donnent jusqu'à treize qualités de feuilles ; les meilleures, bien entendu, pour couvertures ou robes de cigares. Les premières qualités sont encore mouillées au *betun*, mises pendant deux ou trois jours en masses de fermentation, puis forment des ballots de 50 à 100 kilos qu'on appelle *tercios*. La fermentation continue encore près d'un mois après cet emballage, elle est activée ou ralentie en rapprochant ou éloignant les *tercios*. Finalement, ceux-ci sont expédiés dans les fabriques. Pendant ces diverses fermentations, la quantité de nicotine des feuilles diminue notablement.

Culture dans l'île de Sumatra. — Le tabac de Sumatra a des qualités qui se rapprochent de celles du havane, et, depuis quelques années, il est recherché par les fabricants ; l'administration française l'emploie dans la confection des cigares supérieurs.

La culture dans l'île de Sumatra n'a guère pris quelque importance qu'à partir de 1865, sous la direction des maisons hollan-

daises, qui expédient sur les marchés de Hollande les tabacs non
consommés sur place. L'île de Sumatra a une étendue qui est à
peu près le tiers de l'étendue du territoire français, mais la culture est concentrée sur un territoire équivalent à celui de trois ou
quatre départements français, dans la résidence de Deli et, dans
les provinces voisines, sur la côte orien-
tale, où règne un climat chaud et pluvieux.

L'île est habitée par des peuplades
sauvages, gouvernées par des sultans, sous
le contrôle du gouvernement hollandais.
Ces sultans afferment les terres à des Euro-
péens. Ces terres, défrichées d'abord par
des indigènes, sont cultivées ensuite par
des ouvriers chinois, japonais ou klinga-
lais, sous la direction d'un administrateur
général de la plantation. Le sol est couvert
de riches forêts qu'on défriche pour cultiver le tabac; on a reconnu qu'il valait
mieux renoncer à cultiver deux années de
suite sur une même terre; la culture du
tabac est suivie d'une récolte de riz. La
terre, laissée en jachère pendant huit ou
dix ans, se recouvre de broussailles qu'on

Fig. 34. — Sumatra.

défriche pour recommencer. Un tel procédé ne peut certes con-
venir qu'à un pays neuf où le terrain abonde; à Java, il avait été
suivi à l'origine, mais, plus tard, les Javanais, ayant demandé à une
même terre des récoltes successives, ont eu recours aux engrais
et la qualité du tabac a baissé. D'ailleurs les premiers planteurs
de Sumatra sont venus de Java, apportant leur pratique, leur expérience, leurs graines. Néanmoins les tabacs de Sumatra ont des
propriétés et des qualités bien particulières.

Les concessions de terrains sont de 1,000 à 3,000 hectares;
elles sont divisées par des routes défrichées et couvertes d'habitations pour le personnel, de hangars pour la dessiccation, les fermen-

tations, les magasins. Les semis se font en février, dans la saison sèche, sur un terrain de même nature que celui de la plantation. Ce terrain doit être bien nettoyé, en brûlant de la paille ; la semence, que l'on fait généralement germer au préalable, est répandue sur le sol comme dans nos pays dans un mélange de sable ou cendre. Comme chez nous aussi, le semis est protégé par des abris.

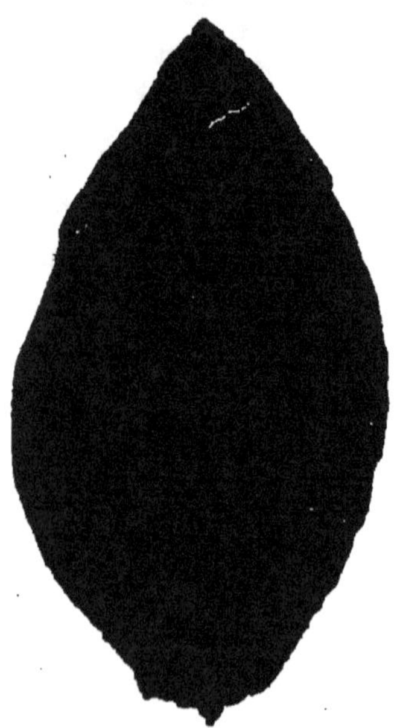

Fig. 35. — Java supérieur.

Les plants sont repiqués vingt-cinq jours environ après l'ensemencement ; on protége les pieds contre les ardeurs du soleil en les recouvrant de feuilles, et on nettoie avec grand soin les plantations, ce qui est relativement facile, les ouvriers chinois n'ayant à la même époque aucune autre besogne à faire.

La chaleur de la région hâte la végétation ; au bout de deux mois, le plant peut être écimé, et, quinze jours après, la récolte commencée.

Les tiges sont coupées près du sol, étendues à terre sur des nattes, puis suspendues à des bâtons de bambous pour être portées au séchoir. Entrés dans les séchoirs, ou hangars de dessiccation, les tabacs, qui jusque-là étaient la propriété du cultivateur chinois, appartiennent au planteur. Ces hangars sont construits avec des bambous et recouverts de paillottes ; ils sont fermés, surtout du côté des vents régnants, et on les aère en soulevant ou en abattant les paillassons des rangées inférieures ; l'essentiel, dans ce pays, est de protéger les tabacs contre les coups de soleil et les vents secs. Les plants sont suspendus dans le séchoir dès leur arrivée et, suivant l'état atmosphérique, suivant le degré d'humidité des feuilles, rapprochés ou éloignés les uns des autres.

La dessiccation dure trois ou quatre semaines. Retirées de la

pente, les tiges sont aussitôt effeuillées ; on classe séparément les
feuilles de terre, celles de pied et celles de couronne. On les réunit
en manoques, avec lesquelles on forme des masses de fermentation
placées sur un faux plancher en bambou. La température est maintenue au-dessous de quarante degrés. Dans cette opération, la couleur des feuilles s'accentue ; alors, nouveau
triage, confection de nouvelles manoques, formation de nouvelles masses et seconde fermentation jusqu'à cinquante degrés, avec aérage,
arrosage au besoin, toutes manutentions ayant
pour but de régulariser l'opération ; enfin
triage définitif et emballage sous toiles ou
paillassons en balles de 80 à 100 kilogrammes,
tel est le traitement fort soigné que reçoit le
tabac de Sumatra après dessiccation. Comme
à Java, le triage est poussé très loin, jusqu'à
distinguer cent et même cent cinquante qualités. Ces tabacs sont généralement vendus aux
fabricants par des intermédiaires.

Culture du tabac au Paraguay. — On a
vu plus haut de quelle nature est le tabac de
ce pays, qui est, comme on le sait déjà, fort
estimé. Les terres du Paraguay peuvent être
classées en diverses catégories : les terres

Fig. 36.
Rio-Grande.

rouges, dites terres rouges des Missions, parce qu'elles formaient
la plus grande partie des colonies fondées autrefois par les Jésuites,
occupent une grande étendue dans les provinces de Rio-Grande et
de Corrientes et, au Paraguay, dans le district de Villa-Rica. Elles
sont ferrugineuses, très propres à la culture et donnent de beaux et
bons produits. Les terres rouges mélangées de sable et les terrains
défrichés, bien couverts d'humus, conviennent aussi au tabac ; les
terrains sablonneux, aux environs de l'Assomption, et les terres
noires, dures, argileuses, formant le fond des vallées ne portent
point de plantations.

Les semis sont faits en mai ou juin dans les terrains défrichés ; la transplantation s'effectue en septembre ou octobre, quand les plants ont cinq ou six feuilles. Le terrain destiné à la plantation a été convenablement labouré et fumé, en y faisant parquer des animaux. Il est bon, pour que la plantation réussisse, que la terre soit humide ; aussi choisit-on généralement, pour repiquer, les quelques jours qui suivent les orages et pendant lesquels le vent du sud refroidit la température.

Le tabac est planté en lignes ; il n'y a rien de particulier dans les opérations de la culture, qui sont celles que nous connaissons. Les plus grands soins doivent être donnés et sont donnés à la destruction des insectes ou animaux nuisibles, parmi lesquels se font remarquer les sauterelles.

M. Demersay raconte que, le 3 octobre 1846, près de Villa-Rica, il rencontra un véritable nuage de sauterelles dont les ailes diaphanes tamisaient les rayons du soleil et produisaient un effet de neige. La légion s'abattit un instant dans les champs de blé et de maïs où elle causa de grands ravages. Les récoltes sont anéanties quand les sauterelles déposent leurs œufs sous la terre, car, six semaines

Fig. 37. — Paraguay.

après, ils éclosent par milliers. Les ouragans aussi sont à redouter, car la force du vent arrache et brise les plants.

Environ quatre mois après la plantation apparaissent les signes de la maturité : feuilles grasses au toucher, gluantes, se brisant sous une faible pression, un peu flétries et marbrées, avec une odeur particulière. Les feuilles mûrissent successivement et de bas en haut, du moins en général ; les feuilles du tronc sont préférables à celles des branches et sont plus grandes. Si on recule le moment de la cueillette, on obtient des feuilles plus fortes, d'un goût plus âcre, plus gommeuses et plus aromatiques.

Les hangars de dessiccation sont couverts en paille et le toit descend près du sol, de façon à éviter les excès de chaleur ; sous ces hangars sont disposés des supports formés par des montants et par des traverses sur lesquelles sont posés les chapelets de tabac. Ces chapelets sont faits, sous les hangars mêmes, par des ouvriers qui reçoivent les feuilles et les attachent par petits paquets sur des cordes fabriquées avec les feuilles d'une sorte d'ananas commun. Les supports sont appelés des tendales ; la dessiccation est l'objet de soins attentifs ; au bout de quelques jours, les tabacs sont portés sur d'autres tendales au dehors et exposés à l'action du soleil ; toutefois, on les rentre vers le soir. La couleur devient jaune orangé, et quand la dessiccation est terminée, les tabacs sont placés sur les tendales du magasin, et convenablement aérés jusqu'à ce qu'ils soient mis en manoques.

Culture du tabac en Hollande. — Les Hollandais se sont fait une juste réputation de bons planteurs. Nous avons vu que leurs produits de Nykerk et d'Amersfort ont donné leur nom à certaines variétés cultivées en France. La culture a, d'ailleurs, beaucoup diminué dans ces régions, où elle était jadis florissante.

La Hollande produit du tabac pour poudre, c'est-à-dire des tabacs forts et corsés, dans la Veluwe, contrée située entre le Rhin et le Zuiderzée, où se trouvent Nykerk et Amersfort ; elle produit aussi des tabacs légers dans la Betuwe, entre le Rhin et le Waal, ainsi que dans le Maaswaal, entre le Waal et la Meuse.

Le terrain de la Veluwe est sablonneux naturellement, mais la culture du tabac, répétée aux mêmes endroits et renforcée par du fumier de mouton, y a introduit une notable quantité d'humus. Les semis se font sur couches ; celles-ci, composées d'un encadrement en planches et inclinées vers le midi, sont protégées par des paillassons verticaux et recouvertes de châssis en papier huilé, suivant un procédé déjà indiqué ; la graine, préalablement germée, est semée avec du sable.

Il importe, pour le succès de la culture, que la transplantation se fasse sans retard, dès le milieu de mai, comme, du reste, dans tous les pays du Nord. La plantation est faite sur billons ayant 0^m,40 de haut, espacés de 1^m,10, et disposés suivant la largeur du champ ; les plants sont disposés en quinconce ; la compacité est de 35,000 pieds à l'hectare. Des haies limitant le champ et le traversant de distance en distance servent d'abri contre le vent ; la fumure est très soignée, comme, du reste, toutes les opérations de la culture.

On laisse, en général, treize feuilles sur un pied : les quatre feuilles basses sont dites zandgoed ; par le terme aargoed sont désignées les quatre feuilles intermédiaires, et les cinq feuilles de couronne, par celui de bestgoed.

Les premières sont récoltées fin août, l'aargoed, en septembre, et le bestgoed, en octobre. Les séchoirs, fort bien aménagés, de la Veluwe sont construits sur les terrains mêmes consacrés à la culture. On admet qu'à Nykerk un hectare produit moyennement 2,500 kilogrammes à 18 florins les 50 kilogrammes. Après dessiccation, les feuilles forment des petites masses que l'on fait fermenter en une seule fois pour l'aargoed, et avec ou sans retournement

Fig. 38. — Betuwe (Hollande).

pour le bestgoed. Le tabac est ensuite conservé en masses de dépôt jusqu'à la mise en balles.

Le sol de la Betuwe et du Maaswaal diffère de celui de la Veluwe : il est formé par des alluvions et le mode de culture y est approprié. La compacité des plantations s'y élève à 50,000 pieds par hectare. La triple récolte et la division des feuilles en trois catégories sont en usage comme dans l'autre région ; on laisse généralement après écimage pousser un bourgeon et même deux ou trois au sommet de la plante, tandis que dans la Veluwe, cette pratique est moins souvent suivie. Les feuilles de bourgeons ou zuighers sont récoltées à la fin d'octobre. On les écôte, on les sèche spécialement et on les expédie en Angleterre, où elles servent à faire des rôles ou tabacs à mâcher.

Les cultures de ces pays étant aux mains de petits cultivateurs et, par conséquent, peu étendues, il n'y a pas, comme à Nykerk, de séchoirs.importants installés dans des bâtiments spéciaux ; on sèche dans des greniers ou des hangars ordinairement couverts en chaume et aérés simplement par la porte, où l'on suspend les bâtons portant les feuilles de tabacs. En rapprochant celles-ci, on active, au besoin, la fermentation et on fait en sorte d'obtenir une coloration un peu brune. Les feuilles, au sortir du séchoir, sont mises en masses où elles fermentent pendant six semaines environ.

Le tabac de Hollande est fin, résistant ; il a des nervures fines, mais il pèche par la couleur qui est généralement verdâtre, et par un goût désagréable qui ne permet pas de l'utiliser pour fabriquer les tabacs à fumer. Ce goût est dû soit à la nature du sol, soit à l'engrais qui consiste en un mélange de fumier de mouton et de fumier de vache; des essais tentés en changeant la graine n'ont donné aucune amélioration.

Culture en Orient. — On désigne sous le nom de tabacs d'Orient des tabacs qui appartiennent à des variétés très distinctes, et qui sont de qualités très différentes. Les variétés botaniques, qui étaient au nombre de trois, se sont modifiées suivant les localités. Au point de vue du commerce et de la fabrication, trois catégories peuvent être distinguées : tabacs de Roumélie, tabacs d'Anatolie et tabacs de Syrie.

La culture en Orient est l'objet des plus grands soins. Parmi les tabacs de Roumélie, ceux que produit la Macédoine sont les plus connus, ceux qui s'exportent le plus dans nos régions. Voici comment leur culture est décrite dans un rapport de Salaheddin bey, commissaire impérial ottoman à l'Exposition de 1867 :

« C'est au mois de mars qu'on sème les graines dans un terrain spécial, d'une petite étendue. Au bout de trente à quarante jours, ces graines commencent à pousser au milieu d'autres herbes sauvages, qu'on a soin d'arracher à différentes reprises. Puis, au mois de mai ou vers les premiers jours de juin, les plants de tabacs sont transportés dans des champs dejà labourés et sont placés à dix centimètres de distance les uns des autres. On les arrose chaque fois que le besoin s'en fait sentir. Cinq hommes suffisent à peine pour terminer en un jour la plantation d'un deunum (9 ares) de terrain.

« Lorsque le plan de tabac a crû jusqu'à la hauteur de 0^m10, on remue la terre qui couvre sa racine. Les feuilles les plus basses

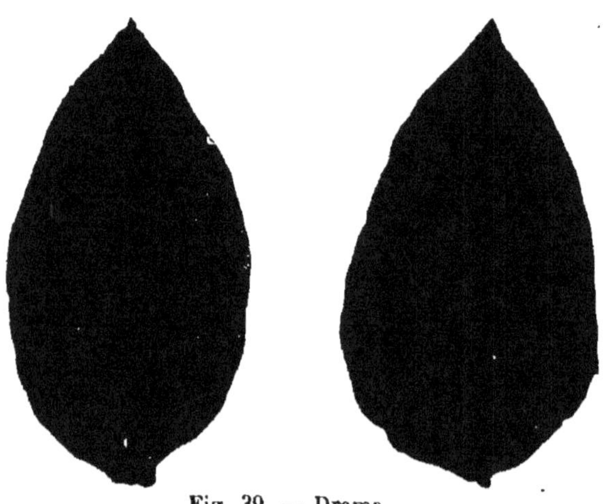

Fig. 39. — Drama.

poussent vers la mi-juin, et ce n'est qu'à la fin du même mois qu'on coupe les plus mûres, qui sont entassées avec soin dans des corbeilles. Cette opération a toujours lieu avant le coucher du soleil.

« Une semaine après la première récolte, on détache de nouveau de la plante les feuilles les plus grosses, dites dib-habassi; huit jours plus tard, on cueille encore, toujours par le bas, les quatre ou cinq feuilles qu'on appelle dans le pays buyuk-ana. Celles nommées ikindji-ana, qui sont médiocres, sont récoltées après un intervalle de dix jours, et enfin vient le tour des petites feuilles : kutchuk-ana, qui couronnent la plante. Toutes ces feuilles,

de même que les premières, sont passées à la ficelle et séchées
également à l'ombre et au soleil. Au mois de septembre, après
avoir été bien séchées, les feuilles sont détachées des ficelles et
placées dans un endroit couvert jusqu'au mois de décembre.
A cette époque, on les met sous presse pendant un mois, en ayant
soin de les ramollir préalablement. Si le vent du sud, qui est très
propre à les humecter, ne souffle pas de décembre à février, on
les introduit alors dans des fosses où on les laisse pendant une
nuit entière ; le lendemain a lieu leur emballage. Ainsi les cultivateurs emploient une année entière à la culture et à la préparation du tabac. A Yenidjé
et à Sarishaban, un pied de
tabac fournit de vingt à vingt-
cinq feuilles, tandis qu'à Drama
et aux environs, il fournit de
vingt-cinq à trente feuilles ;
c'est ce qui explique la différence de qualité entre ces deux
localités. »

La haute Macédoine ne
produit que des tabacs de qualité médiocre.

En Thessalie et en Épire,
la culture est aussi très soi-

Fig. 40. — Giubeck-Kisilgia.

gnée, elle se fait comme en Macédoine, mais les semis sont effectués plus tôt, au milieu de janvier. Les produits ne valent pas les
Yenidjé et les Drama.

Toutes les provinces de la Turquie d'Europe produisent,
d'ailleurs, des tabacs ; les planteurs y sont fort vigilants. Ici,
comme à Yenidjé-Karason, le sol pierreux, de couleur rougeâtre,
le climat peu pluvieux donnent des tabacs d'un développement
moyen, mais remarquables par la saveur et le parfum.; là, comme
en Thessalie ou en Thrace, le sol marécageux porte des tabacs
très développés, mais dénués d'arome. Signalons, comme un des

grands crus du Levant, le Giubeck, qui est aussi un tabac de Macédoine. Dans cette province, on distingue les tabacs de plaine, qui
sont les plus appréciés, et les tabacs de montagne. D'une manière
générale, les tabacs de Roumélie, qui forment, avons-nous dit, la
première catégorie, ont une forme ovale, un tissu grenu et mat,
une couleur variant du jaune pâle au rouge brun, parfois un parfum très fort, mais souvent aussi un goût fade ; ils sont capiteux

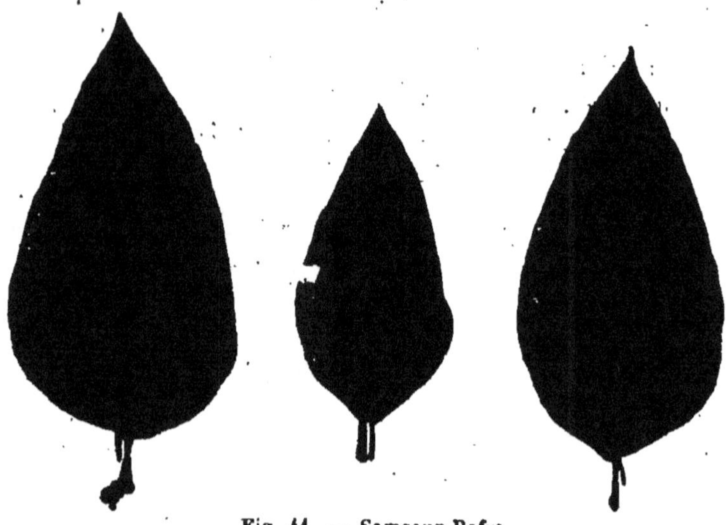

Fig. 41. — Samsoun-Bafra.

en raison des essences qu'ils contiennent et de leur richesse en
nicotine.

Plus riches encore en nicotine sont les tabacs d'Anatolie de
deuxième catégorie : le taux dépasse 4 pour 100. Le feuillage est
développé, de forme lancéolée ; la couleur foncée, le tissu gommeux et assez corsé, le goût âcre, un peu aromatique. La culture
ne prend d'importance industrielle que sur les côtes ; les districts
producteurs sont le versant sud du Taurus, les côtes de la mer
Égée, de la mer de Marmara, et surtout la province de Trébizonde,
où viennent les tabacs fort appréciés et partout recherchés de Samsoun et de Bafra. « A Trébizonde, le tabac, dit Salaheddin bey, est

cultivé autrement qu'en Roumélie. C'est dans le courant de décembre que les cultivateurs font choix d'un terrain..., ils le piochent deux ou trois fois à des intervalles périodiques, et, au mois de février, ils y sèment la graine mêlée à une certaine quantité de cendre. »

Les graines poussent plus ou moins vite, suivant la température, et, en attendant, les paysans arrachent les herbes inutiles, arrosent au besoin. En mai, se fait le repiquage sur des champs bien labourés et engraissés. On laisse les plantes grandir jusqu'au mois d'août, époque de la floraison; on cueille la quantité de graines nécessaire pour les semailles prochaines, le reste est abandonné aux oiseaux. Puis, dix ou quinze jours après, les feuilles d'une teinte jaunâtre sont coupées, passées à des ficelles et suspendues dans un endroit spécial appelé salache, à l'abri de la pluie; les autres feuilles sont réunies, au fur et à mesure de la dessiccation, pour être attachées au plafond de la maison du propriétaire jusqu'en octobre. Plus tard, on forme les ballots pour l'expédition.

Les tabacs de Syrie les plus connus en Europe sont ceux de Lattakieh, qui sont cultivés sur le littoral; d'autres régions, notamment le Liban, sont productives. Les feuilles sont petites; elles sont récoltées, traitées et expédiées avec leur tige; elles ont une couleur noirâtre, qui s'explique par le mode de dessiccation. Le rapport de Salaheddin bey, donnant l'origine de cette préparation particulière, est assez curieux pour qu'on le reproduise : « Autrefois, dit-il, les cultivateurs étaient fort embarrassés pour vendre leur production, car ils ignoraient le mode actuel de préparation, qui est une condition essentielle du perfectionnement de la qualité. Le hasard vint à leur aide. On sait qu'en Syrie les différentes tribus qui forment la population ont souvent été en guerre entre elles, jalouses chacune d'avoir la prééminence dans les affaires administratives du pays. Or on était à la récolte du tabac, quand un appel aux armes retentit dans la province. Les paysans abandonnèrent leurs champs et leurs fermes et coururent au combat.

A leur retour, la paix était faite, une réconciliation avait eu lieu ; mais les feuilles de tabac, toujours suspendues sous les toits, restaient invendues ; elles avaient pris une teinte noirâtre et une apparence repoussante. A défaut d'acheteurs, nous le fumerons nous-mêmes, se dirent-ils ; mais en le fumant, ils découvrirent que le tabac avait gagné une saveur inconnue jusque-là et un parfum agréable. De ce mode de préparation, en usage actuellement, est venue la réputation du tabac d'Aban-Rhéba, qui s'exporte même en Europe où il trouve un placement facile et avantageux. »

CHAPITRE V

Combustibilité. — Richesse en nicotine.

Parmi les qualités du tabac, celles qui présentent le plus d'intérêt pour le consommateur et, par conséquent, pour le fabricant, sont la combustibilité et la teneur en nicotine. Le climat, la nature du sol, les procédés de culture influent sur la finesse, le développement du tissu de la feuille, le goût et le parfum dans une mesure qu'il est assez difficile de déterminer. Quelle que soit la qualité du tabac, la propriété essentielle est la combustibilité; les effets de la culture doivent donc tendre, avant tout, vers la production de tabacs combustibles. En ce qui concerne la richesse en nicotine, elle correspond à ce qu'on appelle la force du tabac, elle règle l'emploi des feuilles en fabrication. Il y a donc aussi un intérêt primordial à chercher comment les méthodes de culture influent sur la richesse en nicotine.

M. Schlœsing, dans son cours de chimie appliquée au tabac, définit ainsi la combustibilité : on dit que le tabac est combustible quand, roulé en cigares ou placé dans une pipe, il garde le feu pendant un temps comparable à celui qui sépare deux aspirations raisonnablement espacées d'un fumeur, « un intervalle de trois minutes correspond à une excellente combustibilité, deux minutes en indiquent une bonne, une minute ne suffit pas ». Certains appareils, les combustimètres, ont été imaginés pour mesurer la combustibilité des tabacs, mais la simple observation des feuilles en ignition suffit. Les expériences répétées et contrôlées de

M. Schlœsing l'ont amené à reconnaître que la combustibilité des tabacs était due à des sels organiques de potasse ; les cendres des tabacs combustibles contiennent toujours, en effet, du carbonate de potasse qui, au contraire, fait défaut dans les cendres des tabacs peu ou point combustibles. Voici maintenant une explication du phénomène : lorsqu'un cigare est allumé, on distingue à son extrémité une partie où l'oxygène de l'air afflue et où la combustion est complète, et une partie où l'oxygène ne brûle pas et qui, suivant une expression vulgaire, brûle en charbonnant. Lorsque le tabac contient des sels organiques à base de potasse, malate, oxalate, etc., qui ont la propriété de se boursoufler en se décomposant, le tissu est déchiré, et il donne un charbon poreux qui est aisément traversé par l'air et qui brûle bien ; le feu se propage et se conserve. Si la potasse manque, s'il y a, par exemple, des sels de chaux, le boursouflement ne se produit plus, le charbon reste compact et la matière brûle mal ; le cigare s'éteint rapidement. M. Schlœsing, sans attacher trop d'importance à cette explication, pose en principe qu'un tabac, pour être combustible, doit donner des cendres contenant du carbonate de potasse, sans d'ailleurs mesurer rigoureusement le degré de combustibilité par le taux pour cent du carbonate.

De ce qui précède peuvent se déduire quelques considérations intéressantes sur les teintes que présentent les cendres de tabac. Lorsque les sels de potasse abondent, ils fondent en se boursouflant, ils enveloppent les parcelles de charbon, les préservent du contact de l'air, rendent la combustion incomplète et donnent à la cendre une couleur noirâtre ; sont-ils moins abondants, la cendre est grise ; très peu abondants, la cendre est blanche. Il résulte ainsi de là que la blancheur de la cendre, contrairement à une opinion généralement reçue, est l'indice d'une combustion défectueuse.

Toutefois cette conclusion doit donner lieu à quelques réserves, car, lorsqu'un cigare brûle mal, par suite de mauvaise confection, par exemple, il charbonne aussi et donne une cendre noire.

Mais revenons à la question, et essayons de tirer des observations qui précèdent des conséquences pratiques pour la culture du tabac. Comme la potasse contenue dans le tabac vient tout entière du sol, il faudra planter le tabac sur un sol naturellement riche en potasse, ou enrichi par des engrais potassiques. Même les deux conditions sont nécessaires, l'engrais devant principalement servir à restituer au sol la quantité de potasse enlevée par la production du tabac. Cette quantité peut être évaluée à 100 kilogrammes par hectare, tandis que le blé enlève seulement 15 kilogrammes. La potasse se reforme par la décomposition lente des minéraux, mais en quantité limitée et souvent insuffisante; d'où l'utilité des engrais indiqués. Il y a donc intérêt à s'assurer que la région produit abondamment des fumiers riches en potasse, comme garantie d'une bonne fumure des plantations.

Les essais de culture faits par M. Schlœsing [1] lui ont démontré que l'abondance du chlore dans le sol est nuisible; qu'il faut, par conséquent, éviter l'emploi des engrais trop chlorurés, et que le sulfate de potasse est, au contraire, d'un emploi très avantageux, car l'acide sulfurique s'élimine et la potasse est assimilée. Ce phénomène, dit M. Schlœsing, est tout à fait analogue à celui qui a été mis en évidence par M. Boussingault, au sujet du sulfate de chaux, dans ses recherches sur le plâtrage des terres.

M. Pichard, à la suite d'essais effectués à la station agronomique de Vaucluse, a contesté le rôle important du sulfate de potasse. D'après lui, les sulfates se décomposant aisément dans le sol donnent naissance à des nitrates, et c'est le nitrate de potasse qui contribuerait le plus à la combustibilité du tabac. Cette qualité serait due non seulement à l'action de la potasse, mais aussi aux nitrates, particulièrement à l'acide nitrique, qui aide puissamment à la combustion. Comme conclusion, il faut cultiver le tabac sur un sol poreux et calcaire, facile à nitrifier. Les nitrates sont trop

---

1. Le détail de ces essais se trouve dans l'ouvrage *le Tabac, sa culture*, édité par les soins de M. Grandeau.

coûteux pour être introduits artificiellement dans le sol, mais le plâtre ou sulfate de chaux, en se décomposant au contact des matières organiques, fournira le nitrate nécessaire.

Les nitrates peuvent avoir effectivement un heureux effet sur la combustibilité, mais il ne faut pas perdre de vue la fonction essentielle de la potasse, que les expériences de M. Schlœsing ont suffisamment démontrée ; il demeure établi qu'une bonne culture de tabac dépend des ressources de la région en potasse, et que le sulfate de potasse, matière d'ailleurs abondante, peu coûteuse pour les cultivateurs, convient parfaitement à la culture en vue de la combustibilité de ses produits.

Nous avons vu déjà, en parlant des composés chimiques du tabac, que la proportion de nicotine dans les feuilles était extrêmement variable. Les causes qui influent sur cette proportion sont nombreuses ; elles ont été étudiées par M. Schlœsing dans une série d'expériences dont je me bornerai à donner les résultats. Ceux-ci ont été confirmés par des expériences plus récentes de M. Blot, effectuées dans diverses parties de la France, et, en particulier, dans le Nord. L'intérêt de la question est plus grand pour le fabricant que pour le cultivateur, mais il importe que le cultivateur connaisse les conditions à réaliser pour satisfaire les besoins de la fabrication. Lorsque le cultivateur est, comme en France, obligé de se conformer aux désirs de l'unique acheteur et du seul fabricant qui est l'État, l'étude de la question s'impose d'autant plus que l'État assume la responsabilité des règles imposées aux planteurs. La nicotine est une matière azotée. Quelle sera l'influence des engrais azotés sur la richesse des tabacs en nicotine ? Le taux de l'alcali augmente avec la quantité relative de ces engrais, mais l'augmentation paraît, en définitive, assez limitée. Lorsque l'engrais contient de la potasse, la proportion de nicotine ne diminue pas ; on aurait pu craindre que la potasse, substance minérale, prît la place de la nicotine, substance organique. Il n'en est rien : le fait présente de l'intérêt à raison de ce qui a été dit sur la combustibilité et l'influence de la potasse.

Quel est l'effet des divers errements adoptés dans la culture ?
Voici, par exemple, une plantation où les pieds sont très espacés ;
l'air, la lumière, la terre même étaient fournis à chacun en plus
grande quantité, la végétation est plus vigoureuse, les feuilles sont
plus développées, plus lourdes, plus épaisses que si la plantation
est serrée. Or on trouve que le taux de la nicotine diminue quand
la compacité augmente, et augmente quand la compacité diminue ;
donc, si on veut obtenir des tabacs légers, il faudra serrer, con-
denser les plantations.

Nous avons vu que les plants, à une certaine époque, doivent
être écimés. Suivant qu'on laisse sur le pied un nombre de feuilles
plus ou moins grand, le taux de nicotine varie : il diminue, si on
laisse un grand nombre de feuilles et augmente dans le cas contraire. C'est un résultat analogue au précédent ; la nicotine semble
se concentrer dans le petit nombre de feuilles comme dans le petit
nombre de plants.

Sur un même plant, les feuilles, placées à différentes hauteurs, ne sont pas dans les mêmes conditions de végétation ;
la sève, l'air, la lumière, arrivent inégalement. Le poids et le
taux de nicotine croissent le long de la tige ; les feuilles du haut
sont les plus riches ; il n'y a pas, à vrai dire, une très grande
différence. Les différences de poids entre les feuilles sont plus
sensibles : les feuilles de beaucoup les plus lourdes sont celles
du haut, ce qui prouve que les causes activant la végétation sur
un même plant ont peu d'effet sur le développement de la nicotine.

Le taux de nicotine croît pendant la végétation ; à mesure que
le plant se développe et que le poids des feuilles augmente, celles-
ci deviennent de plus en plus riches en nicotine. Conséquence importante : une récolte sera d'autant plus riche en nicotine qu'elle
sera moins hâtive ; en d'autres termes, une cueillette anticipée est
un moyen d'abaisser le taux de la nicotine ; ce moyen a, par
contre, l'inconvénient de diminuer le poids de la récolte et peut
causer un préjudice au cultivateur.

Lorsque les plants ont été écimés, la proportion de nicotine est plus forte que si on laisse les plants fructifier. Enfin, la nicotine, comme les principes minéraux et organiques du tabac, subit des variations aux différentes époques de la végétation. Le taux de la potasse diminue quand la végétation approche de sa fin ; cette potasse est, on le sait, unie dans le tabac à des acides. Les essais de M. Blot lui ont permis d'établir que le taux de la potasse unie aux acides organiques est à son maximum vers le soixante-quinzième jour de la végétation, quand les feuilles basses cessent de grandir, tandis que le taux de nicotine augmente d'une façon continue depuis la naissance jusqu'à la maturité de la plante écimée ; les conditions atmosphériques influent d'ailleurs beaucoup sur ces taux, l'humidité activant l'assimilation de la potasse et retardant la formation de la nicotine, car la chaleur favorise la formation de cet alcaloïde. On conclut de là que le tabac destiné à être employé sous forme de cigares devrait être récolté avant maturité, car il contiendrait relativement plus de potasse, condition avantageuse pour la combustibilité, et relativement aussi moins de nicotine ; que le tabac pour poudre, devant réaliser des conditions opposées, devrait être récolté et cueilli quand la maturité est parfaite.

Les alternatives de pluie et de chaleur sont favorables au développement du tabac, comme à celui de toutes les plantes herbacées. Sous le climat de Paris, dit M. Schlœsing, le mois d'août a le plus souvent une influence décisive sur le rendement. Le poids doit doubler pendant ce mois. La végétation atteint alors son maximum d'intensité et, plus que jamais, a besoin de chaleur et d'humidité. Si ces deux conditions ne sont pas réunies, la seconde vaut mieux que la première. Par un mois d'août pluvieux, froid même, le développement se poursuit, il pourra se continuer en septembre. Au contraire, la sécheresse l'arrête, amène la maturité avant le temps et impose la récolte. Toutes choses égales d'ailleurs, le taux de la nicotine dépend des conditions climatériques. Il s'élève sensiblement, non pas précisément quand la chaleur solaire est plus grande, mais, d'une manière générale, quand la végétation est favorisée.

D'après les résultats d'expériences effectuées en France sur des tabacs de Havane, il paraît probable que les procédés artificiels employés par les habitants de Cuba diminuent beaucoup le taux de nicotine, et les renseignements recueillis dans le pays confirment cette opinion.

Bien que les observations ci-dessus s'appliquent spécialement au climat moyen de la France, elles ont une portée étendue et, à ce titre, méritent d'être signalées à tous les cultivateurs, comme aux fabricants.

CONSIDÉRATIONS GÉNÉRALES

La culture du tabac est donc soumise à des règles étroites, qui sont à peu près les mêmes en tous pays ; non seulement l'expérience et la pratique sont nécessaires pour former de bons planteurs, sachant choisir les terrains convenables, faire en temps utile les opérations que nous avons décrites, distinguer sur le semis, puis sur la plantation, les plantes susceptibles d'un bon développement, effectuer à propos et dans des mesures convenables les arrosages, les fumures, reconnaître les caractères de la maturité, diriger la dessiccation, mais le secours de la science est particulièrement utile. Nous avons montré suffisamment comment l'analyse chimique permet de choisir les terrains les plus propices, d'approprier les engrais à la nature du sol. C'est encore la chimie qui a révélé les caractères de la combustibilité ; c'est elle qui montre comment cette qualité essentielle se développe ou s'atténue dans les différentes phases de la végétation ; elle rend les mêmes services, quand il s'agit d'apprécier la teneur des tabacs en nicotine, autrement dit, la force des tabacs et l'emploi qu'il y a lieu de faire des différentes espèces dans la fabrication des divers produits : cigares, tabacs à fumer ou à priser.

Mais il n'y a là qu'une application des principes aujourd'hui admis en agriculture : partout la routine fait place à l'étude et à la science, c'est-à-dire à l'application raisonnée des connaissances techniques aux diverses circonstances de la pratique. Le caractère. propre de la culture du tabac consiste dans le grand nombre et la continuité des soins qu'elle exige : les avantages qu'elle offre au cultivateur sont donc extrêmement variables. Si le cultivateur réside près de son champ, s'il lui reste, après avoir vaqué à ses autres occupations, assez de temps pour surveiller sa plantation, lui donner tous les soins qu'elle exige, s'il peut se procurer à bon marché la main-d'œuvre nécessaire pour les sarclages, l'écimage, le transport au séchoir et surtout les opérations qui s'effectuent soit pendant la dessiccation, soit après, la culture du tabac peut être rémunératrice. Le revenu d'une plantation dépend essentiellement de ces soins ; en d'autres termes, le rendement varie dans de très larges limites, suivant les sacrifices que le planteur s'impose et l'intelligence qu'il déploie dans la mise en pratique des connaissances générales qu'il a acquises ou qu'on lui a inculquées.

Pour le démontrer, il n'est peut-être pas de meilleur moyen que de mettre sous les yeux du lecteur, à titre d'exemple, un compte établissant les frais de production d'un champ de tabac et le prix de revient d'un hectare ; les éléments dont il se compose font ressortir, mieux que tous les raisonnements, les caractères de la culture du tabac ; aussi ce compte, indépendamment des chiffres qui s'y trouvent portés, est-il particulièrement instructif et démonstratif.

Les frais de culture que nous indiquons se rapportent à un hectare de terrain planté dans le département du Nord ; ils varieront naturellement d'un pays à l'autre, et même d'une année à l'autre ; mais il serait facile de faire, dans notre tableau, toutes les modifications répondant aux circonstances différentes de temps et de lieux :

Loyers des terres et impositions. . . . .   180ᶠ »
Valeur des engrais, fumier de ferme, tourteaux de graines oléagi-
  neuses. . . . .   1,270 »
Labours et tous travaux pour la mise en état du sol.   170   »
Semis (labours, engrais, abris, soins d'entretien)   60   »
Entretien du plant et repiquage, remplacement des pieds man-
  quants, binage, buttage, écimage, épamprement   254   »
Cueillette des feuilles et mise en chapelets 111 25
Transport des tabacs au séchoir, mise à la pente   60   »
Séchoir à fil de fer, montage, démontage, clôture, renouvellement
  annuel du matériel   150   »
Destruction des tiges et souches.   25   »
Manutention et soins donnés pendant la période de dessiccation à
  l'intérieur.   100   »
Transport au grenier, installation des touffes et toutes manuten-
  tions précédant les livraisons, y compris le bottelage et le
  chargement des voitures   215   »
Achat d'osier, transport au magasin, frais de livraison   49   »
Assurances 7 45
Intérêt du capital avancé pour l'acquisition des tourteaux   56   »
                                                                        ─────────
                    Total. 2,707ᶠ 70

A déduire 50 pour 100 de la valeur des engrais non absorbés . . .   635   »
                                                                        ─────────
                    Total des dépenses. 2,072ᶠ 70

Quant au revenu par hectare, les chiffres officiels, pour les
années 1891 et 1892, donnent une moyenne de 2,900 kilogrammes
de tabac, d'une valeur de 2,260 francs.

La culture du tabac n'est donc pas susceptible de donner les
bénéfices importants qu'on a obtenus, dans certaines contrées et
à certaines époques, avec la vigne et la betterave ; mais elle a
augmenté suivant que ces dernières cultures étaient plus ou moins
fructueuses.

Le bénéfice qu'on peut en attendre sera d'ailleurs d'autant
mieux assuré, ainsi que nous l'avons déjà dit, que la culture sera
plus soignée et la main-d'œuvre mieux utilisée. En la pratiquant,
bien des journées, bien des heures qui seraient perdues pour
cause de mauvais temps, rendant plus difficiles certains travaux
de la campagne, ou pour toute autre cause, se trouveraient em-

ployées ; la famille tout entière, hommes, femmes et enfants, peut utilement y collaborer ; il y a même des opérations qui sont mieux faites par des femmes ou des enfants que par les hommes : les jeunes gens prennent des habitudes d'ordre et de vigilance. La culture du tabac présente ainsi des avantages moraux ; elle mérite donc, à divers titres, la sollicitude de tous ceux qui ont à cœur la prospérité du pays.

CHAPITRE VI

Fabrication.

Rien de plus simple à première vue que la fabrication du tabac ; il suffit, semble-t-il, de prendre des feuilles et de les hacher pour avoir du tabac à fumer, de les rouler pour faire des cigares, et de les râper, de les réduire en poudre pour avoir du tabac à priser. Mais si des procédés aussi élémentaires peuvent suffire à un cultivateur pour préparer sa provision de tabac, ils sont loin de répondre aux besoins de la consommation.

Le premier soin qui s'impose à un véritable fabricant est le choix des matières. Déjà, nous l'avons dit, tel tabac, propre à fabriquer du tabac à fumer, convient moins pour la fabrication des cigares, et est tout à fait impropre à la fabrication de la poudre à priser ou à celle des tabacs à mâcher ; l'inverse est encore plus vrai, s'il est possible. Pour la cigarette, pour la pipe, pour le cigare, on doit rechercher des espèces légères, bien combustibles, avoir égard à la coloration, à l'arome ; pour la poudre, au contraire, il faut des feuilles fortes, corsées, d'un arome différent. Ce n'est pas tout : des espèces susceptibles de donner un très bon tabac à fumer possèdent des qualités différentes ou inégales ; il faut les mélanger en proportions déterminées, proportions qui varient suivant les années, suivant les récoltes ; car les récoltes de tabac sont, comme tous produits agricoles, sujettes à des variations qui dépendent des procédés de culture et des conditions atmosphériques ou climatériques. La formation des mélanges exerce constamment l'art du fabricant.

S'agit-il d'une fabrication de cigares, le choix des espèces présente encore une importance plus grande. Si les feuilles dont on dispose sont d'excellente qualité, de bonnes et belles feuilles de la Havane, telles, par exemple, que des bons crus de la Vuelta-Abajo, alors la préparation est simple, car il faut tendre à conserver tout l'arome et altérer le tissu le moins possible ; encore ces feuilles ont-elles subi, nous l'avons vu, un traitement tout particulier et très original, sorte de mouillade et de fermentation avec un jus appelé betun. Mais les cigares ne se fabriquent pas tous, il s'en faut, avec du Havane, pas plus que tous les vins de consommation courante ne sont faits avec les meilleurs crus de Bordeaux, de Bourgogne, de Xérès ou de Chypre ; il faut combiner, en proportions convenables, les espèces qui entrent dans la composition du cigare pour en former l'intérieur ou la partie extérieure ; la feuille extérieure doit avoir, outre des qualités de combustibilité, un arome suffisamment fin et une coloration, un aspect susceptibles de plaire au fumeur.

Et je ne parle point ici du côté économique qui, dans l'industrie du tabac, comme dans toute autre, s'impose à l'attention, à la vigilance du fabricant. Puis viennent les questions d'installation et d'outillage, dont il est à peine besoin de faire ressortir l'intérêt. Elles naissent quand la fabrication doit être organisée avec méthode, avec régularité ; elles grandissent en raison de l'importance que prend cette fabrication. En veut-on quelques exemples ?

Le hachage du tabac est une opération bien facile ; le cultivateur qui veut fumer ses produits n'est pas embarrassé pour confectionner un petit hachoir qui lui permettra de satisfaire aisément ses besoins ; mais lorsqu'il s'agit de fabriquer des milliers de kilogrammes de tabac à fumer, l'appareil rudimentaire ne suffit plus ; il faut faire appel aux procédés, aux ressources de la mécanique. Pour sécher du tabac après hachage, point n'est besoin, sans doute, d'avoir de grandes connaissances ; mais, lorsqu'il faut opérer sur des quantités considérables, un appareil spécial est indispensable, qui non seulement permette de faire l'opération dans des conditions de temps et de prix convenables, mais qui mette, autant que possible, les opérateurs à l'abri de la chaleur et des émanations pernicieuses. Tout le monde peut apprendre à rouler une cigarette, mais lorsque des millions de cigarettes sont réclamés chaque jour par la consommation, il faut faire usage de moules spéciaux, rendant le travail facile et rapide, mieux encore, de machines qui décuplent la production, et qui assurent, par un ingénieux mécanisme, les multiples opérations composant le détail de la fabrication.

Puis il faut songer à toutes les opérations accessoires : emballage, confection de caisses, de tonneaux, paquetage, qui doivent être judicieusement organisées. La conservation des matières, avant, pendant et après la fabrication, impose d'autres soins. Certaines fermentations doivent être réglées par l'expérience, perfectionnées par la chimie.

Mais, mieux encore que ces considérations générales, un exposé des diverses phases de la fabrication fera connaître l'industrie du tabac et donnera idée de la somme de connaissances qu'elle exige pour être bien organisée, pour donner avec économie des produits satisfaisants et pour prospérer. Nous éviterons dans notre description les détails spéciaux ou trop techniques, dont l'indication ne peut guère intéresser que les hommes du métier.

FABRICATION DU SCAFERLATI

Le tabac à fumer s'appelle scaferlati. D'où vient cette dénomination? On ne le sait au juste. Selon les uns, dit Littré, c'est celle que les Levantins donnaient à une sorte de tabac qu'on expédiait de Turquie; selon d'autres, c'est le nom d'un ouvrier italien qui, travaillant à la ferme dans la première moitié du xviiie siècle, inventa un nouveau procédé pour hacher le tabac ; on prétend encore que scaferlati est la corruption du mot italien *scarfelletti*, petits ciseaux (MAXIME DU CAMP).

En France, la fabrication la plus importante est celle du scaferlati ordinaire, dans lequel entrent pour plus des deux tiers des tabacs exotiques de Kentucky, du Maryland, d'Ohio ; des tabacs d'Orient, le Samsoun, et, pour le reste, des tabacs indigènes, tabacs du pays, espèces légères, comme celles qui sont originaires de la Dordogne, de la Gironde, de l'Isère, de Meurthe-et-Moselle, etc., ou espèces un peu corsées, comme les tabacs du Pas-de-Calais ou ceux d'Algérie.

Quelques-unes de ces espèces servent aussi pour fabriquer des cigares, les cigares les plus ordinaires, naturellement. On réserve pour les cigares les feuilles les plus fines et les plus belles, celles qui constituent les qualités supérieures.

A ce propos, il est utile de dire, une fois pour toutes, que les tabacs d'une même provenance sont distingués suivant leur développement, leur consistance, leur aspect, en qualités ou types. La désignation de qualités est réservée pour nos tabacs indigènes. On distingue généralement trois qualités, et au-dessous d'elles une qualité inférieure, qui est connue sous le nom de tabacs non marchands, et employée dans des produits spéciaux à prix réduits. Les tabacs étrangers sont classés par types, et à chaque type est affectée une lettre : dans le tabac de Kentucky, par exemple, nous trouvons d'abord le type A, puis le type B, le type C, le type D ; on ne va guère au delà de quatre types.

Les feuilles sont réunies, comme nous l'avons vu dans le chapitre spécial à la culture, en poignées ou paquets qui s'appellent des manoques ; elles restent ainsi réunies pendant tout leur séjour au magasin de culture et jusqu'à leur arrivée en manufacture. L'extrémité de la manoque, le morceau qui est au delà du lien, est constitué par les parties les plus grosses des côtes ; elle est donc très ligneuse, et il convient de la retrancher, lorsque les feuilles sont pétiolées. On se souvient que le pétiole est la prolongation de la côte prenant naissance sur la tige du plant de tabac : l'extrémité de la manoque est formée par tous les pétioles. L'opération qui consiste à la retrancher s'appelle écabochage, et la partie détachée prend le nom de caboche. Dans les feuilles non pétiolées ou sessiles, l'extrémité de la manoque est moins forte, et l'opération s'appelle coupage. La partie retranchée est dite coupure.

L'écabochage et le coupage se font avec des appareils semblables qui portent le nom d'écabochoirs ; construits les uns pour marcher à bras, les autres pour fonctionner mécaniquement.

La figure 42 représente un de ces appareils. Ils se composent essentiellement d'un couteau, lame quadrangulaire, à laquelle on

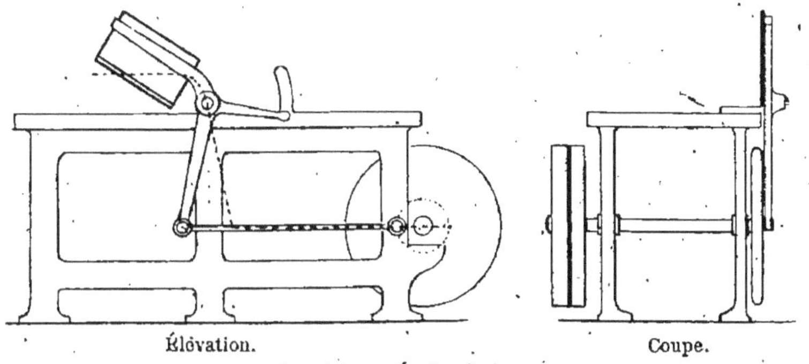

Fig. 42. — Écabochoir.

imprime un mouvement circulaire alternatif au moyen d'un arbre muni d'un volant régulateur, et d'une table portant une contre-lame analogue à la contre-lame d'un ciseau ordinaire.

Par l'écabochage ou le coupage, la manoque, suivant la nature des feuilles qui la composent, perd 3 pour 100, 4 pour 100 et jusqu'à 8 pour 100 de son poids ; c'est ce qu'on appelle le taux d'écabochage ou de coupage.

Les caboches sont tellement ligneuses qu'elles ne sauraient être utilisées dans aucune fabrication ; les coupures le sont moins, car elles sont formées de bouts de côtes auxquels restent attachés des fragments de feuilles ; elles sont donc susceptibles d'être employées, et nous verrons qu'on en tire parti dans la fabrication de certains tabacs à prix réduits.

Le traitement des feuilles commence, en réalité, par une mouillade, qui a pour but de les assouplir en vue du tirage ultérieur et des autres manipulations. Cette mouillade est faite avec de l'eau salée, qui prévient les fermentations trop actives, fermentations qui pourraient altérer la consistance des tissus et, dans certains

Fig. 43. — Écabochoir.
(Vue d'ensemble de la machine.)

cas, l'arome lui-même; les procédés usités pour faire la mouillade sont, au reste, fort variables : ou bien on trempe à la main les extrémités des manoques dans une cuve contenant l'eau salée, on retourne ces manoques pour que l'eau coule de l'extrémité vers la partie fine, vers les pointes des feuilles, et on laisse égoutter; ou bien, opérant d'une manière moins soigneuse, mais plus expéditive, on dispose les manoques par couches successives, et on les mouille soit en les arrosant, soit en les aspergeant avec un

Fig. 44. — Mouillage à la main.

goupillon. De toute façon, on s'arrange de manière à donner au tabac un excédent de 10 pour 100 environ d'humidité.

Jusqu'ici encore les manoques sont restées entières; il faut maintenant séparer les feuilles, ce qui se fait tout simplement en brisant le lien et desserrant les feuilles. Cette opération porte le nom spécial d'époulardage. Elle est quelquefois suivie d'un triage, qui a pour but de rejeter les feuilles défectueuses.

La mouillade préalable dont il vient d'être question a pour principal avantage de faciliter l'époulardage et, s'il y a lieu, le triage, sans briser ni déchirer le tissu des feuilles, sans produire de débris. Mais elle ne suffit pas pour que les feuilles puissent supporter les nombreuses manipulations qui suivent.

Il faut donc leur donner une mouillade complémentaire ou définitive, qui est faite aussi avec de l'eau salée, et porte l'excédent total d'humidité à 30 pour 100 environ. En ce qui concerne la quantité de sel ajoutée par ces mouillades au tabac, elle s'élève au plus à 2 pour 100 du poids des feuilles sèches.

La seconde mouillade s'effectue aussi de diverses manières : ou bien à l'aide d'un appareil spécial, le mouilleur mécanique, grand cylindre tournant sur lui-même dans lequel les feuilles de tabac, après avoir reçu l'eau nécessaire, sont retournées, brassées et mélangées, ou bien encore en les disposant par couches successives qu'on arrose ou qu'on asperge. Ce dernier système tend à prévaloir, car il est moins brutal et ménage mieux les tissus.

Après un séjour de quelques heures en dépôt, l'humidité s'est suffisamment répandue dans toutes les couches ou dans le tas, dans la masse des feuilles, pour que celles-ci puissent être portées sous les hachoirs; mais il y a des précautions à prendre : il convient de hacher les feuilles régulièrement, et en évitant, dans la mesure du possible, la production de ces fragments de côtes que le fumeur, par un léger abus des mots, appelle des bûches. L'opération du capsage est faite dans ce but; elle consiste à prendre les feuilles par petites poignées, à les secouer légèrement et à les allonger parallèlement les unes aux autres, de façon à former un ballotin de 30 kilogrammes environ, qu'on assujettit par des sangles.

La figure 45 représente un ballotin en formation dans une forme en bois. Ce ballotin est porté près des hachoirs, et, lorsqu'on le défait, il est très facile de prendre les feuilles sans détruire leur parallélisme, et de les placer dans le hachoir, de telle façon que le couteau se présente normalement à la côte. Il est clair que si la côte se présentait sous le couteau d'une manière quelconque, et en gé-

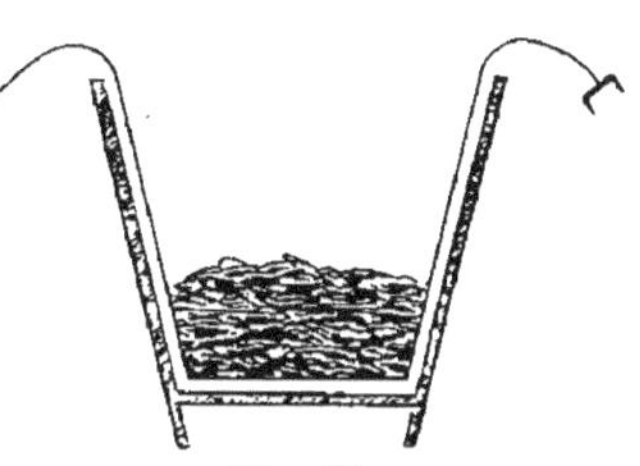

Fig. 45.
Ballotin en formation.
(Coupe.)

néral obliquement, le sectionnement donnerait des bouts de côtes appelées bûches ou, en terme de métier, des aiguilles.

Toutes ces mains-d'œuvre : coupage, triage, époulardage, capsage, sont d'ordinaire confiées à des femmes ; les mouillades, opérations moins propres et plus pénibles, sont plutôt effectuées par des hommes.

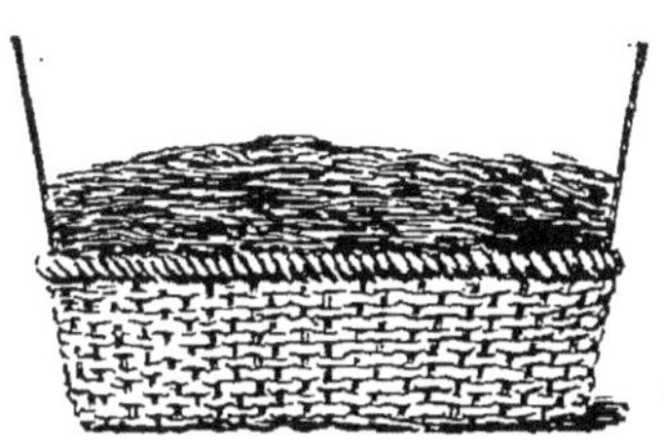

Fig. 46. — Un panier.

Le procédé qui vient d'être décrit est déjà ancien ; on cherche à le remplacer par un autre exigeant moins de manipulations : les manoques sont défaites, c'est-à-dire époulardées à sec, sans mouillade préparatoire ; les feuilles sont mouillées ensuite par trempage et

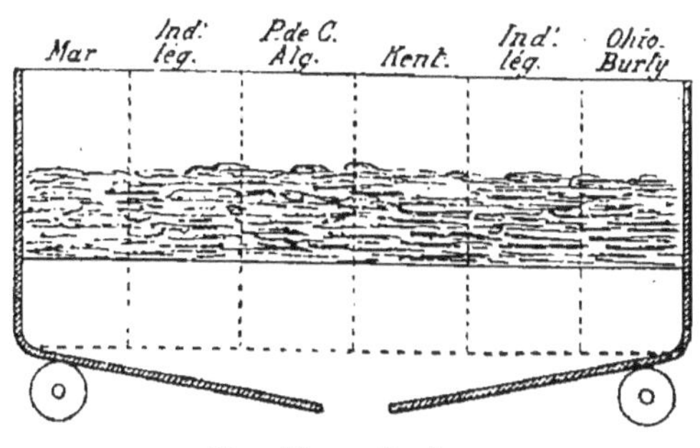

Fig. 47. — Un bac.
(Coupe.)

placées tout allongées, les unes à côté des autres, dans des paniers spéciaux ou dans des bacs de forme convenable. On a soin

de former des couches successives avec des espèces différentes
de tabac, afin d'avoir ultérieurement un mélange satisfaisant.

Les figures 46 et 47 représentent un panier et un bac.

Ce procédé, si toutes les mains-d'œuvre sont effectuées par

Fig. 48. — Un hachoir.

des femmes, peut être plus avantageux que l'autre au point de
vue de la dépense.

En Allemagne, on emploie la vapeur pour mouiller les feuilles
dans un appareil de forme cylindrique.

Par ce qui précède, on peut déjà se rendre compte de l'importance que présente l'opération du hachage. Le hachoir en usage dans les manufactures françaises est un appareil assez simple en apparence, mais dont les différents organes ont été étudiés avec soin et successivement perfectionnés.

La figure 48 le représente. En principe, il se compose de diverses pièces, comprimant une

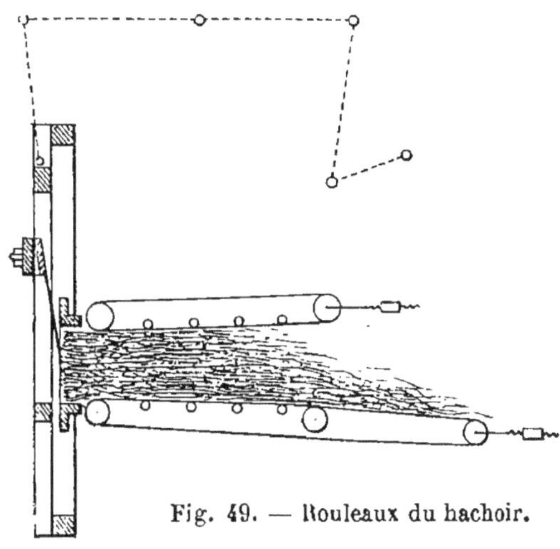

Fig. 49. — Rouleaux du hachoir.

couche de tabac et la faisant avancer peu à peu sous un couteau taillé en biseau, qui la tranche comme une sorte de guillotine. Il y a donc deux sortes d'organes : ceux de la distribution du tabac et ceux qui servent spécialement au hachage.

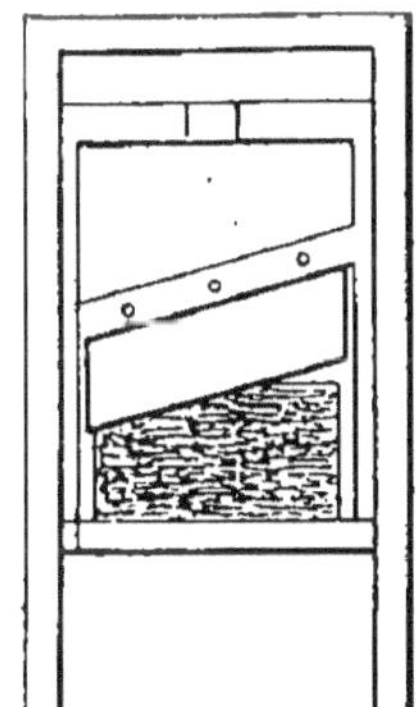

Fig. 50.
Couteau du hachoir.

Qu'on s'imagine une caisse en bois allongée, des rouleaux à la partie supérieure et à la partie inférieure de cette caisse, comme on peut les voir sur la figure 49, sur ces rouleaux des toiles fortement tendues et entre les toiles une couche de feuilles. Les rouleaux en tournant font avancer les toiles et, par suite, la couche de feuilles ; cette couche, qui constitue la charge du hachoir, et qu'on appelle aussi le gâteau, se présente par son extrémité sous le couteau, que la figure 49 montre de profil et la figure 50 de face.

Il faut que le gâteau soit bien comprimé pour suivre le mouvement de la toile ; un système de contrepoids et de tendeurs est disposé à cet effet. Il faut aussi que le gâteau s'avance régulièrement, pour que les tranches successives détachées par le couteau soient égales, ou en termes techniques, pour que la coupe soit régulière. A cet effet, les rouleaux d'entraînement des toiles sont actionnés par un rochet ou roue dentée R, que fait tourner un cliquet *a b*. Celui-ci, sorte de bielle, représenté figure 51, prend une dent ou deux du rochet suivant les cas. Il donne ainsi une avance régulière au gâteau de tabac et détermine la largeur de la

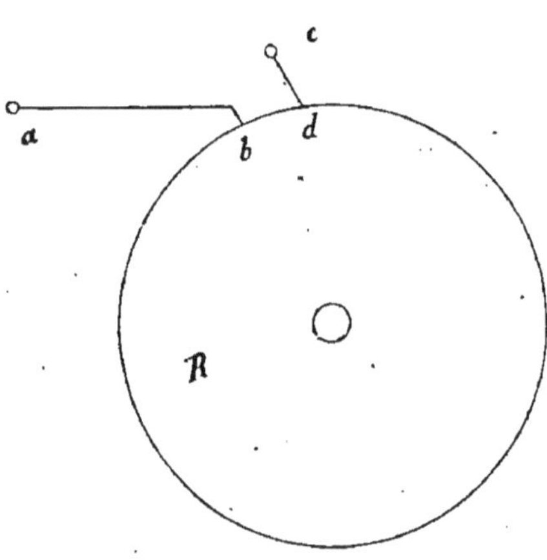

Fig. 51. — Bielle du hachoir.

tranche coupée, ou, comme on dit, la coupe. Un autre cliquet *c d* empêche le recul du rochet quand le premier n'agit pas. Tels sont en résumé les organes de la distribution.

Comme organes de hachage, nous rencontrons un cadre fixe et un cadre mobile (fig. 50.) Le premier, muni de glissières, porte l'embouchure par où se présente le tabac, et le second, placé dans les glissières, porte le couteau.

Il est animé d'un mouvement alternatif dans le sens vertical. Le couteau est une lame d'acier taillée en biseau, placée obliquement dans les rainures du cadre mobile et assujettie par des vis de pression. Le mouvement alternatif est donné par un système de leviers, de bielles et de balanciers.

Force nous est de limiter cette description aux parties essentielles, mais les détails de l'appareil présentent pour un mécanicien un réel intérêt: la puissance des contrepoids tendant les toiles, la forme des rochets dentés, la disposition des cliquets, celle du cadre fixe, celle du cadre mobile, tout est étudié avec soin. Le couteau est en acier trempé : son épaisseur et toutes ses dimensions sont calculées pour faire un travail convenable, suivant la nature du tabac à hacher; il doit être aiguisé à intervalles réguliers sur des machines faites exprès; le démontage du couteau doit, par suite, être prompt et facile. C'est seulement depuis quelques années que l'on a trouvé moyen de rendre le couteau indépendant du cadre mobile. Précédemment, pour enlever les couteaux, il fallait enlever aussi le cadre, ce qui exigeait de la part des ouvriers un déploiement d'efforts constamment répétés dans le cours de la journée de travail.

Ces indications n'ont ici d'autre intérêt que de montrer combien il y a de détails importants dans une machine assez simple en apparence, et combien il importe d'étudier ces détails au point de vue de la facilité, de la rapidité du travail, et aussi de l'économie. Nous pourrions, sur les machines que nous rencontrerons par la suite, donner des explications analogues, mais elles ont plutôt leur place dans les traités spéciaux, et nous devrons nous contenter de renseignements généraux.

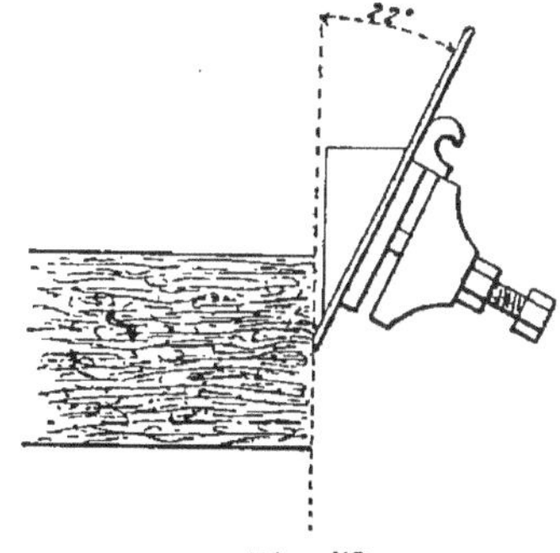

Fig. 52.
Disposition d'un couteau
de hachoir.

La figure 52 représente la disposition du couteau de hachoir; son montage est analogue à celui du fer d'un rabot de menuisier. Il repose sur la traverse oblique du cadre mobile, et il se présente à la tranche de tabac sous un angle constant de 22° avec un plan vertical; il est serré au moyen de boulons vissés dans la partie antérieure de la traverse, par l'intermédiaire d'une plaque de serrage. Cette disposition permet d'employer comme couteaux des lames d'acier minces et larges.

La machine qui sert à les aiguiser, représentée par les figures 53 et 54, se compose d'une petite meule et d'un chariot porte-lames, animé d'un mouvement de va-et-vient.

Les toiles qui, dans le hachoir, compriment la charge de tabac, doivent aussi être choisies avec soin, faites d'un tissu bien serré et régulier; un dispositif spécial permet de maintenir leur tension.

Un hachoir est conduit par un ouvrier qui l'alimente de tabac. Il donne environ 100 kilogrammes de scaferlati haché par heure. Des ouvriers spéciaux sont généralement chargés de l'entretien des couteaux; ils arrêtent les hachoirs quand, la coupe n'étant plus régulière, le moment d'aiguiser les couteaux est venu. Ils font l'aiguisage sur la machine spéciale, puis remontent les couteaux sur les hachoirs.

Le tabac haché contient une forte proportion d'humidité qui n'est plus nécessaire pour les opérations ultérieures, et qui, en outre,

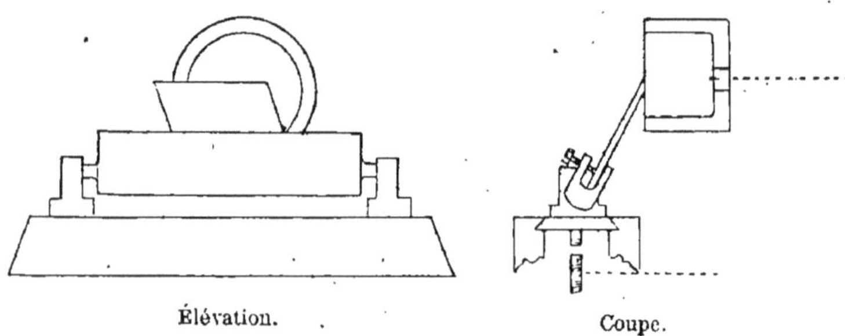

Fig. 53 et 54. — Machine à aiguiser.

nuirait à la conservation ou à la bonne combustion. La dessiccation demande des soins tout particuliers; chauffé insuffisamment, le tabac ne perdrait pas toute l'humidité qu'il convient de lui enlever; il pourrait subir des fermentations. Trop chauffé, il se réduirait en débris et prendrait un goût âcre, un goût de four. La température doit donc être maintenue entre certaines limites, qui sont de 70° et 110°.

Jadis la dessiccation s'opérait à l'air libre, sur des tables métalliques placées au-dessus d'un foyer et de ses carneaux; aux tables ont été ensuite substitués des tuyaux de vapeur. Les ouvriers qui brassaient la matière à dessécher étaient ainsi exposés de face à une température extrêmement élevée et aux émanations du tabac. Ce procédé, outre ses inconvénients au point de vue de l'hygiène, était fort grossier, en ce sens qu'il utilisait très mal la chaleur des foyers. Par des recherches suivies et des perfectionnements successifs, on est arrivé à un appareil très pratique, le torréfacteur mécanique, qui a donné lieu à un mémoire de M. Rolland, publié par Armengaud en 1863.

Cet appareil est représenté par les figures 55 et 56.

En principe, c'est un grand cylindre en tôle de trois mètres de long sur un mètre de diamètre, qui tourne autour de son axe et qui est fortement chauffé par un foyer au coke ou à la houille maigre.

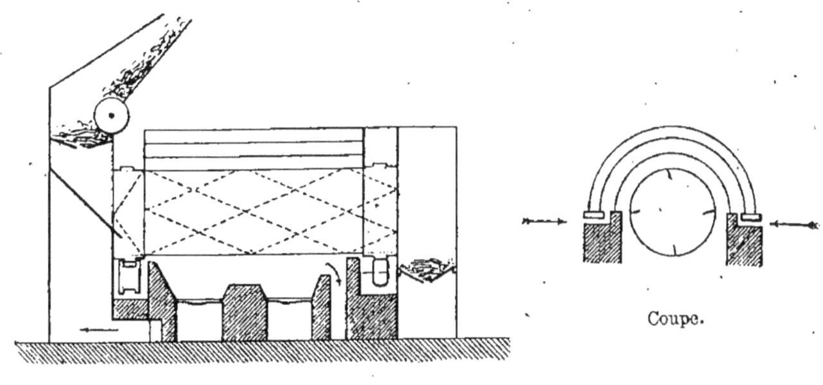

Fig. 55 et 56. — Torréfacteur mécanique.

Le tabac est amené à une de ses extrémités par une trémie; il est brassé, retourné par le mouvement même du cylindre, et il chemine le long du cylindre sur de longues nervures hélicoïdales dont le cylindre est muni à l'intérieur. Ces nervures portent sur leur bord des crochets qui servent à démêler le tabac, car le tabac haché étant encore humide, forme des pelotes emprisonnant en quelque sorte l'humidité. La température du foyer et le mouvement de rotation du cylindre sont réglés de façon que le tabac, à la sortie par l'autre bout du cylindre, conserve seulement la dose d'humidité convenable.

Le cylindre est supporté à ses extrémités par des galets. Le fourneau est fait en maçonnerie de briques réfractaires; il est surmonté par des demi-cylindres en tôle, qui recouvrent et entourent le cylindre. Ces demi-cylindres forment chemises ou manteaux. Ils sont au nombre de trois superposés. Les gaz de la combustion, en sortant du foyer, circulent entre le cylindre et le premier manteau; ils sont envoyés ensuite, en traversant un canal creusé dans le massif de maçonnerie, à une grande cheminée d'usine; l'air du dehors est admis entre le deuxième et le troisième manteau; il circule entre eux, s'échauffe et pénètre ensuite dans le cylindre où il se mêle au tabac, tandis que le tabac sec sort du cylindre par les valves automatiques disposées à l'extrémité de sortie: l'air chaud et chargé des émanations de la matière est amené par des gaines spéciales et par des carneaux, vers la grande cheminée qui le rejette, avec les gaz de la combustion, à une grande hauteur dans l'atmosphère extérieure.

La dessiccation se fait donc, pour ainsi dire, en vase clos; les gaz de toutes sortes rejetés au loin sont sans danger pour le personnel de l'usine.

L'espace compris entre le deuxième et le troisième manteau est rempli d'air, qui forme matelas et assure la conservation de la chaleur.

L'admission du tabac dans le cylindre est réglée par un rouleau placé dans la trémie d'arrivée et par des valves. Au moyen de valves spéciales, on peut régler aussi le tirage des foyers et l'arrivée de l'air entre les manteaux.

On a essayé de régler l'arrivée de l'air dans les foyers au moyen d'un thermo-régulateur, représenté par la

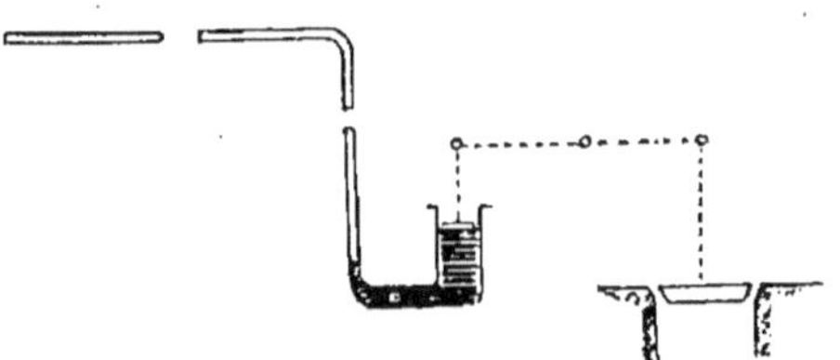

Fig. 57. — Thermo-régulateur.

figure 57, qui est composé d'un tube en forme d'U, contenant du mercure, d'un flotteur et d'une balance. Le flotteur représente un des plateaux de la balance, l'autre plateau en se soulevant, quand la pression diminue dans le foyer, laisse arriver l'air en quantité plus ou moins abondante.

Fig. 58. — Sécheur mécanique.

Le cylindre du torréfacteur fait six ou sept tours par minute ;
il débite environ 450 à 500 kilogrammes de tabac à l'heure, et le

tabac perd environ 20 pour 100 de son humidité. L'appareil fonctionne bien, mais il nécessite un entretien sérieux particulièrement en ce qui concerne le fourneau, le foyer et les manteaux de tôle.

La dessiccation ne doit pas être poussée trop loin à l'air chaud, sous peine de produire trop de débris et d'altérer un peu les matières ; au sortir du torréfacteur, le tabac, conservant encore un peu d'humidité en excès, passe dans un appareil dit sécheur, qui enlève cet excès et en même temps les poussières ou débris très fins. Cet appareil a aussi pour effet de refroidir le tabac (fig. 58).

Le sécheur a une certaine analogie avec le torréfacteur, mais il est plus simple : un grand cylindre en bois, ouvert par une extrémité, porte de grandes lames hélicoïdales qui font avancer le tabac arrivant par une trémie à l'autre extrémité ; il tourne sur des galets à une vitesse qu'on peut régler par un dispositif très simple ; ce cylindre est traversé par un courant d'air, à la température ambiante, qui est attirée par un ventilateur placé dans la cage de l'appareil, au-dessous de la trémie d'entrée. L'air circule en sens inverse du tabac et emporte les poussières dans une grande chambre où elles se déposent. Le séchoir traite 500 ou 600 kilos de tabac à l'heure, et lui enlève 1,5 à 2 pour 100 de son humidité ; le taux des débris, poussières, est aussi de 2 pour 100 environ.

Les tabacs sortant du séchoir sont portés dans de grandes salles de dépôt, où on les met en masses. Ces masses, comme le nom l'indique, sont des meules ayant une hauteur de deux ou trois mètres ; elles ont une forme cubique, leur largeur et leur longueur sont de trois à quatre mètres ; la quantité de tabac formant une masse est ainsi de 25,000 à 30,000 kilos. On les construit par couches horizontales, puis on les recouvre avec des bâches pour les préserver de la poussière, de l'humidité et des variations de température. Le tabac en masses contient environ 18 pour 100 d'humidité, il subit ainsi une petite fermentation ; la température qui tend à s'élever est surveillée au moyen de thermomètres convenablement placés. Le séjour en masses a pour but d'enlever au tabac le goût de four et de développer un peu son arome ; il dure environ un mois. Les

masses sont construites par des hommes. Le tabac en masses subit
un léger déchet.

Lorsque les masses sont démolies, le tabac est aussitôt mis en

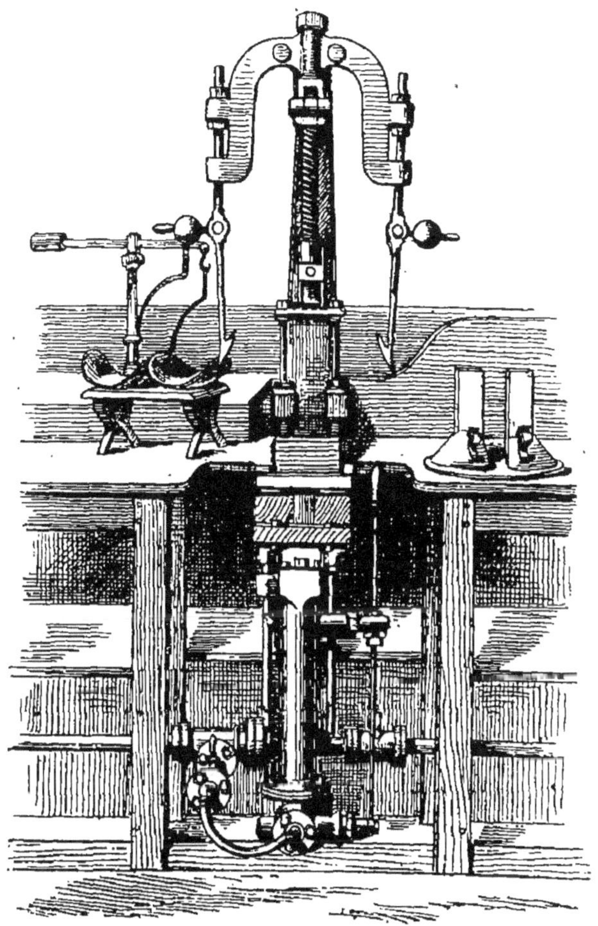

Fig. 59. — Machine à paqueter hydraulique.

paquets. L'opération du paquetage se fait aujourd'hui mécaniquement dans toutes les manufactures françaises, d'une manière très
rapide et très simple. Pendant longtemps, le procédé de paquetage
consista dans la formation d'une poche autour d'une douille à en-

tonnoir, le remplissage de cette poche à la main, et la compression du tabac qui était donnée avec un mandrin par la main ou par la poitrine, ou, ce qui valait mieux, par un levier mû par une pédale. Le cachetage du paquet se faisait à la cire.

Les essais entrepris pour améliorer ces conditions de travail, tant au point de vue hygiénique qu'au point de vue économique, donnèrent vers 1850 et 1860 des résultats fort avantageux. Après avoir utilisé des appareils qui nécessitaient le concours de plusieurs ouvriers, et qui néanmoins constituaient déjà de grands perfectionnements par rapport aux anciens procédés, on a adopté la machine à paqueter en usage actuellement, qui fonctionne par la pression hydraulique, et qui est servie par des femmes.

Cette machine est représentée par la figure 59.

La construction en est simple : un corps de pompe cylindrique dans lequel peut se mouvoir un piston ; sur celui-ci sont fixées des boîtes en fonte qui sont visibles au-dessus du corps de pompe. En manœuvrant à la main un levier qui se trouve sur une conduite d'eau, l'ouvrière paqueteuse fait arriver l'eau dans le corps de pompe, et l'eau, qui a une pression de 7 ou 8 kilos par centimètre carré, soulève vivement le piston et les boîtes portées par ce piston. Dans ces boîtes, ont été placés des entonnoirs contenant le tabac, de sorte que la pression de l'eau soulève l'ensemble du piston, des boîtes, de l'entonnoir et du tabac.

En même temps que se produit ce mouvement ascensionnel, des fouloirs suspendus à la partie supérieure de l'appareil agissent sur le tabac et le compriment. Les fouloirs sont bandés par des ressorts en spirales ; ils sont articulés à charnières et peuvent être rejetés en arrière quand la compression est terminée.

Le levier à main qui commande l'arrivée de l'eau agit directement sur un robinet qui permet de faire communiquer le corps de pompe de la machine soit avec la conduite d'eau en pression, soit avec la conduite de retour par où l'eau s'écoule.

Trois ouvrières sont associées auprès d'une machine ; l'une d'elles place sur les douilles de l'entonnoir le paquet avec sa vignette : cette ouvrière est dite vignetteuse ; une autre, la peseuse, pèse le tabac, le verse dans une sorte de main en fer-blanc, et le met à la disposition de la troisième ouvrière ; celle-ci, qui est la paqueteuse, prend d'un côté l'entonnoir préparé, de l'autre côté le tabac, et manœuvre la machine ; après la manœuvre, elle ferme le paquet et le met dans une caisse.

Dans ce système, l'entonnoir, après compression, reste suspendu à des crochets latéraux. Il faut que la paqueteuse le prenne et le repasse à l'ouvrière vignetteuse, manipulation fatigante pour ces deux ouvrières, qui, travaillant debout, ont beaucoup d'efforts à développer et doivent être constamment attentives. L'emploi de machines à consoles tournantes constitue un perfectionnement qui a reçu de nombreuses applications. La console qui porte l'entonnoir est aisément manœuvrée par la paqueteuse (fig. 60).

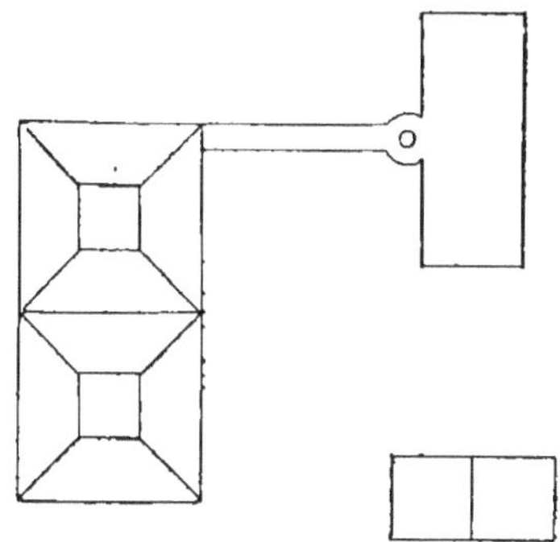

Fig. 60. — Console et entonnoirs.

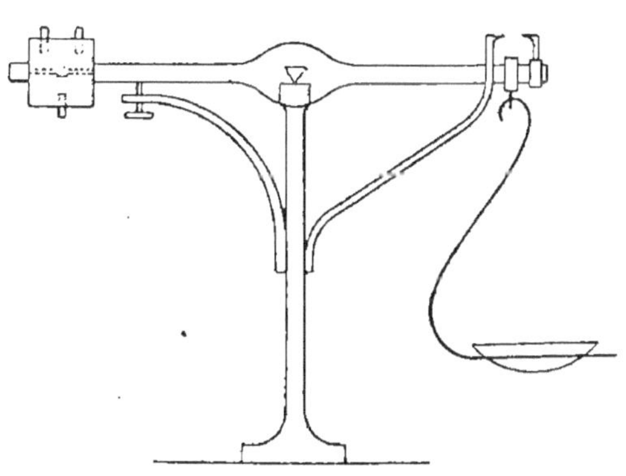

Fig. 61. — Balance romaine.

La pesée de tabac qui doit entrer dans le paquet se fait d'une manière sûre et expéditive au moyen d'une balance spéciale qui offre un certain intérêt. C'est une romaine représentée par la figure 61, dont on peut régler la sensibilité en manœuvrant certaines vis. Un arrêt maintient le fléau horizontal quand le plateau n'est pas chargé ou qu'il ne contient pas le poids de tabac nécessaire ; comme on exige que la quantité de tabac placée sur le plateau fasse incliner le fléau, le consommateur est assuré d'avoir au moins le poids indiqué sur la vignette du paquet. D'ailleurs, nous parlerons un peu plus loin d'une machine qui sert spécialement à la vérification des paquets.

Pour que toutes les machines d'un atelier puissent fonctionner en même temps, sans se gêner les unes les autres, il faut avoir une réserve d'eau suffisante pour donner à tout moment la pression

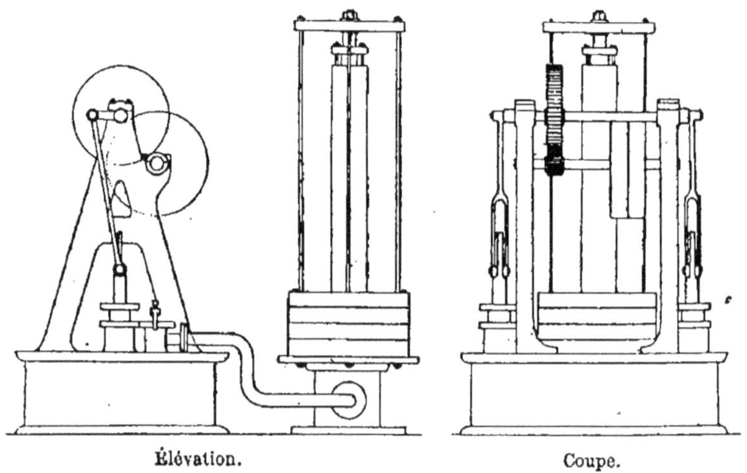

Fig. 62. — Accumulateur pour réserve d'eau.

nécessaire au fonctionnement des machines. Cette réserve est fournie par un accumulateur que représentent les figures 62 et 63 : il est constitué par un réservoir d'eau, une batterie de pompes et un gros piston régulateur. Les pompes aspirent l'eau, et la refoulent, à une pression convenablement réglée par des dispositifs spéciaux, dans la conduite générale du paquetage.

Bien que la machine à paqueter ci-dessus décrite ait réalisé un très grand progrès, son emploi ne laisse pas que d'être assez fatigant pour des femmes et d'exiger encore bien des manipulations. La manufacture de Paris (Gros-Caillou) a mis récemment en service deux machines nouvelles, imaginées par M. Belot et qui sont représentées par nos figures 64 et 65.

L'une de ces machines confectionne le paquet avec sa vignette (fig. 64), et l'autre fait les poches (fig. 65).

Le scaferlati ordinaire est généralement mis en paquets de

Fig. 63. — Vue d'ensemble de l'accumulateur.

40 grammes. On fait aussi des paquets de 1 hectogramme et de 5 hectogrammes. La manœuvre des machines confectionnant les plus gros paquets est pénible ; aussi sont-elles munies de certains

organes particuliers. Souvent aussi l'ouvrière paqueteuse est remplacée par un homme.

Fig. 64. — Machine à paqueter (système Bolot).

Une machine pour paquets de 40 grammes permet de paqueter 18 kilogrammes en une heure, soit 4,500 paquets. On emploie,

Fig. 65. — Machine à faire les poches (système Belot).

comme on sait, du papier pâte brune comme enveloppe. Mais les
exportateurs peuvent avoir du tabac sous papier bleu, et même,

moyennant l'acquit de quelques frais supplémentaires, sous papier doublé d'étain ou sous papier paraffiné.

Une tolérance est admise pour le poids des paquets : ce poids, non compris celui du papier, doit être compris entre $40^{gr},5$ et $41^{gr},5$. Pour les paquets de 1 hectogramme ces limites de tolérance sont 101 et 103 grammes ; pour les paquets de 5 hectogrammes, 505 et 515 grammes.

Une vérification suit le travail du paquetage : elle porte sur la

Fig. 66. — Machine à vérifier les paquets.

propreté, sur la régularité de la forme et sur le poids. Pour vérifier le poids des paquets, on se sert de balances à fléau semblables à celles qui servent aux ouvrières peseuses des machines à paqueter. La balance est réglée de façon qu'elle n'oscille point, en supposant qu'il s'agisse de paquets de 40 grammes, si le poids du paquet, tare non comprise, est inférieur à la plus faible des deux limites indiquées tout à l'heure, c'est-à-dire à $40^{gr},5$. Autrement dit, le fléau ne bouge pas si le paquet est trop léger. Puis, on suspend au

fléau, du côté du contrepoids et en un point très exactement
déterminé, une petite charge additionnelle de 1 gramme. Si le
paquet de tabac enlève ce poids, et fait encore osciller le fléau,
c'est qu'il est trop lourd, puisqu'il pèse alors, tare non comprise,
plus de $41^{gr},5$, limite supérieure. En définitive, si le paquet est
dans les limites voulues, le fléau doit osciller tant qu'on n'ajoute
pas la charge supplémentaire de 1 gramme.

Les paquets de 40 grammes sont généralement vérifiés avec
une balance mécanique, imaginée par M. Dargnies, et pesant automatiquement. L'ouvrière n'a ainsi qu'à la servir, c'est-à-dire à

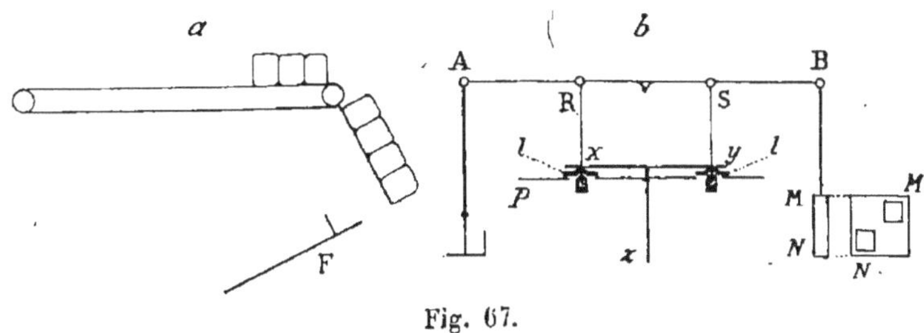

Fig. 67.

fournir les paquets, et à exercer une surveillance générale. Cette
machine est fort ingénieuse. Bien que ses organes soient assez
délicats, elle fonctionne d'une manière très satisfaisante (fig. 66).

Les paquets sont distribués par une petite toile sans fin, qui
les porte dans un couloir de descente d'où ils arrivent sur une
claire-voie; une fourchette F (fig. 67) vient les prendre un à un et
les poser sur le plateau à claire-voie d'une petite balance. Nous
représentons par les dessins *a* et *b* cette distribution et les parties
essentielles de la balance.

Le fléau de celle-ci A B, porte d'un côté le plateau dont il vient
d'être question, et de l'autre côté une petite plaque M N percée de
deux ouvertures, à hauteurs différentes. Si le paquet de tabac est
trop lourd, il fait pencher de son côté le fléau; la plaque est relevée,
et une sorte d'aiguille, sollicitée par un ressort dont l'action est
paralysée pendant le début de la pesée, passe alors par l'ouverture

inférieure de la plaque. Cette aiguille commande une valve qui s'incline et dirige le paquet, au moment où il quitte la balance, vers un panier de paquets lourds. Si le paquet est trop léger, le mouvement inverse est produit, et ce même paquet se trouve dirigé vers un autre panier. Quand le paquet a le poids voulu, la balance ne bouge pas, et les aiguilles commandant les valves sont arrêtées par le plein de la plaque suspendue au fléau, de sorte que le paquet tombe dans un panier de paquets bons. Dire que le paquet a le poids voulu, c'est dire que son poids est compris entre les limites de la tolérance indiquée plus haut, et la balance, ou plutôt son fléau, ne doit pas bouger. Ce résultat est obtenu en suspendant au fléau deux petites tiges R, S, qui peuvent entraîner chacune une rondelle en surcharge de poids convenable. Ces rondelles l, l, tant que le fléau reste horizontal, reposent sur un support fixe P. Lorsque le fléau tend à s'incliner d'un côté, la rondelle située du côté opposé tend à être soulevée par sa petite tige, et ne permet au fléau de continuer son mouvement d'inclinaison que si l'excès ou la diminution du poids du paquet de tabac est supérieure au poids de cette rondelle, poids réduit, bien entendu, dans le rapport des bras de levier. La barre $x\,y\,z$, en forme de T, qu'on voit au milieu de la figure représentant la balance, se soulève quand le paquet à peser arrive sur le plateau; la pesée s'effectue, puis la barre retombe et rend tout le système immobile.

La manufacture de Dieppe possède un modèle de balance un peu différent. Les oscillations de cette balance produisent des contacts électriques; ceux-ci déterminent les mouvements des valves, et, par suite, la chute des paquets dans les différents paniers.

Les paquets sont emballés dans des tonneaux, qui ont des dimensions déterminées suivant le module des paquets, chaque tonneau portant la marque de l'ouvrier emballeur, pour que les erreurs puissent être retrouvées. Cette mesure constitue aussi une garantie, pour le cas où le compte des paquets ne serait pas trouvé exact lorsque le colis arrive à destination.

Les manufactures françaises possèdent généralement de grands magasins où les colis restent en dépôt jusqu'au jour de l'expédition. Ces magasins sont au-dessous de l'atelier où se fait l'emballage, et pour faire la descente, on se sert de treuils munis de freins et disposés de façon à faire monter un colis vide quand descend le colis plein. Dans le magasin de dépôt, les tonneaux sont placés en deux ou trois rangées superposées ; des treuils, des voies ferrées, dont l'emploi est d'ailleurs subordonné à l'agencement des locaux, permettent de faire toutes ces manœuvres, d'une manière plus ou moins simple et commode. Le travail consistant à élever et ranger les tonneaux s'appelle arrimage. Tous ces appareils n'ayant rien de spécial à l'industrie du tabac, leur description n'est pas nécessaire ici.

L'administration française fabrique aussi du scaferlati supérieur et du scaferlati de Maryland pur, qui sont principalement destinés aux fumeurs de cigarettes. Le scaferlati, ou caporal supérieur, contient les mêmes espèces à peu près que le tabac à fumer ordinaire : Kentucky, Samsoun, Feuilles indigènes, etc..., mais on réserve pour cette fabrication les feuilles de qualité supérieure. Pour avoir 100 kilogrammes de tabac, il faut prendre 140 ou 150 kilogrammes de feuilles.

Les opérations ne diffèrent pas de celles qui ont été indiquées en détail dans les pages précédentes ; toutefois, après avoir subi les mouillades, suivant les procédés décrits, les feuilles sont écôtées. L'écôtage, qui consiste à enlever la plus forte partie de la côte, a pour but, comme on le comprend aisément, d'éliminer plus complètement et plus sûrement que dans le scaferlati ordinaire les parties de côtes pouvant donner des aiguilles ou des bûches, et de réduire aussi la proportion et la dimension des œils-de-perdrix produits au hachage par le sectionnement des côtes. Au hachage, la coupe est plus fine aussi. La torréfaction, la mise en masse n'offrent rien de particulier.

Les paquets contiennent 50 grammes ou 100 grammes ; on fait aussi quelques paquets de 5 hectogrammes. Le poids de tabac contenu dans les plus petits doit être compris entre 50 et

51 grammes. Le papier en usage est bleu lissé pour le scaferlati supérieur, jaune pour le maryland ; ce papier était autrefois doublé d'une feuille d'étain laminé, recouverte elle-même d'une feuille de papier bulle. Maintenant l'étain est remplacé par du papier mousseline paraffiné ; il n'est employé que pour des produits exportés et sur demande des exportateurs. Le procédé d'abord employé pour faire le paraffinage était rudimentaire. Il consistait à présenter

Fig. 68. — Machine à paraffiner.

les feuilles de papier sous un gros rouleau qui plongeait dans un bain de paraffine fondue, et à le coller ensuite d'un côté sur le papier bleu, de l'autre sur le papier bulle ; puis on faisait sécher. Maintenant on se sert d'une machine imaginée par M. Cahen et perfectionnée par M. Belot (fig. 68), qui prépare quatre mille feuilles à l'heure, tandis qu'à la main une ouvrière en préparait mille à peine.

La machine se compose de rouleaux qui distribuent le papier et d'organes de découpage. Le dessin n° 69 montre les rouleaux et la marche des papiers : H, H' sont les rouleaux d'entraînement qui pincent les trois feuilles : la feuille bleue venant du rouleau A et prenant de la colle au colleur E ; la feuille de papier mousseline venant du rouleau B et prenant la paraffine au rouleau D ; la feuille de papier mousseline plus large, venant du rouleau C. Les rouleaux sont animés d'un mouvement de rotation intermittent, et, quand ils s'arrêtent, des ciseaux viennent couper les papiers.

Une fabrication importante aussi est celle des scaferlatis à prix réduits qui se vendent exclusivement dans les zones frontières ; c'est la manufacture de Lille qui en fabrique la plus grande

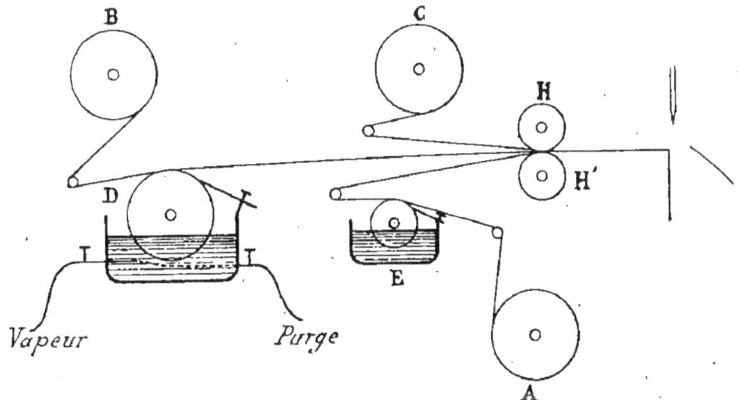

Fig. 69. — Mécanisme de la machine à paraffiner.

quantité. Les régions voisines de la frontière de l'Est sont partagées en trois zones, dans lesquelles sont débités des tabacs à bas prix, qui sont, d'ailleurs, de qualité inférieure.

Le tabac de la dernière zone, la plus éloignée de la frontière, est fait avec des feuilles de dernière qualité ; le tabac des autres zones est fabriqué en partie avec ce qu'on appelle des résidus, c'est-à-dire des côtes et des coupures, qui sont, comme on le sait, des bouts de manoques, et même quelques débris provenant d'autres fabrications. On distingue actuellement des tabacs de zones à quatre prix différents : 1 fr. 50, 3 francs, 5 francs et 8 francs le kilogramme. Ces tabacs sont mis généralement en paquets de 100 grammes, sous papier jaune, et distingués par des vignettes de couleurs différentes : rose, pour le scaferlati à 8 francs, verte pour le scaferlati à 5 francs, bleu pour les autres ; aussi le public, pour les distinguer, se sert-il fréquemment des expressions suivantes : bande rose, bande verte, etc.

D'autres tabacs à prix réduits sont aussi fabriqués, ainsi qu'on le verra plus loin.

La fabrication de ces tabacs est celle du scaferlati ordinaire simplifiée. Les procédés de mouillades sont plus expéditifs; il n'y a pas de capsage ; les feuilles sont portées directement, après mouillade, au hachage, et, dans les hachoirs mêmes, mélangées, s'il y a lieu, aux résidus, côtes, coupures, préalablement mouillés avec des jus salés. Les côtes sont l'objet d'une préparation particulière, le laminage, qui se fait dans un appareil spécial. Cet appareil ou laminoir (fig. 70) consiste essentiellement dans deux gros rouleaux de fonte, dont l'écartement est convenablement réglé et qui compriment, écrasent entre eux les côtes.

La coupe des scaferlatis de zones est moins fine que celle du scaferlati ordinaire; la coupe des scaferlatis de cantine est plus forte que celle des scaferlatis de zones. Le paquetage, les masses, la vérification, l'emballage n'offrent rien de particulièrement intéressant.

Telles sont les principales fabrications de scaferlatis. Il convient de dire quelques mots des scaferlatis en tabacs d'Orient, qui sont très appréciés en général, et dont l'usage s'est répandu en France depuis une vingtaine d'années. A la suite de l'Exposition de 1867, M. Richard Kœnig obtint l'autorisation de fabriquer ce scaferlati dans un atelier de la manufacture de Paris, et de le vendre dans un bureau spécial du boulevard des Italiens. Quelques années après, à l'expiration du traité qu'elle avait passé avec M. Richard Kœnig, l'administration française, qui déjà s'était exercée à cette fabrication, la conserva et continua de livrer à la consommation des produits très variés en tabacs d'Orient.

Ces tabacs proviennent de la Turquie d'Europe ou Roumélie, d'une part, et de l'Asie Mineure ou Anatolie, d'autre part; ils sont, nous l'avons vu, aromatiques et assez riches en nicotine. Les meilleurs proviennent de la Macédoine. Ces scaferlatis sont fabriqués en mélangeant en proportions différentes les feuilles de Giubeck, de Sira-Pastal, de Yenidjé, de Persitzan et de Kir, qui appartiennent à des crus très estimés, et d'autres espèces : Drama, Baffa, Sam-

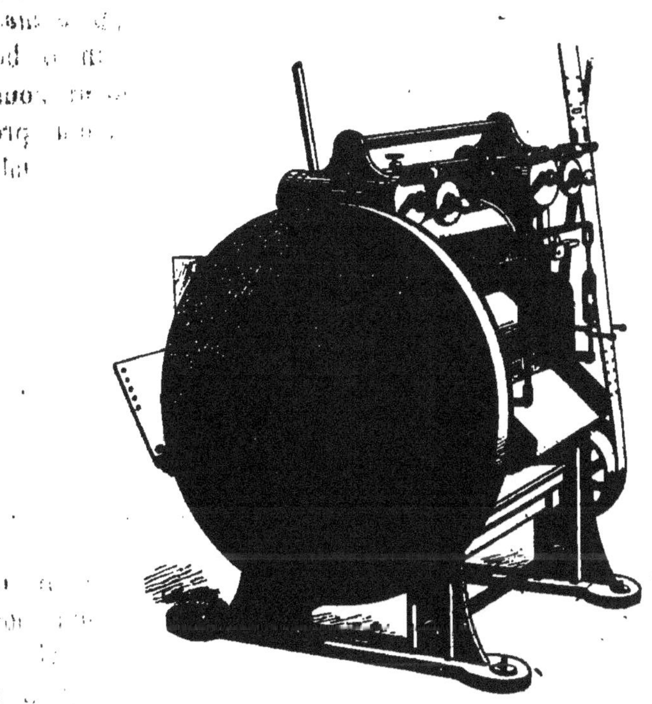

Fig. 70. — Laminoir pour les côtes.

soun, etc. Suivant les proportions relatives de ces feuilles, la qualité des produits varie, leur prix aussi, depuis 20 francs le kilogramme jusqu'à 45 francs.

Conserver aux feuilles leurs qualités intrinsèques, leur arome délicat, les traiter avec ménagement, tel est le principe de la fabrication. Si une mouillade préparatoire est nécessaire, on se contente d'entr'ouvrir les petites balles dans lesquelles sont généralement empaquetées les manoques, et de les exposer au brouillard sortant

d'un pulvérisateur. Les feuilles sont ensuite classées par qualités :
les plus belles, les plus fines, les plus consistantes, sont naturellement réservées pour les produits du prix le plus élevé. Puis ces
feuilles, placées en couches minces, reçoivent une mouillade définitive, d'ailleurs assez légère.

Le hachage se fait dans un petit hachoir turc, appelé *havan*.
C'est un demi-cylindre légèrement incliné, terminé par une embouchure métallique (fig. 71), où le tabac est simplement poussé
concurremment avec la main et le genou, les feuilles étant au préalable capsées et mises à plat dans cet appareil même. Le tabac

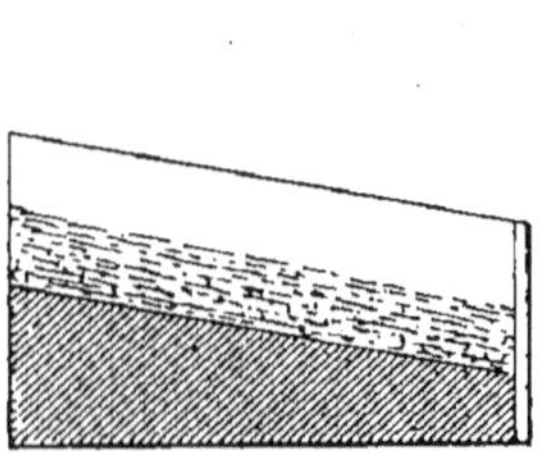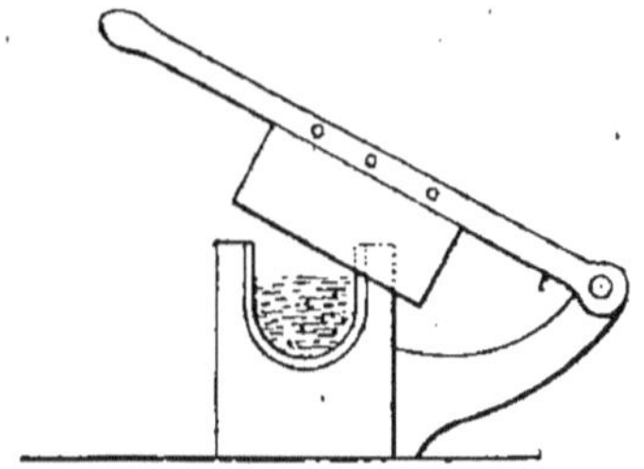

Fig. 71. — Hachoir turc dit *havan*.

haché reste ensuite vingt-quatre heures dans des coffres en bois
où il se dessèche. Ce petit hachoir a été un peu perfectionné pour
les produits supérieurs que fabrique la manufacture de Paris ; le
mouvement d'avance du tabac lui est transmis automatiquement
par le couteau et un rochet. On se sert aussi, pour les autres
scaferlatis d'Orient, d'un hachoir anglais, n'exigeant ni grande
compression, ni forte humectation des feuilles. La figure 72 en
représente les éléments principaux.

Les feuilles, placées dans une gaine, sont entraînées par le
mouvement d'un grand tambour garni de bois et de deux rouleaux
supérieurs, l'un cannelé, l'autre lisse. Le couteau qui se voit au-
dessus du rouleau a 0^m,005 d'épaisseur ; il est en tôle de fer doublée d'une mince couche d'acier. Ce couteau est boulonné sur un
porte-lames massif, et avec ce dernier il est animé d'un mouvement

circulaire alternatif, de sorte que la lame vient trancher le tabac en suivant le contour du grand tambour. Ce hachoir tourne avec une vitesse de 150 tours par minute et donne 40 kilogrammes de scaferlati à l'heure.

Les produits sont enfermés dans des boîtes de carton doublées d'étain, et ces boîtes sont garnies de bandes ayant même couleur que la vignette : bande rouge avec impressions dorées pour les scaferlatis à 45 francs, bande verte pour les scaferlatis à 35 francs, bleue avec impressions argentées pour les produits à 25 francs, et chamois avec impressions noires pour ceux à 20 francs.

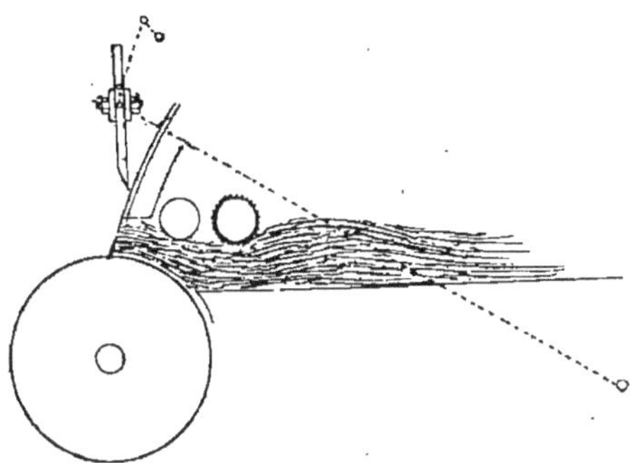

Fig. 72. — Hachoir anglais.

Les fabrications que l'administration française a créées sont celles du Giubeck, du Vizir supérieur, du Vizir et du Levant supérieur. Les deux derniers produits sont aussi mis en paquets de 50 grammes sous papier de couleur doublé d'une feuille paraffinée, bleue pour le Vizir, chamois pour le Levant. La mise en paquets se fait à la main.

Citons, pour terminer, divers scaferlatis étrangers composés, en général, avec des tabacs particuliers dont ils portent les noms. Le Levant, fait avec du Samsoun, le Virginie, le Lattakieh et le Varinas, dont la coupe est fort grosse, pour les fumeurs de pipes en porcelaine. Les préparations sont toujours à peu près les mêmes : mouillade plus ou moins forte, époulardage, triage, hachage, séchage et paquetage sous papier jaune.

En résumé, voici quelle est à peu près actuellement la fabrication française :

Scaferlati ordinaire à 12.fr. 50 le kilogramme, en paquets de 40, 100 ou 500 grammes, fabriqué dans dix-sept établissements, soit toutes les manufactures, sauf celles de Châteauroux, Reuilly et Orléans; fabrication annuelle : près de 17 millions de kilogrammes, dont 1 million environ pour cigarettes.

Scaferlati supérieur à 16 francs le kilogramme, en paquets de 50 et 100 grammes, fabriqué à Paris, le Mans, Bordeaux, Toulouse, Riom, Marseille, Nancy et Nantes : près de 950,000 kilogrammes par an, dont 310,000 pour cigarettes.

Scaferlati Maryland à 16 francs le kilogramme, fabriqué dans les mêmes établissements : 565,000 kilogrammes par an, dont 45,000 environ pour cigarettes.

Scaferlatis de zones à prix réduits, en paquets de 100 et 500 grammes et aux prix de 8 francs, 5 francs, 3 francs et 1 fr. 50 le kilogramme, fabriqués à Lille, Nancy, Dijon, Lyon et Nice, total : 6,900,000 kilogrammes environ. La manufacture de Lille seule en produit environ 5 millions.

Scaferlati de troupe et d'hospices, à 1 fr. 50 le kilogramme, pour la troupe, et 5 francs[1] pour les hospices : près de 2 millions de kilogrammes par an, fabriqués dans les mêmes établissements que le scaferlati ordinaire, sauf Pantin.

Scaferlatis spéciaux, en tabacs d'Orient, fabriqués à Paris : près de 40,000 kilogrammes par an, dont 30,000 au moins pour cigarettes.

Enfin les scaferlatis étrangers divers, à 16 francs le kilogramme, qui représentent une fabrication annuelle de 30,000 kilogrammes, dont 6,000 sont vendus sous forme de cigarettes.

1. Prix réduit à 1 fr. 50 par décret du 9 juin 1895.

CHAPITRE VII

Fabrication des cigarettes.

Une petite quantité de tabac haché, roulée dans un tube de papier, voilà ce qu'on appelle une cigarette. L'histoire de la fabrication des cigarettes en France est tout à fait contemporaine.

Cette fabrication date de trente ans, ou plutôt même de vingt ans seulement. Jusqu'en 1870 et un peu au delà, on ne connaissait guère, en fait de cigarettes vendues par l'administration, que celles terminées par un bout de carton, appendice qu'on nomme un bouquin. Les amateurs de cigarettes achetaient leur tabac et le papier séparément, et ils roulaient la cigarette entre leurs doigts ; quelques-uns se servaient de petits moules, constitués par deux petits rouleaux entourés par une toile sans fin. L'habitude de rouler des cigarettes n'a pas disparu ; beaucoup de bons fumeurs préfèrent encore la cigarette qu'ils ont eux-mêmes confectionnée. Mais depuis que les établissements de l'État fabriquent sur une grande échelle des cigarettes semblables à celles que le consommateur fait lui-même à la main, surtout depuis que des machines récemment imaginées, et plusieurs fois déjà perfectionnées, ont permis de donner à cette fabrication une extension considérable, le public a pris l'habitude d'acheter les cigarettes toutes faites, et a pris goût pour ce produit qui jouit d'une faveur toujours grandissante.

Les grosses cigarettes à bouquin, dont l'invention remonte à 1860, ne sont pas abandonnées, mais elles ont une clientèle restreinte. Il en est de même des cigarettes de luxe, qui ont des formes variées, se vendent en boîtes, et qui sont aussi garnies de bouquins. Maintenant les cigarettes qui se vendent couramment, ou, comme on dit, les cigarettes de modules courants, sont ouvertes aux deux bouts, ou bien ouvertes à un bout et fermées à l'autre. Dans la première catégorie rentrent les cigarettes dites *élégantes* et les *hongroises;* dans la seconde, les *françaises* et les *médianas.* On les fait avec du scaferlati fabriqué en France, le scaferlati supérieur ou scaferlati ordinaire, et aussi du Vizir et du Levant supérieur. Ces produits se vendent tous par paquets de vingt et se présentent ainsi très avantageusement au public; les hongroises et les élégantes se vendent aussi en boîtes.

Ces cigarettes se distinguent les unes des autres par leurs dimensions et aussi par leurs prix : ainsi les hongroises se vendent 35 et 30 francs le mille, suivant qu'elles sont faites avec du scaferlati supérieur à 16 francs ou du scaferlati ordinaire à 12 fr. 50; de même, les élégantes se vendent à 30 francs ou 25 francs le mille, 0 fr. 60 et 0 fr. 50 le paquet; les élégantes dites *à la main* se vendent plus cher, ainsi qu'on le verra plus loin; les médianas, 25 et 20 francs le mille, 0 fr. 50 ou 0 fr. 40 le paquet, et les françaises, qui sont les plus petites, 20 francs et 15 francs, soit 0 fr. 40 et 0 fr. 30 le paquet. Les cigarettes en Vizir et Levant supérieur, hongroises, élégantes, etc., coûtent plus cher.

C'est en 1872 que fut inaugurée la fabrication des cigarettes dites « *françaises* ». Les élégantes parurent en 1878, puis les hongroises, enfin les médianas. Maintenant, toutes sont faites à la machine, mais pendant les premières années la confection se faisait à la main. Voici quel était le procédé suivi : il est encore bon de le connaître, car il est appliqué aux grosses cigarettes à bouquin et aux produits de luxe.

L'ouvrière cigaretteuse place le tabac dans un moule à charnière, coiffe ce moule avec un tube de papier préparé d'autre part, et avec une petite tige métallique servant de refouloir, qu'elle tient de la main droite, pousse le tabac dans le tube; elle ébarbe ensuite la cigarette avec des ciseaux. La préparation du tube se fait à part. L'ouvrière reçoit des paquets de mille feuilles, qui ont été découpées à la machine et ont la forme de rectangles, avec des dimensions convenables.

Par un mouvement de froissement, elle détache ces feuilles les unes des autres et les fait glisser de façon que chacune déborde légèrement sur la suivante ; elle passe un pinceau gommé sur les bords pour maintenir le tout, puis ce même pinceau sur les bords à découvert, sur ce qu'on appelle la couture (partie ombrée de la figure 73). Il ne reste plus qu'à rouler chaque feuille successivement autour d'un mandrin et à fermer le tube ainsi formé.

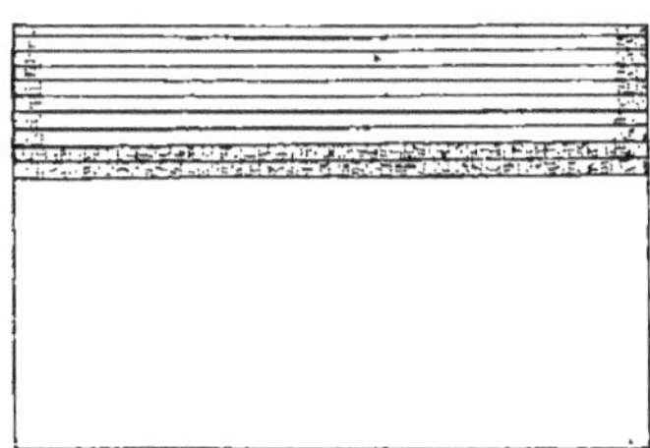

Fig. 73. — La *couture.*

Les tubes qui ne sont pas fermés sont faits mécaniquement. Qu'on s'imagine une bobine de papier continu ayant une largeur égale à celle du papier qui doit former le tube ; ce papier vient s'enrouler sur une broche d'un diamètre convenable. Il passe d'abord entre la broche et une bague qui lui fait faire l'anneau (fig. 74) ; ses deux bords, guidés ensuite par une rainure de la broche, viennent se plier et s'agrafer dans une pièce, dite *escargot*, encastrée dans

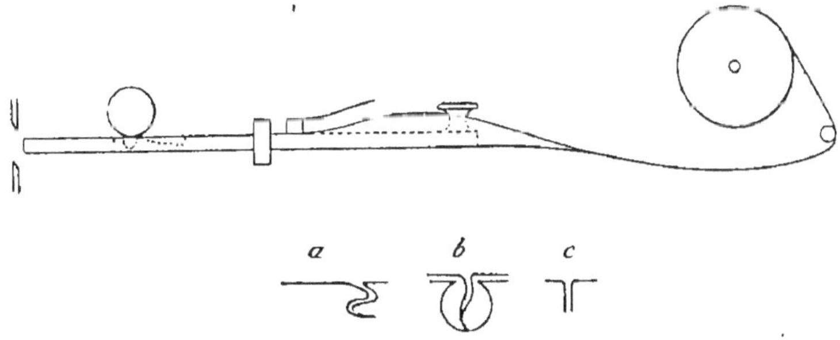

Fig. 74. — Fabrication des *tubes.*

la broche, comme le montrent les dessins *a, b, c ;* deux molettes, dont l'une est à l'intérieur de la broche, serrent le joint ou, suivant l'expression technique, assurent la jonction par un sertissage.

Le tube est coupé à la longueur voulue par des ciseaux. Les tubes sont rangés dans une boîte.

Une machine fait 2,000 à 3,000 tubes en une heure, et une ouvrière conduit quatre machines. Une ouvrière peut remplir 1,000 à 1,300 cigarettes par jour. Lorsque la cigarette doit être munie d'un bouquin, celui-ci est introduit dans le bout du tube de papier à la suite du tabac. Ce bouquin était autrefois formé d'un tube cylindrique en carton, et le tabac était maintenu par un tampon de coton. Aujourd'hui on prend seulement un carton ayant

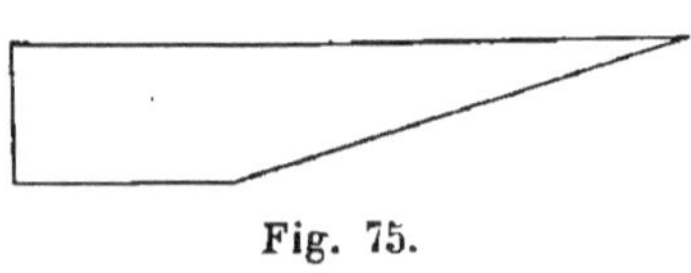

Fig. 75.

la forme indiquée ci-contre (fig. 75) et qu'on roule en spirale. La pose est plus facile et plus simple.

Dire comment se fabriquent les cigarettes, c'est décrire les machines qui servent à les confectionner. Les tabacs sortant des masses dont il a été question dans la fabrication des scaferlatis subissent seulement un complément de dessiccation avant d'être livrés aux ateliers de confection.

Nous empruntons au cours professé par M. Carvallo, à l'École des manufactures de l'État, l'historique intéressant des machines à cigarettes : « La première machine employée par l'administration n'a servi qu'aux cigarettes françaises. Elle a été présentée, en 1875, par un constructeur du nom de Durand. Après trois années d'essai, elle a donné lieu à un traité, aujourd'hui expiré, avec la Compagnie française des tabacs, qui était chargée de l'exploitation du brevet. Il n'existe plus aujourd'hui qu'une de ces machines, comme spécimen. En 1880, M. Decouflé présenta les machines Lejeune, qui furent utilisées pour les cigarettes françaises et les élégantes. En 1882, le même constructeur présenta un nouveau type, dit à échelle, ou du système Leblond, qui fut appliqué à ces deux modules ainsi qu'aux hongroises, et servit en outre à créer les médianas. Enfin, en 1889, M. Decouflé a présenté les machines à cigarettes sans colle qui portent son nom. Ces machines ne sont pas disposées pour fermer le bout des tubes ; elles ne sont donc employées que pour les élégantes et les hongroises. Les machines à cigarettes sans colle ont donné lieu à un nouveau brevet, qui a motivé un nouveau traité. **M.** Decouflé s'interdit la vente en France des tubes sans colle et des appareils servant à les fabriquer. Il se réserve la construction, pour le compte de l'administration, des machines à tubes et des machines à cigarettes, moyennant des prix déterminés. Il lui est accordé, pendant la durée de validité du brevet, une redevance annuelle fixe et une redevance variable proportionnelle à l'accroissement de consommation des cigarettes du module en question. Enfin **M.** Decouflé se réserve la construction de la pièce dite *escargot,* dont on a parlé à propos des machines à tubes. »

Dans une machine à cigarette, on distingue les organes qui servent à confectionner le tube, ceux qui servent à le transporter, les organes de préparation et d'introduction du tabac, les organes qui font le rangement; tous ces organes sont mis en mouvement par des galets; ces derniers s'appuient sur des pièces tournantes qu'on appelle cames et auxquelles on donne une forme telle que le galet se meuve dans un sens déterminé et avec une vitesse convenable.

Ces cames sont hélicoïdales ou planes. Les figures 76 et 77 représentent deux dispositions de

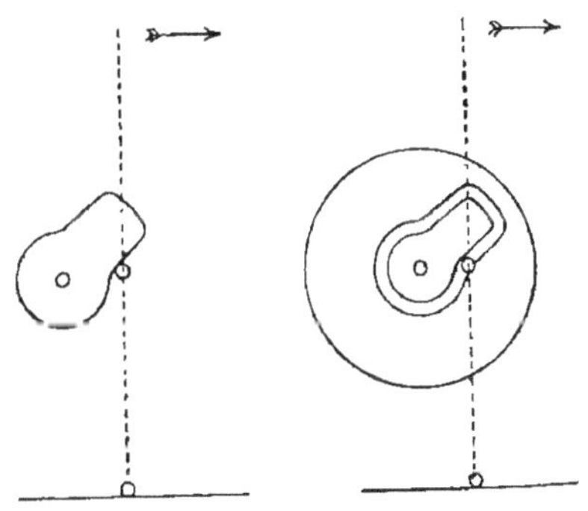

Fig. 76 et 77.
Dispositions de cames.

cames différentes, usitées dans les machines à cigarettes. Toutes ces cames sont montées à côté les unes des autres sur la machine, de telle sorte que tous les mouvements soient bien coordonnés, et que la machine puisse faire, en même temps, plusieurs opérations sur plusieurs cigarettes à des degrés d'avancement différents : on y trouve, d'un côté, une cigarette qui commence à se former, de l'autre, une cigarette qui se termine.

Toutes les machines portent une bobine qui, en se déroulant, donne le papier nécessaire pour faire les tubes.

Sous ce rapport, la première machine, la machine Durand, laissait à désirer : le papier de la bobine ne se présentait pas dans de bonnes conditions. Nous ne donnerons qu'une idée générale de cette machine, puisqu'elle a été abandonnée. Elle mérite cependant une courte description, car c'est grâce à elle que la fabrication mécanique a pu être entreprise pour la première fois. L'extrémité de la bobine était prise par une pince qui faisait avancer le papier, et un ciseau venait découper le rectangle destiné à former le tube. Le papier était pincé par son bord, dans une broche qui, en tournant, formait le tube et l'introduisait dans un moule ; une petite pince et un petit fouloir venaient fermer le fond du tube.

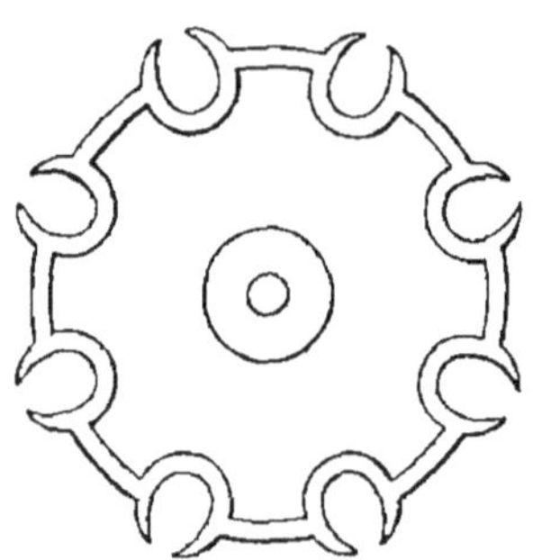

Fig. 78.
Roue dite *révolver*.

Les tubes venaient se placer automatiquement dans une sorte de roue, dite révolver, ayant la forme indiquée par la figure 78, et le tabac était introduit par le système que voici : une ouvrière

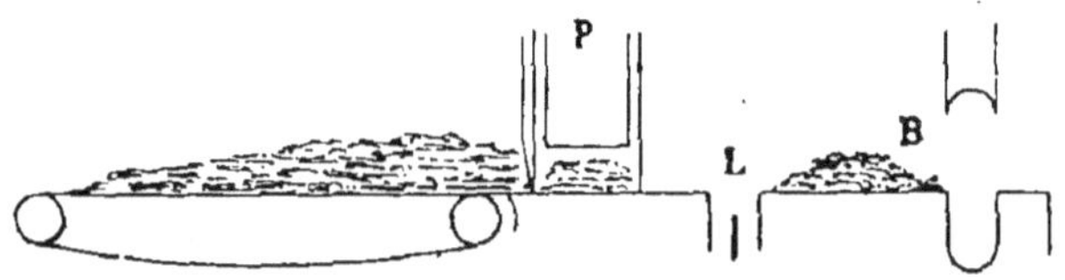

Fig. 79. — Schéma de la machine Durand.

étalait le tabac sur un cuir sans fin (fig 79), une lame verticale venait découper la quantité de tabac nécessaire, et un presseur P venait prendre cette quantité pour la pousser, d'abord sur une petite glace, puis dans une sorte d'encoche ou de demi-cylindre, au-dessous d'un compresseur demi-cylindrique ; celui-ci, en s'abaissant, formait le cylindre de tabac, qu'une broche de bourrage pous- ·

sait ensuite dans le tube en papier. Les cigarettes venaient se ranger automatiquement dans une boîte. Le presseur P était animé d'un mouvement de va-et-vient, un peigne L se soulevait au moment où le presseur P revenait en arrière et retenait ainsi la petite couche de tabac amenée en B.

Le principal perfectionnement des machines Lejeune consistait dans la forme de la bobine de papier. Représentons-nous le rectangle de papier qui doit former le tube dans la machine Durand : la bobine avait une largeur égale au grand côté de ce rectangle. Dans la machine Lejeune, elle a une largeur égale au petit côté, c'est-à-dire à peu près la circonférence du tube en papier. La fabrication de ces bobines très étroites présentait des difficultés qui ont été résolues par M. Abadie, fabricant de papier à cigarettes.

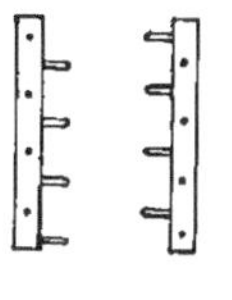 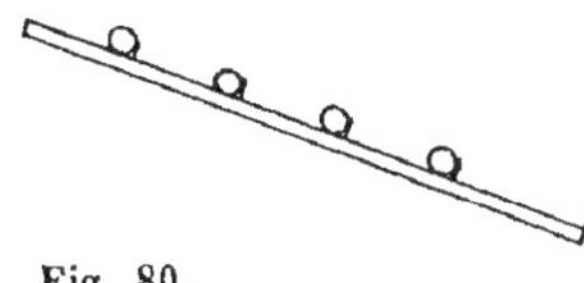

Fig. 80.

Sauf la bobine, il n'y a d'autre nouveauté dans la machine Lejeune qu'un système particulier pour faire avancer le papier, un gommeur mécanique pour coller le papier, et un moyen spécial de fermer le tube.

Dans la machine Leblond, le système d'entraînement du papier, le moule à tube et la broche sont perfectionnés. Le révolver est remplacé par une sorte d'échelle sur laquelle descendent peu à peu les tubes (fig. 80). Les organes de distribution du tabac surtout sont plus simples et tout sont plus simples et

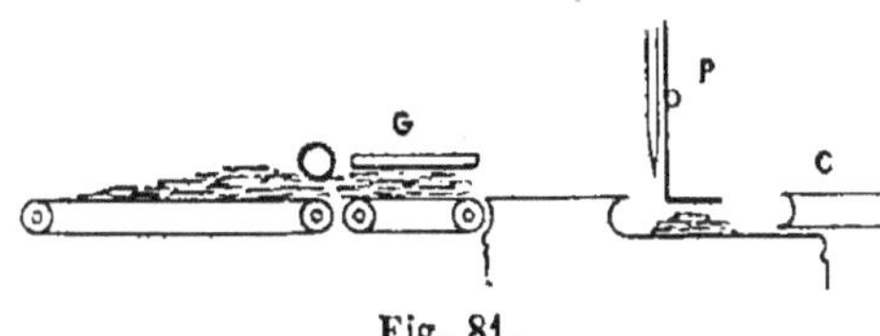

Fig. 81.

fonctionnent plus sûrement. On trouve, comme dans la machine Durand, un cuir sans fin et un compresseur, mais celui-ci est horizontal (fig. 81). Un cuir sans fin à mouvement intermittent est ajouté; le tabac se trouve légèrement comprimé entre ce cuir et une glace G, le presseur P amène plus simplement le tabac en présence du compresseur C. Le principal avantage de ce système est de produire des **cigarettes** moins dures qu'avec le système antérieur.

La machine Decouflé s'est substituée à celle dont il vient d'être question. Nous la représentons spécialement (fig. 82). Elle

Fig. 82. — Machine à cigarettes Decouflé.

fait des cigarettes non collées. La fermeture du tube est réalisée par le pliage, l'agrafage du papier, ou, suivant l'expression technique, par le sertissage du papier. Le système est exactement celui qui a été décrit plus haut, en parlant de la machine à tubes, et qui est représenté par la figure 75. Les consommateurs se sont montrés au début satisfaits de la disparition de la colle.

Les organes servant à transporter le papier, à remplir les tubes et à les ranger sont à peu près les mêmes que ceux des machines Leblond ; mais l'échelle de transport des tubes, qui présentait certains inconvénients, a été supprimée. Elle a été remplacée par un petit système du genre qu'on appelle

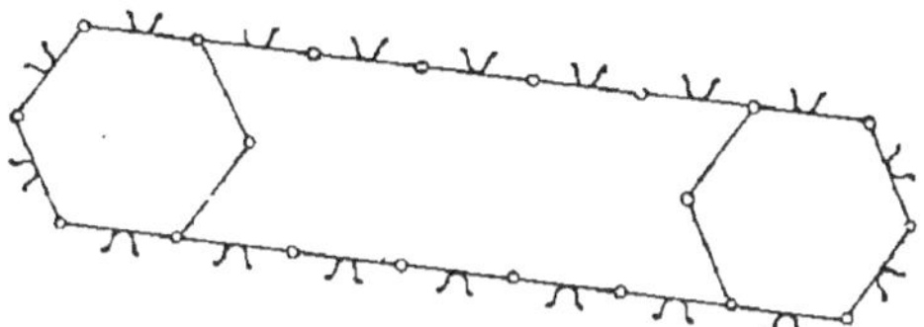

Fig. 83. — Système Noria.

Noria et qui est représenté par la figure 83. Il est constitué par des chaînes sans fin, supportées par deux hexagones réguliers qui tournent sous l'action d'un rochet ; ces chaînes portent des godets où viennent se placer les tubes. Successivement, ceux-ci défilent devant le compresseur, et la broche de refoulement les remplit de tabac.

Postérieurement, M. Decouflé a remplacé la Noria par une double crémaillère représentée figure 84.

Les machines à cigarettes ont permis de réaliser une très grande économie de main-d'œuvre. Ainsi, tandis que la confection à la main coûtait, à Paris, 2 fr. 30 le mille, pour les cigarettes *françaises*, 3 fr. 40 pour les *élégantes*, les prix ne sont plus que 0 fr. 44 et 0 fr. 35, suivant les machines. Ces prix sont très légèrement augmentés en raison de l'entretien, qui nécessite la présence constante d'ouvriers ajusteurs dans les ateliers de machines.

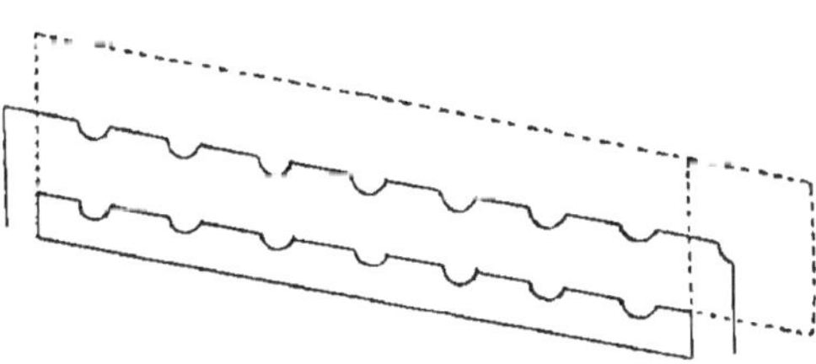

Fig. 84. — Double crémaillère (système Decouflé).

Un ouvrier peut entretenir quatorze machines du dernier modèle, tandis qu'il ne pouvait entretenir que dix machines à cigarettes collées. Ces dernières donnaient à l'heure 1,500 cigarettes ; les machines à cigarettes sans colle en produisent 1,800. Il est vrai que le prix d'achat doit être rapidement amorti : de là des frais dont il faut tenir compte. Il reste cependant encore une économie qu'on évalue à 6,000 francs par machine et par an. Les bobines donnent aussi un bénéfice sur le papier en feuilles.

Les cigarettes mal faites par la machine doivent être mises au rebut : elles forment ce qu'on appelle des rejets. Des ouvrières,

Fig. 85. — Machine à déchirer les cigarettes mal faites.

dites servantes, étaient autrefois occupées à les déchirer. La main-d'œuvre se fait maintenant mécaniquement, au moyen d'une machine représentée figure 85.

Les cigarettes, posées sur une toile sans fin T, viennent se placer dans des cannelures d'une roue R d'où elles sont chassées par une broche dans un conduit C ; une poulie P les presse contre

un couteau circulaire L, qui coupe le papier : le tout est projeté
contre une petite plaque inclinée D qui sépare le tabac du papier
et tombe sur des tamis, de sorte que le tabac et les poussières
sont recueillies séparément en M, N, S. Le papier est chassé d'une

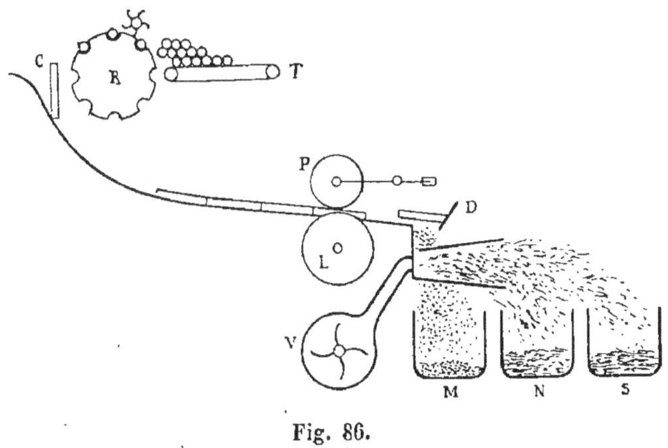

Fig. 86.

manière assez originale par le courant d'air d'un ventilateur V
(fig. 86).

Cette machine fait cinq fois plus de travail qu'une ouvrière :
elle déchire 5,000 cigarettes à l'heure.

Une machine américaine, système Bonsack, a été mise à
l'essai pour confectionner des cigarettes *élégantes*, mais abandonnée au bout de peu de temps comme n'étant pas suffisamment
économique ; elle faisait un cylindre continu de tabac et enroulait
le papier autour de ce cylindre.

Depuis quelques mois, et afin de donner satisfaction aux désirs
exprimés par un certain nombre de consommateurs, on a repris,
mais dans des conditions nouvelles, la fabrication des cigarettes à
la main. En réalité, les cigarettes ne sont pas confectionnées à la
main, mais à l'aide d'un outil qui reproduit absolument toutes les
conditions d'une fabrication purement manuelle. Le tabac, employé
frais, est d'abord allongé, puis roulé sur lui-même de façon à

former un cylindre régulier; enfin ce cylindre est entouré d'une feuille de papier collée.

L'outil actuellement employé à la manufacture de Paris est dû à MM. Grouvelle et Belot; il est encore en voie de perfectionnement.

Cet outil (fig. 87) est une modification de la rouleuse Reiniger pour cigares qui sera décrite ultérieurement et dont on trouvera plus loin le dessin (fig. 90).

La longueur de la rouleuse permet de faire quatre cigarettes à la fois. L'ouvrière allonge une quantité convenable de tabac, d'abord sur la table, puis dans la rainure de l'appareil, fait ensuite rouler le rouleau mobile jusqu'à moitié environ de sa course. A ce moment, elle enlève les brins de tabac qui peuvent se trouver sur la toile sans fin de la rouleuse, y dépose sur cette toile, bout à bout, quatre feuilles de papier enduites de colle et fait parcourir au rouleau mobile le reste de sa course. Quatre cigarettes sont ainsi faites simultanément, mais il faut les détacher au ciseau, car elles adhèrent entre elles par le tabac qu'elles contiennent. C'est qu'en effet l'on a formé dans la rainure de la rouleuse, non pas quatre cylindres de tabac, mais un seul qui se trouve, à sa sortie de l'appareil, recouvert en quatre endroits différents par quatre feuilles de papier.

Le collage des feuilles et leur placement sur la machine, à l'endroit convenable, sont assurés très simplement par un dispositif peu compliqué. Celui-ci consiste essentiellement en un colleur, longue lame amincie, mobile autour de deux axes parallèles et qui, à l'état de repos, porte sur un rouleau enduit de colle. En faisant tourner convenablement le colleur, on le fait appuyer à la fois sur quatre piles de feuilles de papier découpées et déposées dans un bac divisé en quatre augets. On relève alors le colleur qui emporte avec lui quatre feuilles de papier et on le rabat sur la toile de la rouleuse. Faisant ensuite avancer quelque peu le rouleau mobile de cet appareil jusqu'à ce qu'il maintienne les feuilles de papier, on dégage le colleur et enfin on pousse à bout de course le rouleau mobile. Une ouvrière confectionne 250 cigarettes par heure avec cette machine qui, jusqu'ici, n'a été appliquée qu'au module des cigarettes dites *élégantes*. Ces cigarettes sont vendues en bondons ou en portefeuilles de 20, aux prix suivants, le mille, savoir : 35 francs en portefeuilles et en tabac à 16 francs ;

Fig. 87. — Outil à fabriquer les cigarettes dites *à la main*.

32 fr. 50 en bondons et en tabac à 16 francs; 30 francs en portefeuille et en tabac à 12 fr. 50; 28 fr. 50 en bondons et en tabac à 12 fr. 50.

Les cigarettes, lors même qu'elles n'ont pas de défauts assez apparents pour être portées immédiatement sur la machine à déchirer, sont soumises à une vérification qui porte sur la compacité du tabac, les taches, le collage ou l'agrafage du papier. Reçues définitivement, elles sont mises par une paqueteuse dans ces enveloppes bien connues qui portent le nom de bondons. Les cigarettes à la main sont mises aussi dans des portefeuilles livrés, entièrement finis, par l'industrie privée.

Les bondons sont préparés par des ouvrières spéciales qui opèrent de la manière suivante : l'ouvrière prend les feuilles de papier enveloppe, qui sont découpées aux dimensions convenables par une machine ; elle forme le pli qui doit renforcer le bord de l'ouverture ; elle étale les feuilles, et les faisant déborder un peu les unes sur les autres, passe un pinceau de colle sur les bords, roule ensuite chaque feuille sur un mandrin et forme la cacheture du fond. Une ouvrière peut faire 1,800 bondons par jour. Diverses machines ont déjà été essayées pour confectionner les bondons ; aucune n'a été encore définitivement adoptée.

Il reste à y introduire les cigarettes. C'est le travail de la paqueteuse. Celle-ci roule vingt cigarettes dans une feuille de papier mousseline, s'il s'agit de *françaises;* dans une feuille d'étain doublée de papier mousseline, s'il s'agit des autres cigarettes, ferme le papier d'étain à une extrémité, roule le papier mousseline en tortillon à l'autre extrémité, met le bondon dans le paquet, coupe la houppe du tortillon avec des ciseaux, et finalement place la vignette qui a été préparée d'autre part. Une paqueteuse peut remplir et emballer ensuite 10,000 cigarettes en un jour.

La couleur des bondons indique la nature des cigarettes, ou, plutôt, l'espèce de scaferlati qui les remplit ; ils sont bleus pour le Scaferlati ordinaire, roses pour le Supérieur, verts pour le Maryland, mauve pour le Levant ordinaire. Les cigarettes élégantes et les hongroises sont aussi, nous l'avons dit déjà, vendues par boîtes de 50 et de 100. Les cigarettes françaises et les élégantes sont fabriquées dans sept manufactures : celles de Paris, Nantes, Nancy, Marseille, Toulouse, Riom et le Mans, qui livrent environ par an 220,000 kilogrammes des premières et 750,000 des secondes. Le kilogramme de cigarettes, en terme administratif, ne représente pas un poids réel, mais le millier de cigarettes.

Les médianas et les hongroises se fabriquent à Paris. Leur production ne s'y élève guère qu'à 20,000 kilogrammes pour les unes et 40,000 pour les autres.

Jusqu'ici nous nous sommes occupés à peu près exclusivement des cigarettes les plus connues, celles qui sont de modules courants. Ajoutons quelques renseignements relatifs aux modules de luxe et aux grosses cigarettes à bouquins. Toutes celles-ci, on le sait, sont faites à la main, d'après le procédé ci-dessus décrit, qui était le procédé général avant l'invention des machines.

Les cigarettes de luxe ne sont guère faites, d'ailleurs, que sur commande spéciale, avec du tabac ou avec des débris, et, suivant la demande, avec du papier blanc ou du papier maïs. Elles ont pour origine les produits de M. Richard Kœnig, dont il a été question à propos des scaferlatis.

Elles forment une série de vingt-cinq formats différents, qui sont fabriqués à Paris avec des tabacs d'Orient ou des scaferlatis courants. Leur prix varie de 15 à 170 francs le kilogramme ou le mille, et leur consommation annuelle est de 10,000 kilogrammes. Elles se vendent en boîtes.

Les grosses cigarettes à bouquins sont plus connues sous les noms de cigarettes *russes* et *chasseurs.* Les premières datent de 1865. Elles ont 95 millimètres de long et 10 millimètres de diamètre, dimensions, comme on en peut juger, fort respectables. Il est vrai que le tiers de la longueur environ est pris par le bouquin en carton. Pour les faire, l'ouvrière se sert, en guise de moule, d'une grande feuille de carton mince, dont un bord est collé sur la table de travail. Elle place la feuille de papier à cigarettes sur le carton, puis le tabac, et roule le tout en imprimant au morceau de carton servant de moule un mouvement qui lui donne la forme d'une spirale. Les cigarettes sont ensuite munies de leur bouquin, ébarbées, vérifiées, mises dans des boîtes, dont la couleur varie suivant le scaferlati employé. Une ouvrière fait 1,100 à 1,200 cigarettes par jour.

Les cigarettes chasseurs, qu'on appelait autrefois cigarettes ordinaires, datent de 1860. Elles ont aussi des dimensions qui maintenant nous paraissent très fortes : 7^{mm},8 de diamètre et 95 millimètres de longueur, dont 25 pour le bouquin. Elles sont remplies avec des débris de tabac. L'ouvrière fait d'abord les tubes, puis, au moyen d'une bande de papier, les entoure de façon à former une sorte de roue qu'elle pose sur la table. Le bout ouvert des tubes étant par dessus, elle répand ensuite les débris sur la roue, en les jetant d'une certaine hauteur, et secoue le paquet de tubes de façon à assurer le remplissage. Ces cigarettes sont aussi mises en boîtes. Une cigaretteuse peut en faire 1,600 par jour.

La consommation annuelle des cigarettes russes et chasseurs, dont la fabrication ne se fait qu'à Paris, atteint 10,000 kilogrammes.

Depuis quelques années, la manufacture de Paris fabrique, par imitation des produits havanais, des cigarettes sans papier, qui peuvent être regardées comme de petits cigares. Ce sont les *damitas,* les *señoritas* et les *niñas.* Au début, on les fabriquait avec de la picadura de Havane, c'est-à-dire des débris de feuilles de havane qu'on enveloppait dans une petite feuille de havane ; le tout était roulé dans une feuille de havane ou de tabac de Brésil.

La picadura s'obtenait en faisant passer des débris de feuilles dans un appareil composé de deux rouleaux à cannelures (fig. 88) et d'un tamis qui laissait passer la picadura de dimensions convenables. Cette picadura brûlait mal. Elle a été remplacée par des débris hachés à bras ; puis, pour faire les cigarettes dont il s'agit, on s'est contenté d'envelopper ces débris dans une feuille extérieure, qu'on appelle une cape,

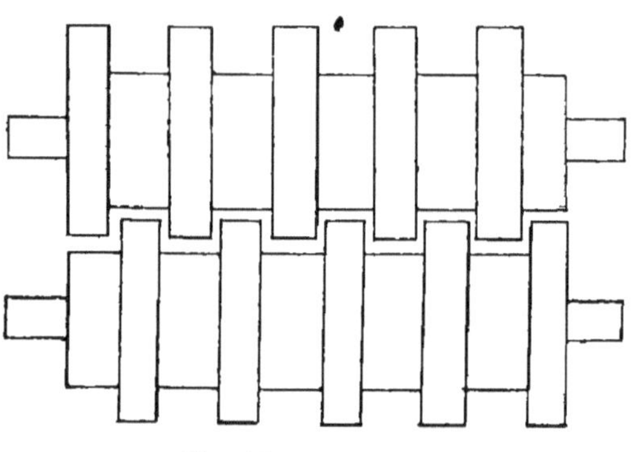

Fig. 88. — Rouleaux
pour la fabrication de la *picadura.*

en supprimant la feuille intermédiaire. Dans les niñas, qui sont de prix moins élevé que les autres, on met à l'intérieur un mélange de havane et de brésil.

Pour rouler la cape, l'ouvrière procède comme autrefois les

fumeurs de cigarettes lorsqu'ils faisaient usage du moule commun. C'est encore cet appareil qui sert à la confection (fig. 89). Il se compose de deux flasques réunies par une charnière, portant chacune un rouleau, et d'une bande de taffetas ou de toile caoutchoutée sans fin. L'ouvrière met le tabac dans le moule, engage entre les rouleaux le bord de la cape, et roule le tout entre ses doigts. Elle retire la cigarette, et, en la pinçant, fait saillir le bord de la cape qu'elle enduit légèrement de gomme. Elle fait ainsi 400 à 500 cigarettes par jour.

Ces cigarettes sont mises ensuite en paquets de 20, sur rangées de 5, et les paquets, comprimés dans des moules de façon à leur donner une. forme rectangulaire, sont attachés avec des rubans de laine et mis à sécher pendant quinze jours à l'air libre. Les paquets peuvent ensuite être achevés. Les niñas et les señoritas sont enveloppées dans une feuille de papier mousseline recouverte d'une feuille d'étain laminé ; l'étain est sablé pour les niñas, doré pour les señoritas. Le bondon est ainsi formé ; on n'a plus qu'à le revêtir d'une vignette et d'une bague en chromolithographie, puis on le met dans des boîtes qui sont ornées de figurines.

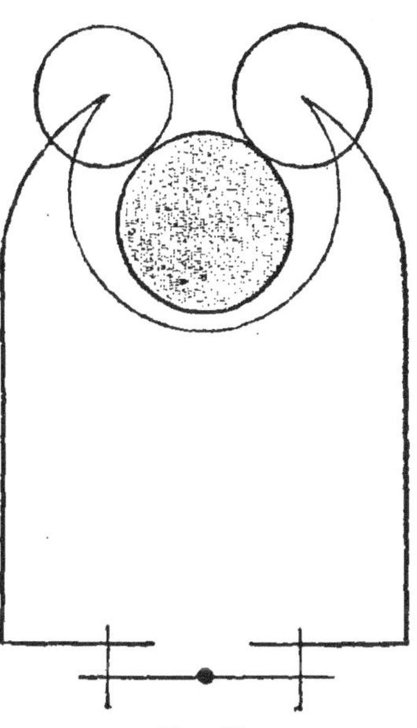

Fig. 89.
Appareil servant à rouler la *cape.*

Le paquetage des damitas est plus soigné. Chaque rangée de cinq cigarettes est enveloppée dans une feuille de papier mousseline, dans une feuille d'étain laminé, et entourée d'une bague, en papier noir doré. Les rangées réunies forment le paquet de 20, qui est coiffé à ses deux bouts par des chapeaux en papier vert. Entre les chapeaux, l'ouvrière passe des cartons, pose la vignette, puis les étiquettes, et enveloppe le tout d'une chromolithographie dorée à figurine. L'enveloppe est retenue par un cordon de taffetas rouge.

Les señoritas et les damitas se vendent aussi dans des coffrets en cédrat ; chaque paquet est garni, avant la mise en coffrets, de faveurs ponceau pour les señoritas, jaune pour les damitas.

Les niñas ont une consommation beaucoup plus importante que les autres : 20,000 kilogrammes par an, tandis qu'on ne fabrique guère que 300 kilogrammes de señoritas et 700 de damitas. Elles coûtent d'ailleurs beaucoup moins cher : 50 francs le kilogramme ou le mille, au lieu de 75 francs et 100 francs. Elles ont $9^{mm},5$ de diamètre, 75 millimètres de long, et sont un peu plus petites que les deux autres sortes.

Dans les pays de l'est de l'Europe, en Espagne aussi, on fume beaucoup la cigarette. En Autriche-Hongrie, les cigarettes en tabac d'Orient sont fort appréciées. La fabrication se fait soit à la main, soit à la machine ; elle est toujours très divisée. Ainsi, à la manufacture de Pesth, une petite machine rouleuse occupe trois ouvrières : une cigaretteuse et deux aides. Une aide roule le tabac, l'autre fait les tubes, et l'ouvrière cigaretteuse les remplit. On se sert aussi, en général, du moule à charnière. Une ouvrière fait les tubes et les range ; une autre fait la cigarette et la chasse dans le tube.

Le recouvrement du papier est presque imperceptible. Ce résultat est obtenu grâce à la grande habileté des ouvrières et à la parfaite égalité dans la largeur des feuilles de papier.

CHAPITRE VIII

Fabrication des cigares.

Les formes, les dimensions, les qualités, les prix des cigares, d'un pays à l'autre et dans l'intérieur d'un même pays, sont extrêmement variés. Si la fabrication et le commerce sont libres, rien ne limite l'imagination des fabricants. En France, pays de monopole, les cigares se ramènent à certains types bien déterminés, mais on peut les distinguer et les grouper en trois grandes catégories : les cigares à bas prix, qui se fabriquent dans un grand nombre d'établissements ; les cigares à 0 fr. 15 et au-dessus, qui sont fabriqués avec un certain tabac de choix et dans quelques manufactures seulement, les plus chers à la manufacture de Paris-Reuilly, avec des feuilles de Havane ; et les cigares de luxe, qui sont importés de la Havane.

Nous nous occuperons d'abord des cigares à bas prix, des cigares communs, parce qu'ils sont les plus connus, les plus répandus. La vente de ces produits est celle qui intéresse le plus le Trésor public.

Il en est, en effet, des cigares et du tabac, en général, comme des autres produits de consommation ; ceux qui coûtent le moins cher, qui satisfont les besoins les plus ordinaires, se vendent sur une grande échelle, et les droits, les impôts sont d'autant plus productifs qu'ils atteignent des produits plus communs.

A un autre point de vue, nous faisons passer en première ligne ces cigares bon marché, parce que leur fabrication est plus compliquée que celle des cigares fins ; pour ces derniers, il faut plus de soins, plus de ménagements, car il importe de conserver aux feuilles qui les composent leur arome, leur aspect; mais, en définitive, plus la feuille est fine, plus son goût est agréable, plus le traitement doit être simple; à la rigueur, on pourrait se contenter de fumer les feuilles prises dans les magasins après les avoir roulées, et c'est ainsi que sont dégustés les crus de la Havane. S'agit-il de cigares communs, on les fait avec des feuilles de différentes natures qui subissent des préparations spéciales, préparations qui compliquent la fabrication.

Un cigare, chacun le sait, est constitué par un rouleau de tabac de dimensions variables, mais susceptible d'être tenu entre les lèvres du fumeur.

Dans la catégorie des cigares à bas prix, je fais rentrer les cigares à 0 fr. 05, les cigares à 0 fr. 075, que l'Administration française appelle cigares ordinaires, et les cigares de 0 fr. 10, qui pourtant, nous le verrons, se distinguent des premiers par une composition toute différente et très spéciale.

Cigares ordinaires. — Le tabac qui constitue ces cigares est pour un tiers environ du tabac du Kentucky, et pour les deux autres tiers du tabac indigène. Autrefois la proportion de feuilles étrangères était plus forte. En fait de tabac indigène, les espèces employées se distinguent en espèces légères, originaires des départements de la Dordogne, de la Gironde, de Meurthe-et-Moselle, de l'Isère, etc., et en espèces corsées, qui proviennent des départements du Pas-de-Calais, de Lot-et-Garonne, et dans lesquelles on fait rentrer des feuilles d'Algérie.

En même temps qu'on diminuait, il y a quelques années, la proportion des feuilles exotiques, on augmentait la dose des espèces indigènes légères; c'est de ces dernières qu'on tire les feuilles destinées à recouvrir les cigares, feuilles de couverture, qu'on appelle des robes. Et comme les tabacs dits légers sont moins forts que les autres, de nuance plus claire, qu'ils sont plus fins et brûlent mieux, ce changement était de nature à satisfaire la majorité des consommateurs.

Les premières manipulations que subissent les feuilles sont l'époulardage et le triage. On se rappelle sans doute que l'époulardage est l'opération consistant à séparer les feuilles d'une même manoque. Il se fait à sec ou à l'état humide, suivant les cas, c'est-à-dire sans mouiller au préalable les manoques ou en les mouillant. Les espèces légères sont toujours mouillées avant d'être époulardées. Tous les tabacs : espèces légères, espèces corsées et Kentucky, passent d'ailleurs au triage. Dans les premières on prélève, comme il vient d'être dit, les feuilles pour couvertures, c'est-à-dire pour robes de cigares; les autres, qui sont destinées à former les intérieurs de cigares, contiennent une certaine quantité de feuilles de mauvaise qualité, feuilles impropres, que le triage a pour but d'éliminer.

La proportion de feuilles qui peuvent servir de robes, et qui se trouvent prélevées dans les espèces légères, est assez variable suivant les espèces. Celles qui en donnent le plus sont les espèces récoltées dans la Dordogne, la Gironde; ce sont naturellement les plus belles du genre. Dans certains établissements, les feuilles destinées à servir de robes subissent une nouvelle mouillade ou plutôt un lavage, étant trempées pendant près d'une heure dans des cuves remplies d'eau. Lavées ou non lavées, elles sortent des ateliers de préparation générale pour être envoyées dans d'autres ateliers, où on les étale et les coupe, comme nous le verrons bientôt.

Les feuilles qui doivent constituer l'intérieur des cigares, ou feuilles pour intérieurs, subissent une préparation plus compliquée : un lavage méthodique, dont l'expérience a montré les avantages, et qui se fait au moyen d'un système de cuves disposées d'une manière à la fois ingénieuse et très pratique. Les feuilles pour intérieurs, étant de provenances diverses, se distinguent beaucoup les unes des autres par leur force, leur richesse en nicotine, leur goût, leur combustibilité; pour donner à l'ensemble plus d'homogénéité, on eut l'idée de leur faire subir une macération en commun, qui devait donner lieu à un échange réciproque de leurs qualités diverses. L'idée fut d'abord appliquée à la manufacture de Tonneins par M. Lediberder, et les cigares de cet établissement, fort appréciés des consommateurs, acquirent une certaine célébrité sous le nom de *petits Tonneins;* le même procédé, mis en pratique un peu après à Bordeaux, fit le succès des *petits Bordeaux.* Mais cette macération donnait une grande quantité de jus de tabacs qui étaient inutilisés, et qui, jetés à la rivière, suscitaient des plaintes de la part des riverains.

Plusieurs systèmes furent essayés pour concentrer ces jus ou les utiliser. Aujourd'hui le problème est très bien résolu par le procédé de lavage méthodique imaginé par M. Schlœsing. L'idée première n'a pas changé : le principe de l'opération actuellement pratiquée consiste à faire macérer une quantité déterminée de feuilles, ou plutôt du mélange de feuilles, avec des jus de tabacs, puis avec des jus différents, dont la force va diminuant ; à faire ainsi passer des dissolutions qui sont de moins en moins concentrées, c'est-à-dire aptes à dissoudre des quantités de plus en plus grandes de principes solubles, sur des tabacs dont les principes solubles s'épuisent de plus en plus.

Les jus marquant 15° ou 16° à l'aréomètre se conservent bien ; ce sont des jus relativement forts avec lesquels peut être commencée l'opération ; on les fait arriver sur des tabacs secs, c'est-à-dire sur la matière qui n'a pas du tout encore été épuisée. Au bout de trois heures environ, la macération peut être considérée comme terminée, la diffusion des principes solubles du tabac n'augmentant plus que très lentement. Le jus est alors retiré, et, sur la matière déjà en partie épuisée, on fait arriver des jus moins forts, des jus à 13° par exemple, qui sont susceptibles, précisément parce qu'ils sont moins chargés, d'enlever au tabac des principes solides non dissous dans le jus fort. Ainsi s'effectue une série de macérations analogues jusqu'à la dernière, qui se fera avec des jus très faibles, même de l'eau pure, arrivant sur la matière très épuisée.

Le principe étant ainsi expliqué, nous nous bornerons à indiquer sommairement les dispositions pratiques du lavage. Il faut d'abord établir ce qu'on appelle un régime constant, autrement dit prendre toujours la même quantité de tabac, lui faire subir un nombre déterminé de macérations, toujours le même, et faire en sorte que le tabac ayant subi, dans le cours de son traitement, un certain nombre de macérations, rencontre toujours à la suivante une même quantité de jus au même degré.

Qu'on s'imagine six cuves disposées en cercle et numérotées 0, 1, 2, 3, 4, 5 ; dans le cercle, une grande cuve centrale divisée en six secteurs ou compartiments, correspondant aux cuves du pourtour et numérotées comme elles : 0, 1, 2, 3, 4, 5. La cuve n° 1 contient du tabac sec ; la cuve n° 2, du tabac qui a déjà subi une macération et attend la deuxième ; la cuve n° 3, du tabac qui a déjà subi deux macérations, et ainsi de suite jusqu'à la cuve n° 0, dans laquelle se trouve du tabac complètement épuisé. Dans la cuve n° 1 devra arriver le jus fort ; dans la cuve n° 2, le jus un peu moins fort, et ainsi de suite jusqu'à la cuve n° 5, où viendra le jus le plus faible. Les jus resteront trois heures au contact des tabacs, on effectuera· cinq opérations simultanées, et pendant ce temps on videra la cuve n° 0 pour y mettre du tabac sec qui, dans l'opération suivante, recevra le jus le plus fort. Les jus, avant d'arriver dans les cuves, sont dans les compartiments de la cuve centrale. Pour les faire couler, on soulève la cuve centrale au moyen d'une presse hydraulique. Des tuyaux en caoutchouc font communiquer chaque compartiment avec la cuve correspondante, et quand la cuve centrale est soulevée, les jus coulent tout naturellement. Aussitôt qu'ils ont coulé et que la cuve centrale est vide, on la laisse descendre : elle vient normalement se placer au-dessous des cuves de lavage, de sorte qu'à la fin des macérations, d'autres tuyaux fixés aux cuves de lavage permettent de renvoyer les jus dans les compartiments de la cuve centrale.

En réalité, les détails de l'opération sont un peu plus compliqués, car, pour avoir dans une cuve déterminée le jus convenable, il faut prendre des jus dans deux compartiments différents de la cuve centrale, et, après chaque opération, se débarrasser d'une certaine quantité de jus fort, puis introduire dans le circuit soit de l'eau, soit du jus plus faible, qu'on appelle jus alimentaire, pour remplacer le liquide absorbé par les tabacs et maintenir une quantité constante de liquide en circulation. Qu'il nous suffise de dire ici que le fonctionnement de l'appareil est, en pratique, très simple ; qu'il peut être confié à un ouvrier soigneux, et que, sur des échelles graduées portées intérieurement par les compartiments de la cuve centrale, on peut observer les quantités de liquide contenues dans chacun d'eux ; que la communication entre les cuves et les compartiments s'établit très facilement, grâce à la manœuvre des tuyaux en caoutchouc, et qu'une communication peut, par divers systèmes simples, être établie entre les compartiments eux-mêmes, de sorte que la plus grande régularité persiste dans toutes ces opérations qui constituent un lavage justement nommé lavage méthodique.

On aura une idée des dimensions de l'appareil et de son importance, en sachant que les cuves du pourtour ont environ $1^m,20$ de diamètre à l'ouverture, et la cuve centrale 3 mètres. Chaque cuve contient 200 kilogrammes de tabac et reçoit environ 550 litres de jus. La quantité totale de jus en circulation s'élève à 3,300 litres environ.

Les tabacs sortant du lavage sont naturellement imprégnés de liquide ; ils passent alors dans une essoreuse, qui leur laisse encore un excédent de 50 pour 100 d'humidité. Cet excédent est enlevé en partie par le torréfacteur, appareil décrit dans la partie de cet ouvrage qui traite des scaferlatis. Les feuilles sont ensuite portées dans un séchoir à air chaud, placées sur des claies, et, au bout de quelques heures, mises en tas ou en masses. Elles restent ainsi pendant une dizaine de jours et peuvent alors être distribuées aux cigarières.

De leur côté les feuilles pour robes, qui ont subi le traitement déjà indiqué, et qui ont reçu le degré d'humidité convenable, sont préparées dans des ateliers qu'on appelle ateliers de robage ou d'étalage. Celles qui sont réservées pour couvrir les cigares à

0 fr. 05 sont écôtées et taillées en lanières de dimensions déterminées, en raison de la dimension des cigares à recouvrir; celles qu'on destine aux cigares à 0 fr. 075 sont écôtées aussi, mais non coupées en lanières; on se contente de les étaler et de les presser, et on les livre par petits paquets dans cet état aux cigarières.

D'ailleurs il n'y a rien d'absolu dans ces méthodes de travail, qui sont celles des manufactures françaises. Quelle que soit la division du travail entre ouvrières robeuses, étaleuses, cigarières, la confection proprement dite du cigare est toujours à peu près la même et nous allons l'expliquer.

Trois parties sont à distinguer dans un cigare. Il est facile à un fumeur de les voir en sacrifiant volontairement, en défaisant un cigare avec quelque précaution : la robe, l'enveloppe, l'intérieur. L'intérieur est constitué par des morceaux de feuilles que le traitement préalable a plus ou moins déchirées. La cigarière en prend une certaine quantité, et allongeant rapidement ces morceaux ou brins de feuilles les uns à côté des autres, elle forme une sorte de petit rouleau qui ne doit être ni trop compact, ni trop mou, et dont les dimensions sont en rapport avec les futures dimensions du cigare. Rapidement l'ouvrière place le petit rouleau sur un autre morceau de feuille qui va servir d'enveloppe, et qui, par conséquent, ne doit être ni troué ni trop déchiré. Elle roule l'intérieur dans l'enveloppe et obtient de la sorte un petit cylindre, qu'on nomme parfois une poupée, et qui doit être finalement recouvert par la robe. On dit indifféremment une robe ou une cape. De même les enveloppes sont souvent désignées par le mot : sous capes.

La robe ou cape se présente sous forme d'une lanière qui a été coupée par une ouvrière spéciale, comme on a vu plus haut, ou par la cigarière elle-même. Ici commence l'opération qui exige le plus d'habileté de la part de la cigarière, et qui, par conséquent, nécessite un assez long apprentissage; il faut placer l'extrémité de la poupée sur le bout de la lanière, disons tout simplement de la robe, et avec la paume de la main enrouler prestement la robe en spirale autour de la poupée, en ayant soin de tendre suffisamment la robe pour qu'elle s'applique sur la poupée sans la trop serrer; taillant ensuite l'autre bout de la robe avec un couteau spécial dont la lame est arrondie, l'ouvrière l'applique sur le bout de la poupée, la fixe avec un peu de colle de pâte, et fait ce qu'on appelle la tête du cigare; finalement, pour donner au cigare une forme bien cylindrique, elle le roule rapidement sur sa table de travail en se servant d'une petite planchette. Il ne reste plus qu'à couper le cigare du côté opposé à la tête pour lui donner la longueur voulue. De petits appareils, dits coupe-cigares, qui ressemblent à de petites guillotines sont utilisés à cet effet.

La confection des cigares vient d'être décrite sommairement; mais elle comporte des détails qui, au point de vue de la qualité du produit et de son aspect, ont une très grande importance. Ainsi quand la poupée, intérieur enveloppé dans la sous-cape, est terminée, il convient d'en tailler grossièrement une extrémité avec un couteau, du côté où doit se trouver la tête du cigare, pour que la robe s'applique convenablement. La robe doit être posée sur la table de travail dans une certaine position, pour que les nervures de la feuille soient en dedans du cigare et ne fassent pas saillie au dehors, pour qu'elles soient aussi dirigées dans le sens de la longueur du cigare et ne forment pas d'anneaux. Dans une feuille de tabac comme dans toute feuille entière d'un végétal, il y a deux parties de part et d'autre de la côte médiane, et les nervures de chaque partie viennent se croiser au point de jonction sur la côte; suivant que la robe a été découpée dans l'une ou l'autre de ces parties, elle doit être roulée sur le cigare avec la main droite ou avec la main gauche.

Tous ces détails de pratique doivent être connus du fabricant et de la cigarière. Ils n'intéressent qu'indirectement le fumeur qui juge seulement le résultat, mais ils montrent quels soins doivent être apportés dans la confection. Le consommateur n'en a généralement qu'une idée vague; les connaissant un peu mieux, il pourra peut-être apprécier à l'avance les qualités ou les défauts d'un cigare.

S'il est vrai que la qualité d'un cigare provient principalement de la nature du tabac qui le compose, la confection a cependant une influence très sensible sur la valeur du cigare. Au point de vue du goût, il faut aussi dans le cigare distinguer particulièrement la robe. Non seulement c'est elle qui donne l'aspect, mais elle a sur le goût un effet bien plus grand que l'intérieur et l'enveloppe ; c'est pourquoi les robes sont prises dans les tabacs qui sont ou non de même espèce que les intérieurs, mais toujours de meilleure qualité.

Cette description est celle du mode le plus ancien, du mode ordinaire de confection, celui qui est appliqué aux cigares ordinaires dans nos manufactures, et qui a été longtemps le seul mode usité pour les cigares à 0 fr. 10. Lorsque nous nous occuperons spécialement de ces derniers, nous parlerons de la confection au moule, qui a pris depuis quelques années une grande extension.

Dans les ateliers français, on tient à chaque cigarière un compte spécial du tabac employé à la confection, et des cigares confectionnés, de façon à établir entre les ouvrières, par le rapprochement des comptes individuels, une sorte de concours qui les intéresse à un emploi judicieux et économique des matières. Les cigares sont, d'ailleurs, soumis à une vérification qui a pour but d'éliminer tous ceux qui sont trop lourds, trop légers ou trop gros, bref tous ceux qui ont des défauts trop sensibles. La vérification est secrète : cela veut dire que l'ouvrière vérificatrice ignore le nom de la cigarière dont elle examine le travail. Un système de comptabilité fort simple donne à cet égard toutes les garanties qui doivent être recherchées, pour obtenir une vérification loyale et non tracassière. Tous les cigares rejetés comme étant mal confectionnés sont rendus à la cigarière et refaits par elle sans rémunération.

Tous les cigares ayant ainsi passé par l'épreuve éliminatoire et étant reconnus bons, il n'y a plus qu'à les dessécher avant de les mettre en paquets.

La dessiccation des cigares est une opération assez importante.

Comme les cigares communs sont composés, ainsi qu'il a été dit, avec des tabacs de provenances diverses, qui ont subi des mouillades et des lavages, il est nécessaire de les soumettre à une forte dessiccation dans des séchoirs spéciaux, grandes armoires où circule un courant d'air chaud. Les cigares, placés debout les uns à côté des autres dans des claies, sont exposés, pendant une quinzaine de jours, à ce courant d'air, qui est appelé par un ventilateur et se chauffe au contact d'un poêle à vapeur. Ce procédé donne des cigares très secs, comme le consommateur les aime en général, mais il est un peu grossier et nuit à l'aspect des cigares dont les robes, au sortir du séchoir, sont un peu crispées et ridées. Les cigares à 0 fr. 05 et 0 fr. 075 sont mis en paquets de dix et de vingt-cinq.

Il y a deux sortes de cigares à 0 fr. 05 : les cigares à bouts tournés BT, et les cigares à bouts coupés ou BC. Ces mots indiquent suffisamment la différence. Les cigares BC n'ont pas de tête arrondie; leur forme est celle d'un long tronc de cône. Ils sont coupés aux deux extrémités avec le couteau. Il est clair que la confection est à la fois plus facile et plus rapide. On trouve en Suisse beaucoup de cigares de ce genre.

Dans nos manufactures nationales, une ouvrière confectionne, par journée de dix heures, 300 cigares à 0 fr. 075, 350 cigares à 0 fr. 05 BT, et 450 cigares à 0 fr. 05 BC.

La colle employée pour fixer la robe à la tête, ou bien au petit bout du cigare, est donnée dans des petits pots à la cigarière. Elle est faite avec de la farine, au bain-marie, et colorée en noir avec du jus de tabac.

Une partie des cigares BC est faite avec une petite machine déjà ancienne, la rouleuse Reiniger. Primitivement celle-ci servait à préparer les fournitures pour cigares à 0 fr. 05 BT ou BC; la poupée ou fourniture était roulée par cette machine dans une feuille de carton qui était enlevée ultérieurement, et le capage ou pose de la robe se faisait ensuite à la main. Un petit hachoir complétait la rouleuse, débitant à chaque coup la quantité de tabac nécessaire pour faire l'intérieur. Ce mode de fabrication, qui a été usité à Strasbourg depuis 1865, a été abandonné comme donnant trop de débris. Mais la machine Reiniger sert encore, comme on vient de le dire, à fabriquer couramment des cigares BC.

Elle se réduit, telle qu'elle est utilisée aujourd'hui, à un tambour circulaire fixe A (fig. 90), et à un rouleau mobile B. Une rainure C est pratiquée dans le tambour pour la fourniture, une toile caoutchoutée tt' est attachée aux deux extrémités. Le rouleau B est placé sous la toile. Tandis que la fourniture est placée dans la rainure C, l'enveloppe et la robe sont placées sur le bord de cette rainure; en poussant le rouleau d'un bout à l'autre du tambour, on forme le cigare qui vient se dégager en t.

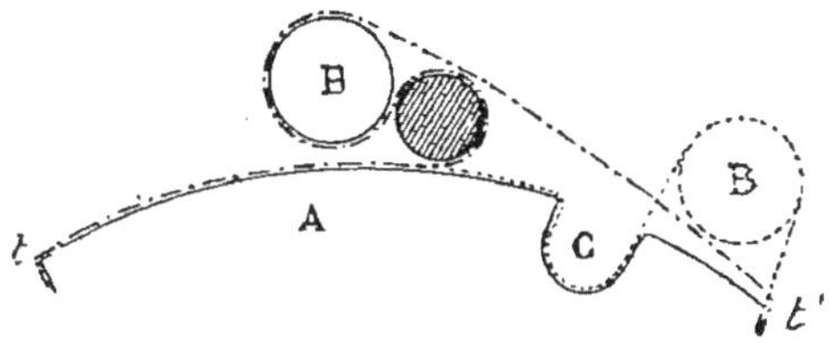

Fig. 90. — Machine Reiniger pour la fabrication des cigares.

Cette machine donne des cigares trop compacts; mais on peut remédier à cet inconvénient en renversant les rôles des organes, rendant mobile le tambour A et fixe le rouleau B.

A Châteauroux, on est arrivé à faire fonctionner mécaniquement les rouleuses Reiniger, et à confectionner régulièrement des poupées de cigares à 0 fr. 075. La rouleuse Reiniger donne une production de cigares à 0 fr. 05 B C plus grande que la confection à la main.

Dans certaines manufactures, les cigares à 0 fr. 05 BC sont comprimés dans une sorte de boîte, au moyen d'une planchette et d'une vis de pression, et, au lieu de la forme cylindrique, prennent ainsi une forme carrée, sous laquelle ils ont obtenu la faveur du public.

Les *Esquichados* sont des cigares à 0 fr. 075, qui sont recouverts avec des feuilles corsées trempées dans du jus de tabac et comprimés en deux fois, avec une presse à vis, dans des moules qui leur donnent aussi une section carrée.

Les détails qui précèdent sont assez complets pour que nous puissions, en décrivant les fabrications des autres sortes de cigares, nous borner aux particularités de ces fabrications.

Les cigares à 0 fr. 10 sont encore dans la catégorie des cigares communs ou bon marché ; cependant, il y a entre eux et les cigares ordinaires de prix moindre une différence essentielle. Ils sont fabriqués, en effet, presque exclusivement avec des tabacs exotiques et spéciaux. Il y a quelques années encore, on y faisait entrer pour plus des deux tiers de feuilles indigènes ; aujourd'hui, elles n'y entrent que par exception et dans une mesure très faible. Les tabacs qui composent les cigares à 0 fr. 10 sont des tabacs du Brésil, utilisés pour les intérieurs et la majeure partie des sous-capes, des tabacs de Rio-Grande ou de Santo Domingo, utilisés pour un certain nombre de sous-capes, et des tabacs de Java, quelquefois de Sumatra, réservés pour les robes ou capes.

Les feuilles de Brésil sont mouillées avec de l'eau pure, puis soumises à un triage, dans les qualités supérieures qui sont désignées par ces mots : type A et type B. Le triage prélève les feuilles qui seront employées comme sous-capes ou enveloppes. Le type inférieur, type C, ne donnant généralement que des feuilles pour intérieurs, le triage en élimine les feuilles impropres, noires ou gommeuses, qui sont utilisées pour la fabrication du tabac à priser. Les feuilles pour intérieurs sont mises en masses, ou dans des tonneaux, ou dans des casiers, et subissent pendant quelques jours une légère fermentation ; elles sont ensuite distribuées dans les ateliers de confection de cigares.

Les feuilles pour robes sont légèrement mouillées et passent ensuite dans un atelier, où des femmes sont chargées de faire un triage pour rejeter les feuilles impropres, d'écôter celles qui sont reconnues bonnes et de les étaler. Après avoir été soumises à une légère pression, qui dure quelques heures, les paquets de feuilles étalées pour robes sont portés dans les ateliers de confection, où les ouvrières cigarières découpent elles-mêmes les robes proprement dites.

La confection à la main des cigares à 0 fr. 10 se fait comme celle des cigares ordinaires. Après confection, les cigares sont vérifiés, séchés, mis en paquets ou en boîtes. Celles-ci contiennent 250 cigares. On fait aussi des boîtes de 100 et de 50 cigares, mais en plus petit nombre. Il est d'usage d'encourager les bonnes cigarières, en accordant une légère prime aux cigares à 0 fr. 10 qui sont bien confectionnés.

L'unité de compte admise par l'administration française est le kilogramme vénal de 250 cigares. Voici un tableau donnant comparativement les dimensions et les poids des cigares dont il a été question ci-dessus.

	CIGARES A			
	0 fr. 10	0 fr. 075	0 fr. 05 BT	0 fr. 05 BC.
Longueur	105^{mm}	100^{mm}	85^{mm}	95^{mm}
Diamètre.	14^{mm}	$12^{mm},8$	$11^{mm},5$	$11^{mm},5$
Poids du kilogramme vénal.	1,200 à $1,300^{gr}$	$1,000^{gr}$	700^{gr}	750^{gr}

Une cigarière confectionne généralement à la main 225 à 250 cigares à 0 fr. 10 en une journée de dix heures.

Depuis quelque temps un nouveau mode de confection, la confection au moule, est en usage dans les manufactures françaises pour les cigares à 0 fr. 10 ; à la vérité, il n'est pas précisément nouveau, car des essais de confection avec des moules ont été tentés autrefois. à différentes reprises ; mais cette confection est organisée maintenant sur une grande échelle, avec des moules d'une forme particulière et d'après un système usité en Allemagne.

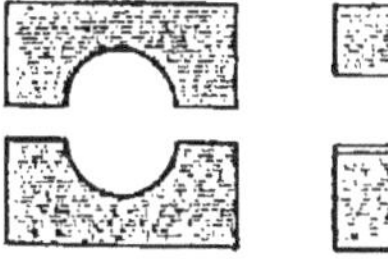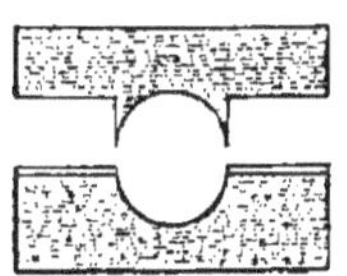

Fig. 91 et 92.
Moules à cigares.

Un moule à cigares peut affecter deux formes distinctes (fig. 91 et 92) ; ou bien il se divise en deux parties identiques, se recouvrant exactement, ou il se compose de deux organes, l'un mâle, l'autre femelle, s'emboîtant l'un dans l'autre. La poupée ou fourniture est placée dans le moule, et, après quelque temps de séjour, retirée du moule pour être capée.

Les moules à recouvrement simple doivent être forcément isolés, parce que la pression du moule produisant toujours deux bavures ou petites arêtes sur la fourniture, il faut les faire disparaître en roulant la fourniture entre les deux parties du moule, autrement dit en la moulinant. Dans les moules à emboîtement, il suffit généralement de retirer la poupée au bout de quelque temps et de la replacer en la retournant d'un angle droit, en lui donnant un quart de tour ; ces derniers peuvent donc être groupés.

Le bloc-moules est un groupe de moules à emboîtement. Voyons d'abord comment il est employé pour la confection des cigares à 0 fr. 10 ; nous nous occuperons ensuite de la confection de ces mêmes cigares avec le moule isolé.

La figure 93 fait voir une section d'un bloc-moules qui comprend généralement vingt moules juxtaposés. Les parties femelles, en bois dur, sont collées sur une planche de sapin, les parties mâles, ou fiches mâles, également en bois dur, sont collées et clouées sur une autre planche en sapin, de façon à s'ajuster exactement dans les autres. La cigarière fait la poupée ou fourniture à peu près comme dans l'ancien système de confection, mais se contente d'entourer l'intérieur avec l'enveloppe, sans rouler ni tasser la fourniture, par crainte de faire des cigares trop compacts, puis la place dans le moule, partie femelle, bien à fond et sans serrer la tête. Quand le bloc est plein, elle le ferme avec la planche qui porte les parties mâles, puis passe à un autre. Elle réunit un groupe de blocs-moules, cinq généralement, porte le groupe dans une presse qui assure l'emboîtement de toutes les parties superposées, maintient le tout à l'aide de deux étriers en fer, et les groupes de moules ainsi préparés sont portés au séchoir. La question de la

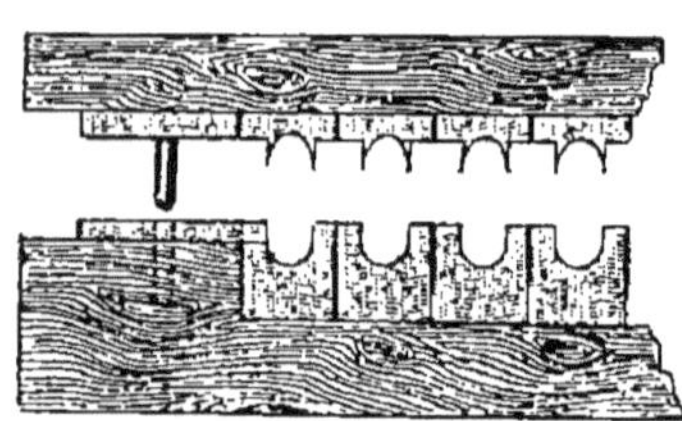

Fig. 93. — Bloc-moules.

dessiccation présente un grand intérêt et certaines difficultés, nous y reviendrons. Avant d'être portées au séchoir, les fournitures sont retournées dans les moules qui sont refermés ensuite ; toutefois, on se dispense assez souvent de cette main-d'œuvre. Après quelques heures de séjour au séchoir, une nuit ordinairement, les blocs-moules sont rendus à la cigarière qui les ouvre et robe les fournitures à la manière habituelle. Au moyen de couteaux ou de ciseaux, l'ouvrière doit, avant d'envoyer ses blocs à la presse et au séchoir, ébarber ses fournitures, c'est-à-dire tailler les bouts qui font saillie au dehors des moules.

Souvent les tabacs pour intérieurs et enveloppes sont préparés par des ouvrières spécialement occupées à l'écôtage, de sorte que la cigarière est dispensée d'écôter elle-même les feuilles qu'elle emploie ; il peut y avoir, à procéder ainsi, certains avantages se traduisant par une économie de temps et de main-d'œuvre, aussi bien que par des facilités de dessiccation.

Les tabacs peuvent, en effet, dans ce cas, être donnés assez secs à la cigarière pour que les fournitures et les blocs n'aient pas besoin de passer au séchoir, ou du moins n'y séjournent que peu de temps et n'y supportent qu'une température très modérée ; alors il n'est pas à craindre que la fourniture soit trop serrée et le cigare dur à fumer. Il convient aussi que le tabac soit sec pour que la fourniture conserve dans le moule la forme régulière que la cigarière lui a donnée.

Mais l'écôtage et le séchage préalables des feuilles donnent des débris, et les matières sont quelquefois alors difficiles à manipuler. Lorsqu'on y renonce, on préfère souvent substituer le moule isolé au bloc-moules, parce que le moule isolé permet, comme nous l'avons dit, le moulinage de la fourniture et donne à la cigarière le moyen de régler la compacité de la fourniture, ce qui est très important lorsque celle-ci est faite avec des feuilles un peu humides et souples.

La confection au moule simple a été essayée et pratiquée en grand avec succès à la manufacture de Châteauroux. L'intérieur est écôté par la cigarière ; elle l'entoure avec l'enveloppe, place la fourniture dans son moule simple à recouvrement, effectue le moulinage et maintient les deux parties du moule, avec la pression convenable, au moyen d'une large pièce en fer-blanc. Tous les moules sont placés ensuite dans des casiers à compartiments, et ces casiers sont transportés dans des séchoirs où règne une température modérée ; ils y restent une nuit, et, quand ils en sortent, il n'y a plus qu'à rober les fournitures.

Les séchoirs de cigares sont aménagés suivant divers systèmes. Il importe, en tout cas, de bien les ventiler et de pouvoir régler à volonté la température.

En Allemagne, la confection au moule simple ou isolé est depuis longtemps pratiquée. Le plus souvent, le travail est divisé entre deux ouvrières : l'une fait les fournitures, c'est la poupière ; l'autre, plus habile, plus expérimentée, fait le capage.

Les cigares à 0 fr. 10, fabriqués dans nos manufactures, sont mis en boîtes ou en paquets, sous papier jaune recouvert d'une vignette. Ce paquet se fait généralement à la main sur un mandrin ; mais, dans certains établissements, on se sert d'un outil spécial. Le papier est enroulé, puis maintenu autour d'un moule par les mains de l'ouvrière qui fait les cachetures ; en appuyant sur une pédale l'ouvrière fait le dernier pli des cachetures, et commence la pose de la vignette qui se termine à la main.

Des recherches ont été faites pour organiser une fabrication mécanique de cigares ; mais jusqu'ici les résultats sont médiocres. Un procédé nouveau fut introduit il y a quelques années, en France, par un Américain, M. Hœhnel : il consiste à préparer séparément les fournitures et à les recouvrir au moyen d'un appareil mécanique. La confection est donc divisée : les fournitures faites par des ouvrières spéciales sont placées dans des blocs, pressées, vérifiées et remises aux ouvrières capeuses. Les capes sont découpées avec un emporte-pièces, qui agit à la façon d'un marteau frappant sur une enclume. La machine Hœhnel enroule cette cape. Elle est formée essentiellement d'un moule composé de deux coquilles, dont l'une reçoit la fourniture, d'une sangle qui, passant dans le moule fait tourner la poupée, et d'un autre moule plus petit qui fait la tête du cigare.

Il n'y a pas lieu de décrire plus complètement un appareil qui a été essayé pour les cigares à 0 fr. 10, et employé pendant quelque temps pour faire les cigares favoritos et londrecitos, mais qui a été abandonné partout, sauf à la manufacture d'Orléans. On reprochait à ce procédé de nécessiter un matériel encombrant, d'être, en somme, assez dispendieux et de ne pouvoir fonctionner qu'avec une division du travail ne permettant pas d'établir les responsabilités des ouvrières, en cas de malfaçons.

Une autre machine, la machine Miller, servant à confectionner les poupées des cigares à 0 fr. 10, est actuellement à l'essai. Elle est analogue à celle qui sert à faire les cigares en débris, dont nous parlerons un peu plus loin.

Les cigares à 0 fr. 10 sont fabriqués dans toutes les manufactures, sauf celle de Pantin. La quantité fabriquée s'élève à 730,000 kilogrammes par an environ (il s'agit du kilogramme vénal de 250 cigares). Les cigares ordinaires se fabriquent aussi dans toutes les manufactures, sauf celles de Pantin et de Paris-Reuilly. Les quantités annuelles sont environ 350,000 kilogrammes de cigares à 0 fr. 075, et 1,750,000 kilogrammes de cigares à 0 fr. 05.

La manufacture de Paris (Gros-Caillou) fait deux sortes de cigares particuliers à 0 fr. 10 : les cigares composés de scaferlati supérieur, enveloppé d'une sous-cape et d'une cape de tabac de la Dordogne et les cigares en débris du Brésil, dits D B.

Les débris sont tamisés, épluchés et réduits à des dimensions régulières avec le hachoir à picadura. On fait aussi de la picadura en prenant des petites feuilles de Brésil, que l'on coupe au hachoir. On obtient ainsi une sorte de scaferlati qu'on torréfie légèrement, et qu'on fait ensuite passer au sécheur et au blutoir. Les débris sont roulés dans une enveloppe de tabac de Rio-Grande, et une robe de Java. Les poupées sont confectionnées avec la machine Reiniger, dont il a été question précédemment.

Les manufactures fabriquent aussi une petite quantité de cigares à 0 fr. 10 comprimés. La compression de ces cigares, qui ne diffèrent nullement des autres comme confection, se fait après la réception et avant la dessiccation.

Cigares IH. — Il y a quelques années, la manufacture de Paris (Gros-Caillou) fabriquait aussi des cigares à 0 fr. 10 avec des débris de havane qui formaient les intérieurs, d'où le nom I H donné à ces cigares. Aujourd'hui elle continue à les fabriquer; mais le prix de ces cigares, qui ont obtenu un très grand succès, a été un peu élevé : il a été porté à 0 fr. 125.

Les capes et les sous-capes sont les mêmes que celles des cigares courants à 0 fr. 10. On s'était d'abord servi de la machine Hœhnel pour cette confection : c'est maintenant la machine Miller qui est employée. La machine Miller fonctionne avec des débris réduits à l'état de picadura et bien homogènes. Avant tout, il faut donc faire cette picadura, qui est obtenue par les préparations suivantes : passage des débris dans un blutoir, reprise des débris de bonnes dimensions et hachage de ces derniers dans une machine système Josselin. Celle-ci se compose essentiellement de deux tambours porte-lames con-

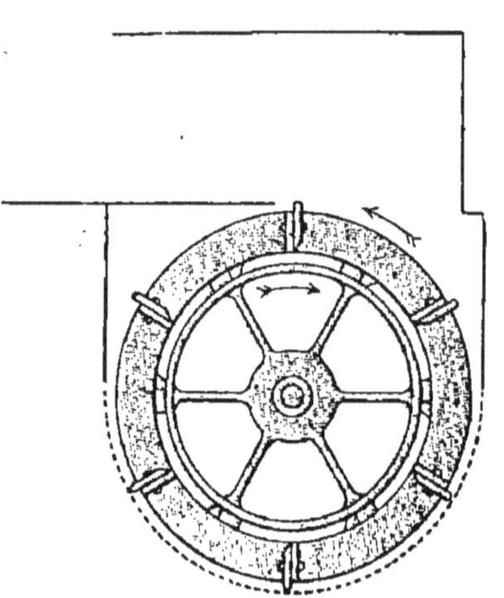

Fig. 94. — Tambour porte-lames.

centriques tournant en sens inverses. Le tambour extérieur est muni de lames droites, le tambour intérieur, de lames hélicoïdales; les matières hachées sont tamisées sur une toile métallique formant le fond du coffre qui enveloppe les tambours (fig. 94).

La machine Miller (fig. 95) se compose de différents organes : les uns préparent et distribuent l'intérieur, c'est-à-dire les débris réduits en picadura ; les autres, analogues à ceux de la rouleuse

Reiniger, roulent l'intérieur dans l'enveloppe ; d'autres, enfin, prennent les fournitures et les mettent dans des blocs-moules. En changeant les diverses pièces dont la forme est liée à celle du cigare, on peut, avec la machine Miller, fabriquer des cigares de tout module. Les fournitures restent vingt-quatre heures dans les

Fig. 95. — Machine Miller pour la fabrication des cigares.

blocs, puis sont revêtues à la main d'une cape. Les ouvrières employées à cette confection sont des apprêteuses d'enveloppes, des mécaniciennes sous-capeuses, et des servantes faisant la pression, ainsi que les transports des blocs. Les cigares I H sont mis en coffrets de cent. On n'en fabrique guère que 3,000 kilogrammes par an.

Entre les cigares les plus communs dont il vient d'être question, et les cigares fins qui sont caractérisés par le havane dont ils sont composés, se placent deux sortes de cigares en tabac de Brésil :

ce sont les *favoritos,* à 0 fr. 20 l'un, ayant une longueur de 108 millimètres et 15 millimètres de diamètre, pesant 1,300 grammes au kilogramme vénal, et les *londrecitos,* à 0 fr. 15 l'un, mesurant 100 millimètres de longueur, 15 millimètres de diamètre, et pesant 1,100 grammes au kilogramme vénal ; ils sont recouverts avec des robes de Sumatra qui ne valent pas le Havane, mais ont des qualités assez rares. Pendant quelque temps, la fabrication se faisait par le procédé Hœhnel ; maintenant elle est semblable à celle des cigares en Havane, dont nous allons nous occuper.

Les favoritos, dont la consommation s'élève à 14,000 kilogrammes par an, à peu près, se vendent en paquets de 6 et en coffrets de 25 ou 100. Les londrecitos ont promptement conquis la faveur publique. Leur consommation atteint 240,000 kilogrammes annuellement. Ils sont vendus en coffrets de 50 et de 100. Les premiers sortent de la manufacture de Pantin ; les seconds sont fabriqués dans plusieurs établissements : Pantin, Paris-Reuilly, Châteauroux, Dieppe et Toulouse.

Comme cigares fins, nous considérons les cigares fabriqués par l'Administration des tabacs avec des feuilles de Havane et les cigares exportés de la Havane, auxquels nous joignons les cigares tirés de Manille.

Les cigares de la Havane, fabriqués dans ce pays avec ses produits, ont une supériorité telle sur les cigares de toute autre provenance, qu'ils sont depuis longtemps particulièrement recherchés par les fumeurs du monde entier. L'idée de les fabriquer en France devait naturellement se présenter à l'esprit, et c'est ainsi que l'Administration des tabacs songea à faire venir de la Havane, non seulement des produits fabriqués, mais les matières, les feuilles nécessaires à la fabrication. Comme la qualité des cigares havanais ne provient pas uniquement de la qualité native des feuilles, mais aussi des procédés en usage à Cuba, la fabrication des cigares de Havane, concentrée à la manufacture de Paris-Reuilly, a été organisée, dans la mesure du possible, sur le type de la fabrication havanaise.

Il convient donc de décrire, en commençant, les méthodes suivies à la Havane pour la fabrication des cigares ; je parlerai ensuite des cigares fabriqués à Reuilly avec les feuilles importées de Cuba.

On a vu plus haut que les meilleurs crus sont originaires de la Vuelta-Abajo, plaine située au sud-ouest de l'île de Cuba, traversée par de nombreux cours d'eau non navigables. Les Partidos, région située entre la Havane et la Vuelta-Abajo donnent des tabacs moins bons, mais encore assez estimés. A l'est, se trouve le Vuelta-Arriba dont les produits sont inférieurs.

Le fabricant examine les tercios, préparés comme nous l'avons dit plus haut, les goûte lui-même, choisit les divers crus ou vegas, de façon à grouper les capes de l'une avec les tripes ou intérieurs de l'autre. L'ouverture des tercios se fait généralement dans l'après-midi, mais dans ceux qui doivent fournir les capes on ne prélève que la quantité nécessaire aux besoins du jour.

La fabrication proprement dite commence aussi par des mouillades. Les feuilles pour robes sont en partie immergées, pointes d'abord, caboches ensuite, puis étendues les unes à côté des autres sur un sol cannelé, retournées plusieurs fois et mises en barils. Les feuilles pour tripes sont plongées entièrement dans l'eau, égouttées, secouées : l'ouvrier imprime aux manoques, à bout de bras, un mouvement rapide de rotation autour de son épaule ; finalement les feuilles sont jetées sans ordre dans les barils.

Après la mouillade, se fait l'écôtage, le jour suivant. Les capes sont écôtées entièrement par des hommes ; les tripes, aux deux tiers, par des enfants. Quelquefois le travail est confié en dehors des fabriques à des familles. Les feuilles pour capes sont triées avec soin, classées et mises en paquets, qu'on dépose jusqu'au lendemain dans dès caisses en fer-blanc bien closes.

Les tripes débarrassées, s'il y a lieu, de leur excès d'humidité, sont placées par petites poignées dans d'autres barils, dont les douves non jointives permettent l'accès de l'air, et subissent,

pendant huit à quinze jours, une fermentation avec élévation de
température. Ensuite, elles sont mises en masses dans des casiers
où elles restent encore une douzaine de jours.

Ce sont des hommes, des cigariers, qui, à la Havane, roulent
les cigares; on leur donne des tripes à volonté, mais ils doivent
rendre autant de cigares qu'ils reçoivent de demi-feuilles pour
capes. Le cigarier place les morceaux de feuilles dans sa main
gauche; une feuille plus large devant servir d'enveloppe au-
dessous des autres; il ajoute des débris pour donner, comme on
dit, au cigare, le ventre convenable; il forme le rouleau que nous
avons appelé fourniture et
roule le tout entre ses deux
mains. Beaucoup de soin est
apporté à cette opération; les
cigares restent souples.

Voici maintenant com-
ment se fait le capage : deux
demi-feuilles sont placées
devant le cigarier, comme
l'indique la figure 96, les ner-

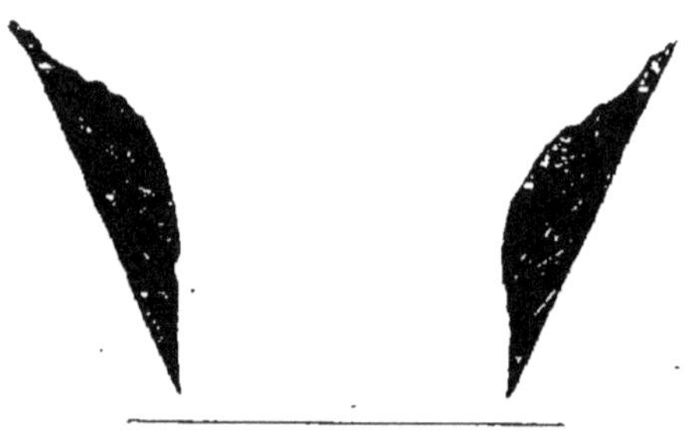

Fig. 96. — Disposition des feuilles
pour le capage.

vures à peu près parallèles à l'axe de la fourniture. Au moyen
d'un couteau sont enlevées les petites irrégularités des feuilles.
Le bord de la feuille, où les nervures sont très apparentes, est
conservé, car il doit former la spirale visible sur le cigare; au
contraire, la partie intérieure, avec ses fortes nervures, est coupée
comme il convient. Puis l'ouvrier roule le cigare de la main droite
ou de la main gauche, suivant le sens de la cape, et il tend celle-
ci de l'autre main.

On ne craint point de sacrifier l'économie à la qualité ou à
l'aspect du cigare : contrairement aux habitudes de nos pays, les
Havanais ne taillent qu'une cape dans une demi-feuille; les bouts
taillés ou rognures vont rejoindre les tripes.

Avec un couteau, le cigarier coupe l'extrémité de la cape en
spirale pour former la tête du cigare et il enduit légèrement de

colle cette extrémité. Souvent même, il se borne à mouiller son index avec un peu de salive, à le passer sur un pâté de colle de farine, puis sur la partie interne de la feuille. Le cigare est ensuite coupé à la longueur voulue, et, en le roulant sur la table, on lui donne la forme convenable, avec un lustre particulier.

Un contre maître reçoit les cigares ; les cigariers sont payés à la journée ; leur salaire est diminué si les cigares ne sont pas bien faits, mais ceux-ci ne sont pas détruits, comme chez nous. Les cigares, disposés en roues, sèchent ensuite dans des armoires ou à l'air libre, suivant les cas, sont triés par classe, mis pendant une dizaine de jours dans des tiroirs, et de nouveau triés par nuances.

On distingue à la Havane une quarantaine de nuances : oscuro, maduro, colorado, claro, amarillo, etc. ; les nuances claires, qui appartiennent à des feuilles d'une maturité incomplète, sont peu recherchées. Les cigares sont mis en coffrets qui sont laissés dans un local bien choisi, pour que la dessiccation puisse être lentement complétée. D'ailleurs, à la Havane, on aime les cigares souples et pas trop secs. Sur ce point, les Havanais se distinguent des fumeurs de nos régions qui n'apprécient guère que les cigares secs. Il est vrai qu'il faut tenir compte, à cet égard, de la différence des qualités. Le cigare commun, s'il n'est pas bien séché, a un goût souvent fort et âcre ; au contraire, le cigare en tabac fin ne conserve tout son arome, tout son prix, que s'il est séché avec modération.

La consommation annuelle des cigares de la Havane s'élève en France à 28,000 kilogrammes. Les dimensions, les variétés sont très nombreuses ; nous ne ferons ici qu'indiquer les principales marques importées par l'Administration : *Africana, Aguila de oro, Cabanas, Carolina, Carvajal, Henry Clay, Comercial, Corona, Escepcion, Flor de Cuba, Intimidad, Légitimidad, Morales Tabacos, Upmann, Villar y Villar.*

Une seule marque est importée de Manille : celle de *Flor de Isabella.*

Les prix varient depuis 0 fr. 30 jusqu'à 5 francs la pièce pour les cigares de Havane; ceux de Manille coûtent 0 fr. 25 et 0 fr. 30.

Les uns et les autres sont vendus en coffrets contenant 25, 50 ou 100 cigares. Depuis quelques années, l'Administration des tabacs met aussi en vente de petites boîtes à couvercle de verre, contenant 4, 6 ou 10 cigares. Elle livre aussi à la vente courante, en boîtes de 50, des *Imperiales* de la Havane, qui valent 0 fr. 60 le cigare, et des *Cazadores* coûtant 0 fr. 50 pièce ; des *Conchas*, en paquets de 4, à 0 fr. 40 l'un, et des *Cheroots* de Manille, en boîtes de 250 et 100, à 0 fr. 20 le cigare.

Cigares à base de Havane. — Les cigares que fabrique l'Administration des tabacs, à l'imitation des cigares de la Havane, ne sont pas tous exclusivement composés avec du tabac originaire de ce pays. La tripe ou l'intérieur est toujours du Havane, la sous-cape aussi, généralement ; mais la cape est en Havane seulement dans les *Cazadores*, cigares à 0 fr. 35, les *Trabucos*, à 0 fr. 30, les *Aromaticos*, à 0 fr. 25, et les *Opéras*, à 0 fr. 20. La cape est en tabac du Mexique dans les *Brevas*, à 0 fr. 30 ; elle est en tabac de Sumatra dans les *Londrès* flor ou extra à 0 fr. 35, les *Londrès*, à 0 fr. 30, les *Camelias*, à 0 fr. 25 et les *Millares*, à 0 fr. 15. Ces derniers seulement ont des sous-capes en Brésil.

Les indications précédentes donnent l'énumération de tous les cigares de cette catégorie que nous appelons cigares à base de Havane.

Les tabacs du Mexique sont bons ; ils se rapprochent de ceux de la Havane comme aspect et comme arome, mais le triage par balles et par manoques, tel qu'il est fait dans le pays, laisse beaucoup à désirer, d'où la difficulté d'en déterminer à l'avance la valeur marchande et de les employer dans les fabrications.

Les tabacs de Sumatra, dont il a été déjà question assez longuement, sont surtout appréciés par leur nuance, leur finesse ; ils sont un peu amers, mais conviennent bien pour faire des capes. La culture, le triage et l'emballage sont fort soignés dans le pays d'origine.

L'altération que subissent les feuilles de la Havane dans le transport et pendant le séjour dans les magasins ne permet pas de fabriquer dans nos pays des cigares valant, à beaucoup près, ceux qui sortent des fabriques cubaines ; il serait donc inutile et dispendieux d'acheter des tabacs en feuilles des meilleures qualités, qui, d'ailleurs, ont une coloration assez foncée, et, pour ce motif, ne plairaient pas à un grand nombre de consommateurs, bien que les véritables connaisseurs les préfèrent. Les qualités importées en France ne donnent donc que des ressources assez limitées pour les capes.

A la Havane, les tercios sont ouverts peu à peu et leur contenu utilisé, sans perte de temps, au moment favorable. Mais en France, il faut avoir d'avance un certain approvisionnement ; il faut se soumettre à certaines conditions de temps, de circonstances pour le transport ; les feuilles perdent une partie de leur souplesse, de leur consistance, de leur belle apparence. Telles sont les difficultés de fabrication auxquelles on ne peut obvier que dans une certaine mesure par des soins particuliers, et en conservant les tabacs dans des magasins abrités contre la chaleur, la lumière, les courants d'air et l'humidité.

Les premières opérations de la fabrication sont encore les mouillades, qui se font comme à la Havane, ou bien avec un pulvérisateur, ou bien aussi par des humectations dans une atmosphère saturée d'eau. Les feuilles des différentes espèces : Havane, Mexique, Brésil, sont triées, écôtées et empalmées par des femmes, mais au lieu de deux catégories, comme à la Havane, on en fait trois : tripes, sous-capes et capes ; du Sumatra, le triage ne retire que des capes ; tous les rejets vont au scaferlati.

Les feuilles pour capes sont étalées comme dans la fabrication des cigares à 0 fr. 10, et réunies en paquets qui sont portés sous une presse à vis, puis vont aux ateliers de confection. Le séchage des tripes doit être fait avec soin ; il ne peut se faire aussi simplement qu'à la Havane, à cause de la différence du climat. Les matières sont séchées à l'air libre, placées sur des claies dans un local convenablement chauffé et ventilé, ou bien sur les tiroirs d'une sorte d'armoire, dans laquelle circule horizontalement un courant d'air légèrement chauffé.

La confection se fait au moule; le bloc-moules est employé avec avantage. Les cigares sont ensuite vérifiés, et, s'ils sont reçus, envoyés au triage, au boîtage ou au paquetage.

Le triage distingue cinq nuances principales: maduro, colorado, maduro-colorado, claro-colorado et claro. Les cigares sont assortis dans les coffrets, et dans les coffrets mêmes légèrement comprimés au moyen d'une petite presse. Ces coffrets, qui sont en cédrat ou en peuplier teint, sont garnis intérieurement de papier blanc, puis remplis, mis en dépôt dans un local où les cigares sèchent un peu, ensuite garnis intérieurement de filets en papier de différentes couleurs : le filet bleu indique les millares; le jaune indique les capes Sumatra, et le blanc est réservé pour les capes Havane ou Mexique.

Pour confectionner les paquets, on prend les cigares déjà comprimés et groupés; on les coiffe à chaque bout d'un chapeau en papier bleu à bordure jaune, on relie les chapeaux sur les petits côtés du paquet par une vignette et une contre-vignette renforcées par du carton. Les paquets sont réunis et emballés; ils forment des ballots de 100 cigares.

Presque tous ces cigares sont fabriqués à la Manufacture de Paris-Reuilly; celle de Pantin fabrique aussi des camélias à 0 fr. 25 ; seul, ce dernier établissement fait des millares à 0 fr. 15. La fabrication totale pour l'année atteint environ 58,000 kilogrammes.

Il est encore une sorte de cigares dont la fabrication date d'un petit nombre d'années: ce sont les cigares genre Havane, de modèles spéciaux, qui ont été imaginés pour empêcher la contrebande s'exerçant dans les casinos, cercles, cafés ou restaurants avec les cigares de Hambourg.

Ces cigares sont délivrés par les bureaux spéciaux aux propriétaires desdits établissements, qui ont le droit de les vendre à un prix quelconque, mais seulement pour servir à la consommation immédiate de leur clientèle et dans l'intérieur même des établissements.

Ces cigares se classent sous deux marques : la première, *El Fénix*, comprend trois modules : *Patriotas* à 0 fr. 50, *Esquisitos* à 0 fr. 40, *Bouquets* à 0 fr. 30 ; la deuxième, *la Carmencita,* en comprend cinq : *Alfredos* à 0 fr. 50, *Rigolettos* à 0 fr. 40, *Regalia-fina* à 0 fr. 35, *Victorias* à 0 fr. 30, *Reinitas* à 0 fr. 25. Les Bouquets de la marque El Fénix sont les plus demandés ; ils ont 112 millimètres de long et 15^{mm},5 de diamètre. Les cigares de la marque El Fénix sont fabriqués avec des intérieurs Havane, des sous-capes Brésil et des robes Sumatra. Pour les Carmencita, il y a une distinction : les Alfredos sont triés dans les Londrès ; les Rigolettos, dans les Trabucos, et les Reinitas, dans les Londrecitos ; les autres sont en Brésil recouverts de Sumatra.

Tous ces cigares sont munis de bagues et mis en coffrets.

Dans les pays où la fabrication est libre, les variétés de cigares sont en nombre indéfini, la fantaisie et l'imagination des fabricants se donnant libre cours.

A l'étranger, le mode de fabrication se rapproche plus ou moins de celui qui est adopté en France. Les macérations, qui, d'ailleurs, chez nous ne sont appliquées qu'aux cigares les plus communs, ne sont point partout en usage ; les lavages sont moins longs en général, et souvent remplacés par une humectation à la vapeur. En renonçant aux macérations et aux lavages prolongés, dont nous avons vu l'utilité, on a, du moins, l'avantage de faire les cigares avec des intérieurs plus secs, de simplifier la dessiccation et de donner aux cigares un aspect plus agréable à l'œil. Dans ce cas aussi, les ouvrières doivent être habituées, mieux que les nôtres, à travailler avec des feuilles sèches ; l'écôtage préalable facilite ce travail.

En Autriche-Hongrie, par exemple, où les cigares de fabrication courante sont fort soignés, les intérieurs sont très peu mouillés ; les feuilles séjournent un mois ou six semaines dans des caisses de dépôt où elles fermentent légèrement ; les sous-capes du Hongrie pour la plupart sont plus humides. Les feuilles pour robes sont mouillées au pulvérisateur ou par immersion, et conservées quelques jours dans une armoire, dont le fond est formé par une cuvette pleine d'eau.

Les capes sont triées avec grand soin, coupées plus grandes, et on s'efforce moins qu'en France de faire des économies avec ce tabac de robes.

La confection est généralement divisée entre poupière et robeuse ; les poupées sont faites dans des moules. Les têtes de cigares sont régularisées dans de petits chapeaux. Les cigares sont triés par nuances, mis en boîtes et légèrement comprimés.

Les cigares des dernières catégories sont composés de tabacs de Hongrie ou de Virginie ; les moyens, valant de 3 à 10 kreutzers, sont faits à l'intérieur avec des feuilles de Brésil ou de Cuba, Havane de qualité inférieure, et recouverts d'une cape de Java ou de Sumatra.

Pour les cigares de luxe, la confection n'est pas divisée. La fabrication est faite, d'ailleurs, en imitant, autant que possible, les procédés de la Havane. Le triage par nuances est poussé très loin. Ces cigares, de modules très divers, sont vendus concurremment avec ceux qui sont importés directement de la Havane.

A la Manufacture de Haimburg se fabriquent de longs cigares en Virginie pur, tabac très corsé et aromatique, qui sont fort appréciés en Autriche. Les cigares de ce genre, très longs et très minces, sont aussi goûtés des consommateurs allemands, suisses et italiens ; ils sont traversés dans toute leur longueur par un tuyau de paille qu'on retire pour fumer. Ces produits sont très forts ; ils n'auraient pas grand succès en France.

En Allemagne, notamment à Hambourg, à Brême, en Westphalie, la fabrication des cigares occupe un grand nombre d'ouvriers ; elle est organisée sous le régime de la petite industrie. La plupart des ouvriers travaillent en chambre ; ils apportent leurs produits au fabricant, qui n'est, en réalité, qu'un commerçant, fournissant aussi les matières premières. Les cigares ordinaires sont faits au moule ; les cigares de prix, pour lesquels on emploie du Brésil, du Sumatra, du Seed-Leaf, et surtout du Havane, sont faits à la main ; ils sont très soignés, les modules varient beaucoup ainsi que les nuances.

La Belgique possède aussi de nombreuses fabriques de cigares, dont quelques-unes justement renommées. En Suisse, on fume beaucoup de cigares à bouts coupés.

En Hollande, la fabrication et la consommation des cigares sont très importantes.

Mais, quelles que soient l'ingéniosité et l'habileté des fabricants de tous ces pays, aucun cigare ne peut entrer en concurrence avec les cigares fins de la Havane, dont la suprématie, œuvre de la nature, reste incontestable et incontestée.

CHAPITRE IX

Tabac à priser.

Le tabac à priser, appelé aussi poudre ordinaire, est fabriqué avec des feuilles corsées provenant des espèces suivantes : Virginie, Lot, Nord, Ille-et-Vilaine, Lot-et-Garonne. Toutes ces espèces ont ce qu'on appelle du montant. Elles résistent bien aux fermentations et sont riches en nicotine. La première, qui est exotique, a beaucoup d'arome ; la seconde, le Lot, est la plus aromatique et la meilleure de toutes les espèces indigènes. Le Nord, l'Ille-et-Vilaine, le Lot-et-Garonne, sont des tabacs épais, plus ou moins gommeux et plus ou moins foncés en couleur.

Dans ce qu'on nomme la composition pour poudre, c'est-à-dire l'ensemble des matières servant à fabriquer ce produit, entrent aussi, dans une certaine proportion, des tabacs de saisies et des débris.

Comme la production de débris ne présente pas ici d'inconvénients dans les opérations préliminaires, l'époulardage des manoques se fait à sec. Les feuilles sont ensuite mouillées avec de l'eau salée. Il importe de ne pas mouiller trop, sous peine de s'exposer à des accidents de fabrication, à de mauvaises fermentations ; l'excédent d'eau de 15 pour 100 à la mouillade est un maximum.

La mouillade est donnée par un appareil qui a été longtemps employé dans la fabrication du scaferlati et dont nous n'avons pas parlé plus haut, parce qu'on l'abandonne généralement aujourd'hui dans cette fabrication : c'est le mouilleur mécanique. Il se compose d'un grand cylindre en bois, tournant sur des rouleaux supports, et muni intérieurement de lames hélicoïdales qui font avancer les feuilles. Celles-ci sont amenées par des gaines à l'entrée du cylindre, où arrive aussi un jet d'eau fourni par une pompe annexée à l'appareil; le tabac est mouillé, brassé, et sort à l'autre extrémité du cylindre. Des dispositifs simples permettent de régler le mouvement du cylindre, de régulariser la quantité de feuilles passant par l'appareil et le débit de l'eau. Le dessin ci-joint montre le mouilleur réduit à ses éléments principaux (fig. 97).

Les tabacs mis en masses à la sortie du mouilleur y séjournent trente-six heures.

Le hachage, qui vient ensuite, s'effectue

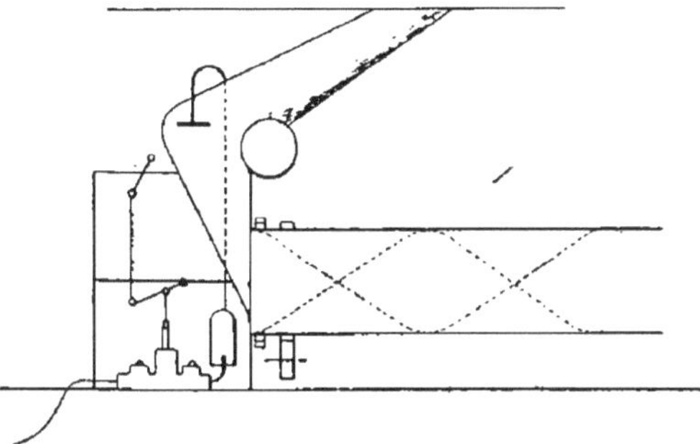

Fig. 97.

avec un appareil appelé hachoir de gros, différent de celui qui est en usage pour les scaferlatis. Il est formé par un tambour cylindrique qui porte des lames hélicoïdales en acier : celles-ci attaquent la charge de tabac sur une contre-lame fixe traînant une gaine par laquelle est amené le tabac. Cette charge de tabac avance peu à peu dans la gaine, étant tirée par deux rouleaux cannelés. La forme hélicoïdale a été choisie pour les lames des tambours, parce qu'elle permet d'adopter le meilleur angle de cisaillement, qui est de 20°. Un hachoir coupe 1,000 à 1,200 kilogrammes à l'heure.

Les matières hachées sont mises en masses. La fermentation qui s'opère alors présente un intérêt tout particulier; elle constitue une des parties les plus importantes de la fabrication de la poudre. Ces masses contiennent 40,000 kilogrammes de tabac environ, à peu près 500 kilogrammes par mètre cube. Elles sont construites comme de grandes meules, dans des salles spéciales pourvues de cheminées d'aération. Avec les matières hachées, on mélange les parties incomplètement fermentées des masses précédemment construites.

La température s'élève d'abord doucement jusque vers 20° ou 25°, puis monte rapidement. Des thermomètres placés en différents points de la masse permettent de suivre et de noter chaque jour les progrès de la température, et, si la fermentation semble trop active, on pratique dans la masse des tranchées pour l'aérer. La limite est à peu près 80°. La masse perd environ 8 pour 100 de son poids dans la fermentation.

Cette fermentation a donné lieu à des études spéciales qui ont conduit à des résultats utiles et intéressants. M. Schlœsing a démontré, il y a déjà bien des années, que ce phénomène consiste essentiellement en une combustion énergique qui s'opère aux dépens de l'oxygène de l'air; il suffit donc, pour déterminer les gaz produits par la fermentation, de rechercher l'acide carbonique et l'oxygène. Mais les transformations chimiques du tabac ne doivent pas moins attirer l'attention. En soumettant le tabac de masses à un courant de vapeur d'eau, M. Debize en a extrait de l'alcool méthylique pur. Il se forme encore un peu d'acide formique, et une notable quantité d'acide acétique. De l'ammoniaque se produit aussi en abondance, mais elle est emportée par le courant d'air à l'extérieur. La nicotine est brûlée par l'oxygène de l'air; son taux pour 100 baisse de moitié environ; comme les opérations ultérieures ne le modifient plus, il faut pousser la fermentation en masses assez loin pour atteindre la proportion convenable. Les consommateurs sont, en effet, très sensibles à de faibles variations de la teneur du tabac en nicotine.

Le tabac noircit dans les parties de masses où la fermentation est active; cette coloration n'est point due à la formation de charbon, comme on est parfois tenté de le croire, mais à la présence de matière humique.

Les idées reçues aujourd'hui sur la fermentation pouvaient faire penser que ces phénomènes étaient d'ordre microbiologique. Pour éclaircir la question, M. Schlœsing fils a entrepris une série d'expériences, consistant à stériliser certains lots de tabac et à les soumettre, concurremment avec d'autres lots de tabac non stérilisés, à un courant d'air régulier, puis à comparer les faits de combustion. Il a reconnu ainsi que la combustion lente au début, dans les masses, commence sous l'influence de ferments organisés, mais qu'à partir d'une certaine température, probablement voisine de 50°, cette combustion consiste uniquement en actions chimiques auxquelles les organismes vivants restent étrangers; les ferments servent donc à élever la température, jusqu'aux points où les réactions chimiques peuvent se continuer d'elles-mêmes.

La durée de la fermentation en masses a été beaucoup abrégée, à la suite des expériences faites par M. Belhomme, à Châteauroux, en vue d'améliorer les procédés d'aération. Une caisse à air était placée au-dessous de la masse, dans le centre, et l'air était refoulé au moyen d'une petite pompe à la pression de 0,10 d'eau dans cette caisse, d'où il s'échappait pour traverser la masse. Deux mois ont suffi, au lieu de six, pour obtenir du tabac bien fermenté.

Le procédé a été ensuite perfectionné en installant une conduite de distribution d'air dans la salle des masses, une caisse à air sous chaque masse, et en plaçant sur cette caisse une autre caisse de forme conique, pour mieux distribuer l'air à l'intérieur de la masse. La proportion de tabac noir, compact, bien fermenté, a été ainsi notablement accrue. La durée de la fermentation abaissée d'une manière générale à quatre mois, les locaux ont pu être réduits. En suivant attentivement sur les thermomètres la marche des températures, qu'on peut sans inconvénient maintenir quelque temps un peu au-dessus de 80°, en modérant ou activant l'injection de l'air au moyen des pompes, ou ce qui vaut mieux à l'aide de ventilateurs, on peut régulariser la fermentation, tout en l'activant beaucoup plus facilement qu'autrefois.

L'influence de la température extérieure est très sensible en hiver; le départ de la fermentation est parfois très lent; l'aération réduit ces retards; il est même utile de chauffer les salles de masses. La disposition des masses successives à côté les unes des autres n'est pas non plus chose indifférente.

Autrefois on édifiait les masses en les piétinant; aujourd'hui,

pour assurer leur homogénéité, on les construit entre des panneaux
sans les piétiner. A Châteauroux, des dispositifs mécaniques permettent d'amener le tabac sur l'emplacement réservé aux masses,
en supprimant les transports à dos d'homme. Les matières hachées
tombent dans la gaine d'une vis qui les conduit à une noria ; celle-ci
les élève dans une autre vis au-dessus des masses, le tabac tombe
aux endroits voulus par des ouvertures munies de trappes.

La figure 98 donne une idée suffisante de ces dispositifs.

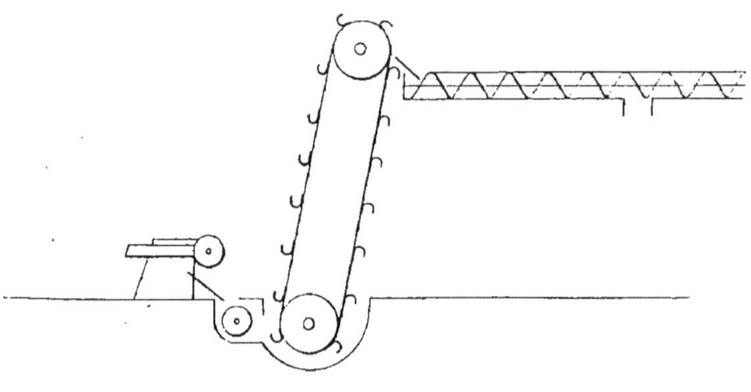

Fig. 98.

Les masses sont démolies avec des pics par des ouvriers ; ce
travail est fort pénible à cause de la température élevée des masses.
Les ouvriers sont vêtus d'un simple pantalon ; il est utile de leur
donner des boissons réconfortantes.

Le tabac venant des masses doit alors être râpé, puis tamisé.

Jadis les matières étaient pilonnées dans un mortier. En certains pays, le râpage s'effectue entre une meule fixe horizontale et
une meule verticale mobile. Dans nos manufactures, les appareils
en usage sont des moulins à râper, qui sont mus mécaniquement.
L'installation de cet outillage a permis de réaliser une grande économie de main-d'œuvre.

Un moulin à râper (fig. 99) se compose d'une cuvette fixe et
d'un appareil mobile, qui est une noix tronconique en fonte. La

cuvette a 0^m,40 de hauteur ; ses bases ont respectivement 0^m,35 et 0^m,20 de diamètre. Elle est armée sur sa surface intérieure de lames planes en acier, de 4 millimètres d'épaisseur, maintenues par des coins en bois. La noix en fonte, clavetée sur un arbre vertical, pèse 100 kilogrammes ; elle est armée aussi de lames planes en acier, qui sont inclinées à 22° de façon à donner avec les lames de la cuvette le meilleur rendement.

L'arbre de la noix repose sur une crapaudine, qui est portée par un levier à contrepoids ; il peut donc se soulever dans le cas où une résistance inattendue se produit, au passage d'un corps dur, par exemple. Le contrepoids est que doit supporter la noix ;

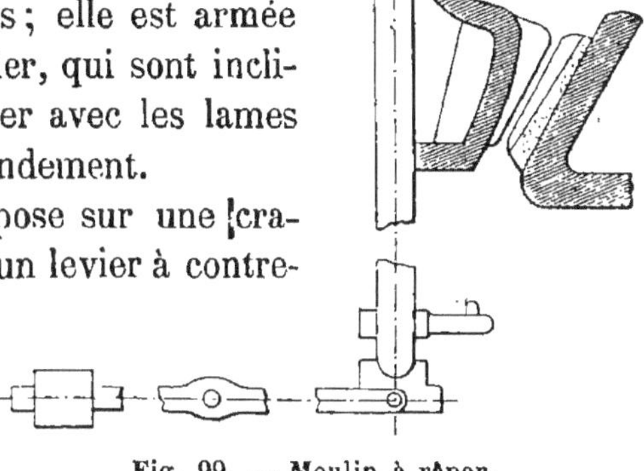

Fig. 99. — Moulin à râper.

réglé en raison de la charge de tabac la saillie des lames sur la noix est moindre dans le bas que dans le haut. Enfin les lames sont affutées tous les trois mois au moyen d'appareils spéciaux.

Tous ces détails ont une réelle importance ; la qualité du travail en dépend. S'ils sont négligés, le râpage donne du mauvais râpé et laisse en excès des grains trop gros, qu'on appelle engrains. C'est aussi ce qui arrive lorsque la fermentation en masses n'a pas été régulière. Chaque moulin

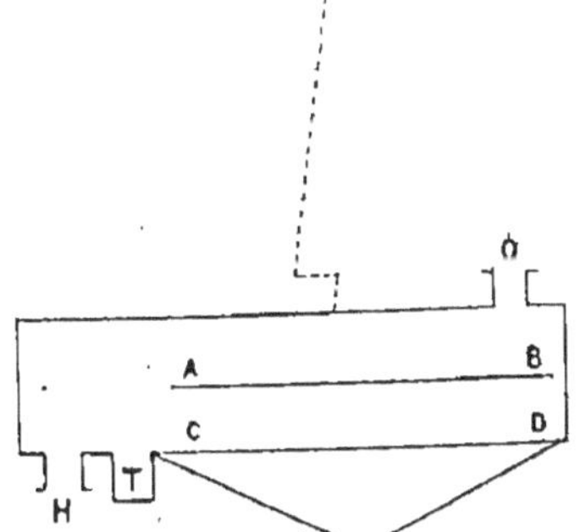

Fig. 100. — Tamis métallique.

doit débiter 40 kilogrammes à l'heure, dont la moitié en bon râpé.

Le mélange de bon râpé et d'engrain rend nécessaire un tamisage. Il s'effectue maintenant au moyen de tamis métalliques suspendus et légèrement inclinés (fig. 100).

Une caisse en bois contient deux cadres superposés : l'un A B porte une toile à mailles carrées de 5 millimètres de côté, l'autre, C D, au-dessous, porte une tôle de cuivre perforée de petits trous ronds de 1 millimètre. Le râpé tombe par l'ouverture O sur la toile A B, passe en partie à travers les mailles ; le bon grain traverse la tôle C D, et est rassemblé en M. Les clous ou corps étrangers et l'engrain s'échappent latéralement ; les clous restent dans la boîte T, et l'engrain passe en H.

Aux tamis, qui se détériorent un peu vite, on a substitué des blutoirs.

L'engrain retourne dans les moulins.

Les matières sortant des moulins sont transportées aux tamis ou aux blutoirs par de longues vis qui tournent dans une gaine en bois ; elles tombent dans cette gaine, et sont poussées par les hélices continues qui forment la vis. Elles arrivent ainsi dans une noria qui comprend deux tambours hexagonaux, une chaîne porte-godets, et les godets ; ceux-ci se vident sur une planche battante au-dessus des tamis ou blutoirs. La figure 101 montre le tambour supérieur et les autres organes.

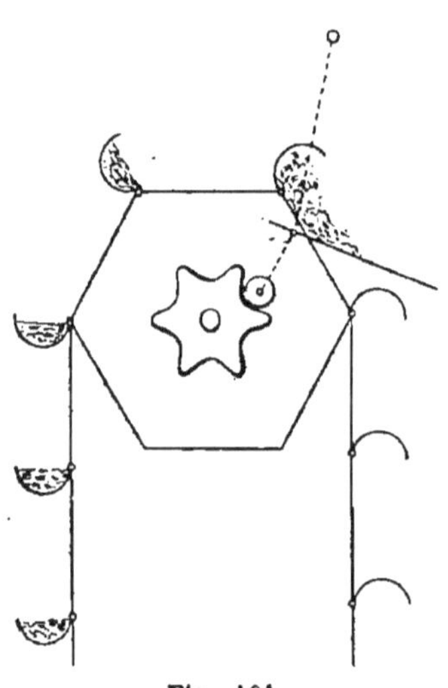

Fig. 101.
Tambour supérieur.

Jusqu'à présent, on a fabriqué ce qu'on appelle du râpé sec. Celui-ci contient 23 à 24 pour 100 d'humidité, dose convenable pour que le râpage se fasse bien, mais insuffisante pour produire les fermentations qui doivent développer le *montant* ou odeur piquante du tabac à priser. Il faut donc procéder à une mouillade. Auparavant, et jusqu'à ce qu'on ait du râpé en quantité suffisante, on l'emmagasine dans de grandes boîtes closes, formées d'une charpente en chêne et d'un double revêtement en chêne et sapin, ou chêne et peuplier, qui se nomment des cases, et où il reste pendant un mois environ. Le râpé se tasse dans ces cases, il faut l'extraire par bloc avec des pics.

La mouillade doit porter le taux d'humidité à 33 pour 100. Il convient d'ajouter du sel : $2^{kgr},5$ pour 100 kilogrammes de râpé, de façon à régulariser la fermentation. Les quantités d'eau et de sel, qu'on ajoute pour obtenir les doses voulues, dépendent de l'état du râpé; elles se déterminent avec précision au moyen de formules assez simples.

La mouillade est une opération qui demande des soins parce qu'elle doit être faite uniformément, pour éviter la production de ces boulettes qui tendent toujours à se former quand on mouille une matière pulvérulente et qui emprisonnent de la poudre sèche.

L'ancien procédé était le suivant : étaler le râpé dans un bac par couches de 140 à 150 kilogrammes (fig. 102), arroser chaque couche avec de l'eau salée en se ser-

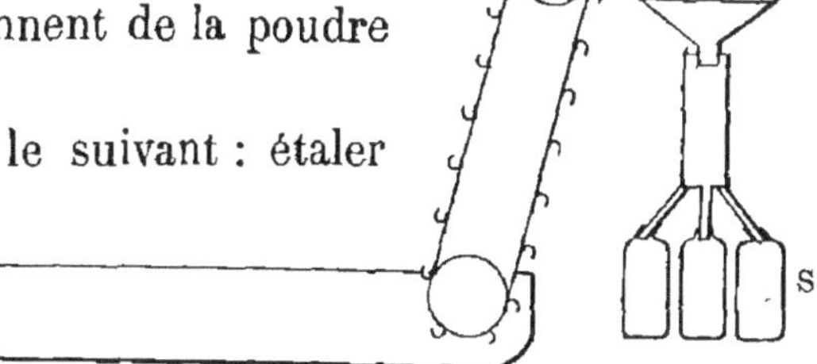

Fig. 102. — Mouillade du râpé dans un bac.

vant d'arrosoir ou de lances, remplir ainsi le bac dont la contenance variait entre 3,000 et 3,500 kilogrammes, repousser à la pelle le tabac sur une noria qui le déversait dans un tamis. Là se trouvaient des boulets pour briser les motes de râpé. Finalement, le tabac était reçu dans des sacs S.

Un procédé meilleur consiste dans l'emploi d'un triturateur mécanique (fig. 103).

Deux plateaux en fonte de $0^m,80$ de diamètre A B — C D sont placés en regard l'un de l'autre; le premier est fixe, le second tourne autour d'un arbre horizontal O O; tous deux portent des dents en bois de $0^m,20$ de long entre lesquelles est triturée la matière. Celle-ci arrive par une gaine G, où elle est amenée par une vis montée sur le même arbre O O que le plateau mobile. Avant de pénétrer entre les plateaux, la matière est mouillée par l'eau tombant en lame mince d'un réservoir supérieur R, qui forme déversoir. Le plateau mobile fait 300 tours par minute, vitesse suffisante pour que la matière soit convenablement brassée.

La fermentation en cases doit développer, avons-nous dit, le montant ou odeur piquante de la poudre : le montant est dû à un dégagement incessant de vapeurs ammoniacales et nicotineuses.

Le tabac à priser possède deux autres qualités ou propriétés qui ne proviennent point de ses fermentations : la force et l'arome. La force, due tout entière à la nicotine libre ou combinée, agissant sur la muqueuse du nez,

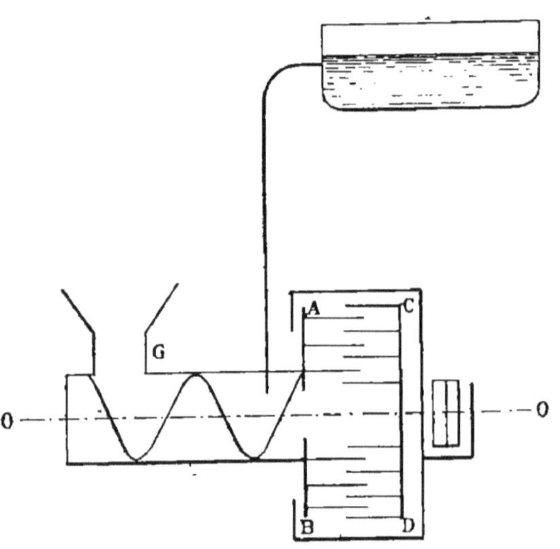

Fig. 103. — Triturateur mécanique.

correspond à l'impression que la poudre exerce sur l'organisme. L'arome se trouve déjà dans le râpé sec, car il est dû aux substances essentielles qui se produisent dans la fermentation en masses.

Les cases de fermentation sont semblables aux cases de râpé sec; elles contiennent 30,000 ou 35,000 kilogrammes de poudre. Il y a quatre séries de cases dans lesquelles est amené successivement le tabac. Le passage d'une série à la suivante s'appelle un transvasement. Nous trouvons d'abord les cases dites de fermentation, où l'on met le râpé mouillé avec une certaine proportion, un cinquième généralement, de râpé ayant déjà fermenté dans d'autres cases pour activer le départ du râpé mouillé, et qui, à cause du rôle qu'il joue, est appelé *réchauffant*. La température s'élève progressivement jusqu'à 50°, puis ne varie guère ; cela dure trois mois, au bout desquels il convient de procéder au premier transvasement. Le tabac passe alors dans les cases de premier transvasement, il y reste aussi trois mois et la fermentation se poursuit. Au bout de ce temps, le tabac est introduit dans les cases de deuxième transvasement, où il reste deux mois, puis, pendant deux mois encore, dans les cases de troisième transvasement.

Les cases doivent avoir, autant que possible, même contenance ; elles doivent être disposées de façon que les transvasements s'opèrent rapidement et sans trop de frais, un transvasement trop long amenant un refroidissement préjudiciable aux fermentations ultérieures. Dans les nouvelles manufactures, les cases sont disposées de manière à satisfaire à ces conditions. On s'efforce aussi, dans la mesure du possible, de simplifier les transports au moyen d'appareils mécaniques.

Le *montant* n'est satisfaisant qu'après un séjour dans toutes ces cases; finalement, le tabac est porté dans une salle de mélanges, case plus grande que les autres, pouvant contenir la production d'un mois, où s'opère le mélange des râpés à peu près contemporains ; comme ils ne possèdent pas tous au même degré les qualités exigées, le mélange donne lieu à un échange favorable à la masse. Dans l'ensemble des fermentations en cases, le déchet est de 7 à 8 pour 100. Le séjour en salle, ou case de mélange, dure un mois. Si au temps passé dans les cases successives, on ajoute les quatre mois de fermentation en masses, un mois de séjour en case de râpé sec, et un mois d'approvisionnement, on voit que la fabrication du tabac à priser demande dix-sept mois environ ; comme, de plus, elle exige de vastes emplacements et un matériel considérable, elle est inabordable pour la petite industrie.

Les opérations qui viennent d'être indiquées sommairement sont le résultat d'une longue expérience, perfectionnée par la théorie ou plutôt l'analyse scientifique. C'est par l'analyse chimique qu'on a pu se rendre un compte exact de la fermentation dans les cases, savoir qu'elle a pour effet, comme nous l'avons dit, d'amener le dégagement de vapeurs ammoniacales et nicotineuses. Cependant l'analyse montre aussi que, dans le tabac des cases, la proportion d'ammoniaque et de nicotine ne varie guère. D'où vient donc ce dégagement? Il est dû à la destruction des acides organiques, particulièrement de l'acide malique et de l'acide citrique. Tandis que ces derniers se détruisent peu à peu, il se forme de l'acide acétique en abondance. A mesure que la fermentation avance, le caractère alcalin et le montant du tabac se manifestent mieux.

La quantité de cellulose ne varie guère, grâce au sel marin; c'est lui qui limite la fermentation et empêche le tabac de se changer en fumier.

Ainsi, tandis que la fermentation en masses nous apparaît comme une véritable combustion, la fermentation en cases s'opère à l'abri de l'air, la faible quantité d'oxygène qui a été enfermée au début dans les cases étant rapidement consommée.

Il est probable aussi que la fermentation dans les cases est due à certains organismes microscopiques, à des ferments cryptogamiques, déjà observés, mais non étudiés. Cette idée a inspiré la conduite des opérations pratiques, notamment l'emploi d'eau chaude pour la mouillade et l'introduction du *réchauffant* dans les cases de fermentation. L'emploi d'eau chaude a pour but d'éviter le rôle des ferments en général, et le réchauffant fournit au râpé ceux qui pourraient manquer. Les transvasements renouvellent les surfaces en contact, font passer les organismes des régions où ils abondent dans celles qui ne sont pas attaquées, ameublissent le râpé et permettent aux ferments d'y pénétrer, enfin éliminent les produits d'excrétion.

Au sortir de la salle de mélange, le râpé est devenu râpé parfait, c'est le mot consacré. La fabrication est terminée, il reste à faire l'emballage. Mais, en même temps qu'à l'emballage, on procède à un tamisage dans un appareil identique à celui qui sert après la mouillade, appareil décrit plus haut, et on ajoute au tabac un centième de sel pour en assurer la conservation. L'emballage aujourd'hui se fait mécaniquement; la poudre tombe par des gaines dans des tonneaux au-dessus desquels se meut un pilon P, en forme de T renversé (fig. 104).

Ce pilon est guidé par des galets G, et soulevé par le frottement d'une pièce à rotation continue R, sorte de came qui est formée par deux arcs de rayons inégaux et qui laisse retomber le pilon quand le grand arc est passé. Le tonneau est posé sur une plate-forme tournante, de sorte que le pilon bat successivement tout le tour du tonneau. Les tonneaux sont ensuite fermés avec grand soin.

La poudre qui nous a occupés jusqu'à présent est la poudre ordinaire se vendant 12 fr. 50 le kilogramme. On fabrique aussi des poudres étrangères et dé la poudre supérieure à 16 francs le kilogramme. Parmi les poudres étrangères, signalons particulièrement celle de Virginie pur. Sa fabrication est la plus compliquée, mais elle ne diffère pas beaucoup de celle de la poudre ordinaire.

Les feuilles de Virginie sont grasses, corsées, aromatiques, riches en nicotine, dont elles contiennent 6 à 7 pour 100; elles conviennent donc bien pour la poudre. Elles ont une couleur foncée. Dans les manoques, elles sont

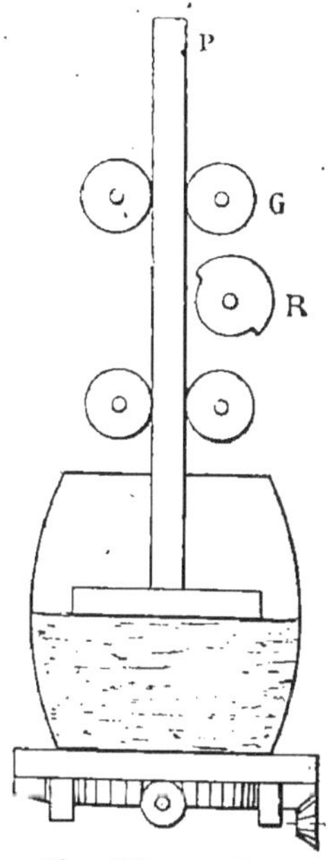

Fig. 104. — Pilon.

tellement serrées et collées qu'on ne peut à la main les détacher les unes des autres.

D'abord on fait un triage, puis on mouille les feuilles assez fortement à l'eau salée; pour qu'elles prennent bien l'eau, on les laisse séjourner en masses pendant trois jours; après cela, on les écôte complètement.

Ensuite, les feuilles sont hachées dans le hachoir qui sert à la fabrication de la poudre ordinaire, et divisées ainsi en lanières de 1 centimètre de large. Ces lanières sont réunies et tassées, de manière à former une sorte de gâteau qu'on porte au sein d'une masse pour poudre ordinaire ; la fermentation se produit, elle ne doit pas se faire à une température dépassant 75°, pour que le Virginie ne prenne pas le goût de musc, mais elle doit se prolonger pendant sept ou huit mois ; il faut donc placer le gâteau successivement dans deux masses pour poudre ordinaire, puisque la durée de chaque masse est de quatre mois.

Après fermentation, la matière est râpée dans le moulin que nous connaissons, puis mouillée avec de l'eau salée chaude, de façon que le taux de l'humidité soit porté à 28 pour 100. Le râpé, enfermé dans un sac, est porté alors dans une case où fermente du râpé ordinaire et abandonné jusqu'au transvasement de celui-ci.

Le râpé de Virginie passe ainsi de case en case pendant dix-huit mois, et subit jusqu'à cinq ou six transvasements pendant lesquels on le brasse un peu pour briser les mottes et répandre les ferments. La température dans les cases ne doit pas dépasser 46°, si l'on veut éviter le goût de musc.

Le râpé de Virginie, légèrement mouillé et tamisé, est mis en tonneaux, puis en paquets. L'enveloppe des paquets est une feuille de papier

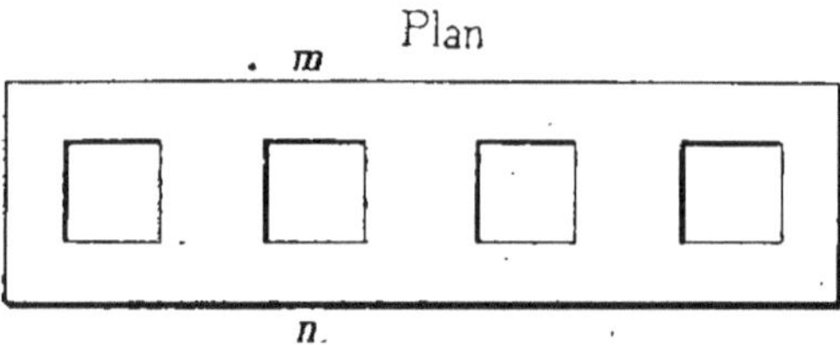

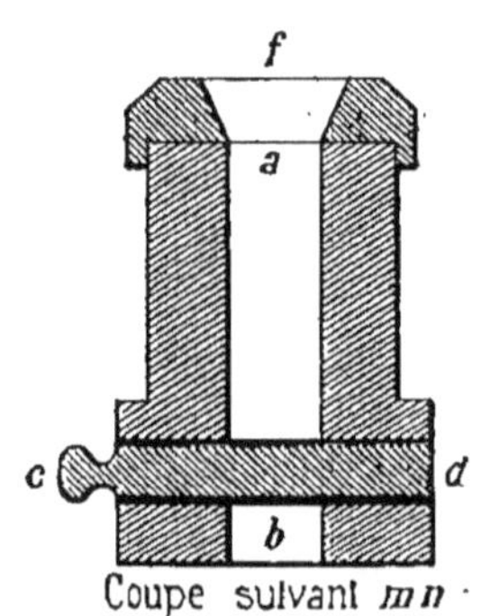

Fig. 105. — Bloc en bois.

jaune doublée d'une feuille d'étain. L'ouvrière paqueteuse prend la poche préparée avec cette enveloppe par une autre ouvrière, et la place dans la matrice d'un grand cadre ou bloc en bois représenté figure 105.

Au-dessous de chaque matrice $a\,b$ est un canal horizontal

dan s lequel peut pénétrer un mandrin cd. Un entonnoir peut se placer en fa au-dessus. La poche étant dans la matrice, l'ouvrière sectionne les quatre coins, rabat les bords, met l'entonnoir en place, verse le tabac, le comprime, et, après avoir enlevé l'entonnoir, fermé le paquet, enlève le mandrin cd et fait sortir le paquet par-dessous.

Quelques mots maintenant des autres poudres étrangères.

Le râpé de Virginie haut goût est obtenu en limitant la fabrication à la fermentation dans une seule masse de poudre ordinaire.

La poudre de Portugal est composée de 50 pour 100 de Virginie pur et de 50 pour 100 de poudre ordinaire, ou de poudres diverses, auxquelles on ajoute 17 pour 100 d'une pâte spéciale formée elle-même de poudre d'iris, de brun Van Dyck et d'eau saturée de sel. Cette pâte est obtenue par un mélange intime et un pétrissag e, puis incorporée au râpé, qui a été préalablement réduit en poudre impalpable par un râpage à bras et un tamisage. Le tout subit un dernier tamisage.

La poudre de Hollande se fabrique comme le Virginie pur, mais avec des feuilles de Hollande, de l'espèce Amersfort.

En mélangeant 70 pour 100 de Virginie et 30 pour 100 de Hollande, on forme la poudre de Virginie et Amersfort.

Les poudres de Cuba et d'Espagne s'obtiennent tout simplement en hachant des débris de Havane pour la première, des feuilles jaunes d'Algérie pour la seconde, et les réduisant ensuite en poudre impalpable.

La poudre dite supérieure n'est qu'un mélange de 95 pour 100 de poudre ordinaire de bonne qualité avec 5 pour 100 de Virginie pur.

Enfin, à la demande de certains amateurs, on fabrique divers mélanges dans lesquels entrent des feuilles du Lot et du Nord.

Les poudres étrangères sont paquetées comme le Virginie; la poudre supérieure, sous papier bleu.

La poudre ordinaire est fabriquée dans les manufactures de

Châteauroux, Dijon, Morlaix, Pantin et Toulouse. La consommation s'élève à 5.300.000 kilogrammes par an. Celle de la poudre supérieure et des poudres étrangères est beaucoup moindre : 6,000 kilogrammes de la première, 100 kilogrammes de Virginie pur, 100 kilogrammes de Virginie haut goût, 200 kilogrammes de Portugal et 100 kilogrammes de toutes les autres. Les tabacs à 16 francs sont préparés à Pantin et terminés à Paris.

Mentionnons aussi la poudre d'hospice fabriquée dans les mêmes manufactures que la poudre ordinaire, et qui est uniquement destinée aux établissements hospitaliers. Sa production annuelle est de 42,000 kilogrammes. Cette poudre est composée de 40 pour 100 de râpé parfait et 60 pour 100 de débris de scaferlatis. Ces derniers, avant d'être mélangés au râpé, sont mouillés avec des jus salés ; ils sont ensuite râpés, tamisés et mouillés une seconde fois avec des jus salés.

CHAPITRE X

Tabac à mâcher.

Les tabacs à mâcher portent le nom spécial de rôles. Ils sont offerts aux consommateurs sous forme d'un cylindre compact fait avec une corde de tabac : cet aspect est à peu près celui d'une pelote de corde ou ficelle en chanvre. Le consommateur coupe, suivant ses besoins, une longueur plus ou moins grande dans la corde et la mâche.

Les manufactures françaises fabriquent trois et même quatre sortes de rôles, savoir : les rôles menu-filés à 16 francs le kilogramme, les rôles dits ordinaires à 12 fr. 50, les rôles à prix réduits et les rôles de troupe qu'on se procure seulement avec des bons de tabac militaires.

D'une manière générale, les tabacs réservés pour rôles sont des tabacs bien développés, consistants, foncés en couleur, aromatiques, gommeux et riches en nicotine.

Les rôles menu-filés sont fabriqués avec des feuilles de Lot-et-Garonne : ce sont des produits supérieurs. L'époulardage et le triage se font à sec; les feuilles les plus noires et les plus gommeuses sont choisies de préférence. Pour les opérations ultérieures, une mouillade à l'eau salée est nécessaire. Les procédés de mouillades sont le trempage ou l'arrosage. Après arrosage et séjour en masses de vingt-quatre ou quarante-huit heures, qui sert à répartir l'humidité, les feuilles sont livrées à l'écôtage. Comme le mot l'indique, ce travail, exécuté par des ouvrières, consiste à enlever les côtes, du moins partiellement, c'est-à-dire les parties de côtes plus grosses que les nervures.

Puis on procède au filage, confection d'une sorte de corde ayant 5 millimètres environ de diamètre. Ce filage est exécuté par une femme au moyen d'un rouet très simple : c'est une sorte de tambour formé de deux disques réunis par des traverses ou alluchons, et mobile autour d'un axe horizontal.

L'ouvrière fait tourner à la main le tambour et enroule son filé en hélice; le mouvement du tambour donne au filé, c'est-à-dire à la corde, la torsion nécessaire (fig. 106).

Quand le rouet est plein, l'ouvrière tourne en sens inverse pour dévider et forme un paquet autour de ses mains. Elle peut confectionner ainsi journellement 6^{kgr},500 de filé.

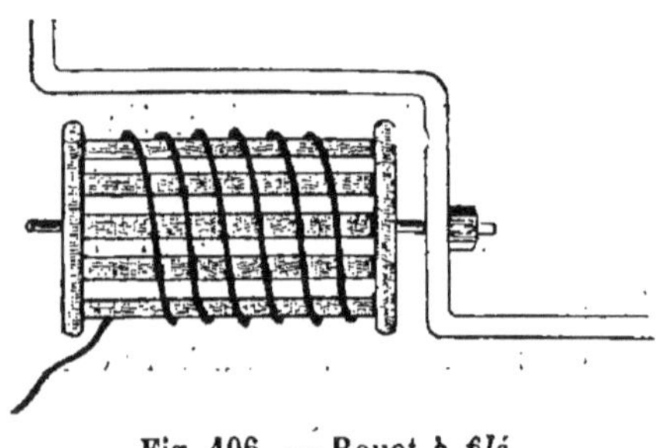

Fig. 106. — Rouet à *filé*.

A la manufacture de Châteauroux, avant de dévider, on fait subir au filé un trempage dans des jus. A cet effet, le rouet plein est enfilé sur un axe creux, par lequel on injecte du jus au moyen d'une pompe.

Le filage est suivi du rôlage, opération qui consiste à enrouler le filé en hélices très serrées sur des bâtonnets, de façon à former des paquets de 116 grammes. Le filé, coupé à la longueur voulue, est arrêté par une petite cheville en bois qui maintient la torsion. Les opérations ultérieures ramènent à peu près le poids à 100 grammes.

Restent le trempage, la pression et la dessiccation. Les rôles sont trempés pendant un quart d'heure dans des jus salés titrant 15°; la couleur s'accentue et le goût se renforce. La pression, qui s'effectue après égouttage, sert à donner au rôle une forme plus régulière et à extravaser les jus. Elle est donnée par une presse hydraulique. Les rôles sont placés sur des tablettes superposées au-dessus d'un chariot qu'on amène sous la presse.

Fig. 107. — Atelier des rôles filés.

Les plateaux de la presse se rapprochant, les tablettes se trouvent
serrées les unes près des autres (fig. 108); elles peuvent être main-

tenues dans cette position, même quand le chariot n'est plus sous la presse, de sorte qu'on peut prolonger la pression pendant tout le temps qu'on veut. Trois heures suffisent. Après démontage, les rôles sont portés au séchoir, grande armoire à compartiments où circule un courant d'air chaud. La dessiccation dure six ou sept jours, et les rôles conservent encore 35 pour 100 d'humidité. On les emballe dans des tonneaux.

Rôles ordinaires. — Les rôles ordinaires sont composés pour un peu moins de moitié avec des tabacs exotiques : Virginie et Kentucky corsé ; pour le reste, avec des tabacs indigènes de Lot-et-Garonne, Lot, Nord, Ille-et-Vilaine. Ils se présentent à peu près comme une corde ayant 18 millimètres de diamètre, mais se composent de feuilles tressées grossièrement, formant l'intérieur ou l'âme du rôle, et de feuilles de capes roulées en hélice autour de cette âme, de façon que le bord fin recouvre la partie médiane plus épaisse.

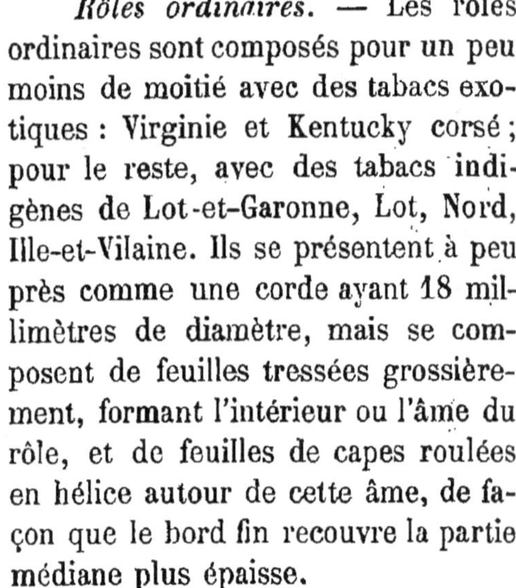

Fig. 108.

Les premières opérations de la fabrication sont un époulardage à sec, et un triage qui met à part les feuilles bien développées, noires, résistantes pour servir de capes ; c'est principalement du Lot et du Kentucky qu'elles se tirent.

Les feuilles pour intérieurs et les feuilles pour capes sont mouillées séparément à l'eau salée par immersion dans un baquet. Un séjour en masses de vingt-quatre heures favorise la répartition de l'humidité.

Les tabacs vont ensuite à l'écôtage : les capes sont écôtées complètement, les intérieurs aux deux tiers. Les capes sont ensuite sommairement établies, puis légèrement pressées. Tandis que, dans la fabrication des menus filés, l'ouvrière fait l'écôtage et le filage, ici le filage se fait à part et mécaniquement.

Autrefois le rôle était fait à la main par un fileur à qui les intérieurs en feuilles allongées et les capes étalées étaient présentées par un servant, qui formait un boudin avec le tout, le tordait en le roulant sur une table avec une planchette et l'enroulait ensuite sur un tambour (fig. 109). Une première transfor-

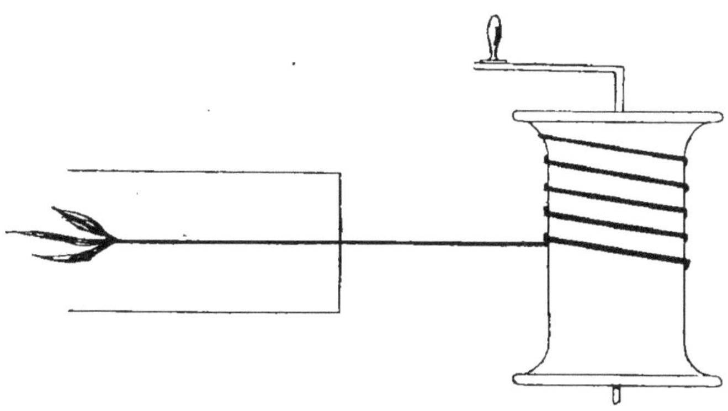

Fig. 109.

mation de l'appareil a rendu l'opération continue et a permis de remplacer l'ouvrier servant par une femme.

Imaginons un rouet porté par un cadre mobile qui, d'un côté, repose sur une gaine creuse à travers laquelle passe le filé. Une ouvrière dispose les feuilles pour intérieurs par poignées sur une table, devant le fileur qui les joint bouts à bouts et place lui-même les capes de façon à former un boudin continu. Ce travail est à peu près le même qu'autrefois, mais l'appareil donne par la rotation du cadre (fig. 110) une torsion régulière au filé, et l'enroulement se fait mécaniquement de la manière suivante (fig. 111).

L'axe du tambour T porte une poulie P sur laquelle passe une courroie en cuir qu'on peut tirer au moyen d'un frein. L'ouvrier fileur agit sur ce frein au moyen d'une pédale quand il veut faire l'enroulement ; il fait ainsi tourner la poulie P et le tambour T. Le

Fig. 110. — Enroulement mécanique du filé.

filé, guidé par une pièce mobile A sur une vis doublement filetée V, s'enroule d'un bout à l'autre du tambour.

Dans le dernier perfectionnement de l'appareil, qui constitue le rouet Andrews, l'enroulement des capes et la torsion des inté-

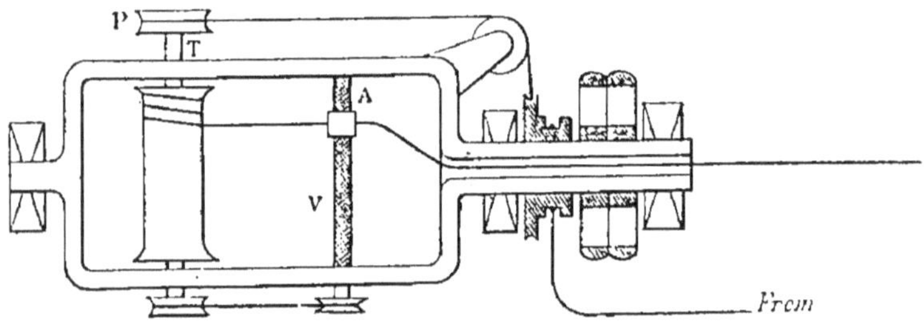

Fig. 111.

rieurs sont faits mécaniquement. Cet appareil est servi par deux femmes. Le filé est présenté entre trois rouleaux en bois tournant dans le même sens (fig. 112), deux sont fixés sur la table, le troi-

sième est mobile par rabattement, pour pouvoir dégager le filé
en cas de malfaçon. Une ouvrière présente une petite poignée de
feuilles pour intérieurs dans l'axe du système, formé par les rouleaux de bois qui, en tournant, tordent le filé, et, grâce à des
secteurs mobiles longitudinalement dont ils sont munis, le font
en même temps avancer. Une autre ouvrière, la fileuse, présente
sur le côté la cape étalée, qui passe
entre les rouleaux et vient couvrir
l'intérieur. Le mouvement du cadre
portant le tambour et celui des trois
rouleaux dont il s'agit sont combinés
par un engrenage, de façon à donner au rôle la torsion convenable;
grâce à ce rouet, la production est devenue plus rapide et aussi
plus économique.

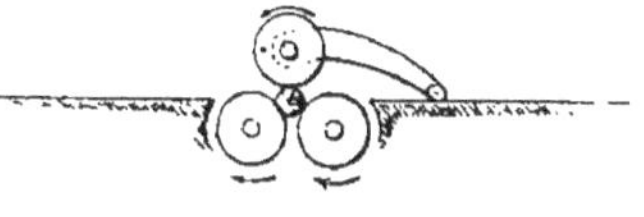

Fig. 112

Les rouets pleins sont enlevés; un homme retire le rôle, il le
déroule, et, en l'enroulant par petites portions sur un mandrin, il
forme des paquets cylindriques de 1 kilogramme environ. Le paquet
est maintenu par une ficelle.

Les rôles sont ensuite comprimés, sans trempage préalable,
dans une presse semblable à celle qui sert pour rôles menu-filés;
quelques détails seulement diffèrent en ce qui concerne la manière
de disposer les rôles. Après la pression, les rôles sont ficelés définitivement et envoyés au séchoir où ils restent six à sept jours.
L'humidité finale est de 30 pour 100. L'emballage se fait dans des
tonneaux.

Rôles à prix réduits et rôles de troupe. — Ils sont fabriqués
comme les rôles ordinaires. Les feuilles employées pour les faire
sont naturellement de moindre qualité; elles ne sont pas écôtées.
Ces rôles, dont le diamètre est de 30 millimètres, ne sont pas
séchés.

De même que les rôles ordinaires, les rôles à prix réduits
sont parfois employés comme tabac à fumer.

CHAPITRE XI

Carottes.

Nous dirons, en terminant, quelques mots sur un dernier produit servant à la fois à fumer, à chiquer et à priser. C'est la carotte, ainsi nommée en raison de la forme extérieure qu'elle affecte. Quand elle est destinée à être prisée, on la soumet, après confection, à une fermentation en case de râpé, dont la durée est d'environ quatre à cinq mois. Pendant cette fermentation, la température, surtout au début, tend à s'élever assez rapidement; elle atteint jusqu'à 40 degrés, et il faut avoir soin d'ouvrir de temps en temps la case pour renouveler l'air qui se charge d'humidité, afin d'éviter les moisissures.

La fabrication des carottes est en tout point semblable à celle des gros rôles jusqu'au filage inclusivement. Le diamètre du filé est un peu plus fort et l'opération demande à être faite avec plus de soin, en raison des fortes pressions que doit subir ultérieurement la carotte. Pour lui donner sa forme, on associe ensemble, au moyen de ficelles, huit bouts de filé de 45 centimètres de longueur sur un gabarit, puis on opère des pressions énergiques, jusqu'à 150 kilogrammes par centimètre carré, au moyen de presses alimentées par des pompes et un accumulateur. Les brins de filé adhèrent ainsi entre eux et finissent par former une masse compacte. Un serrage latéral obtenu, à droite et à gauche, au moyen de traverses actionnées par des manivelles mobiles le long d'une tige filetée (fig. 113), régularise la pression et empêche l'écrasement.

Cette première pression, qui est maintenue pendant vingt-quatre heures par des tringles de serrage, est suivie d'une seconde

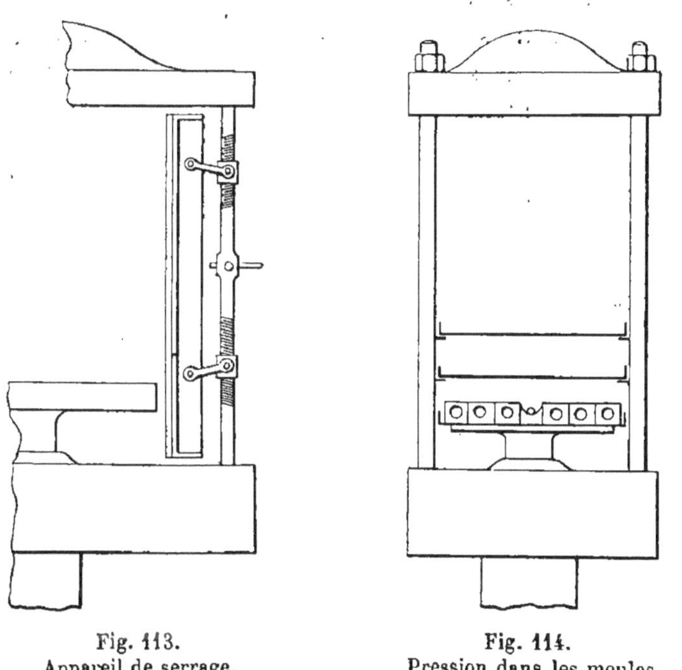

Fig. 113.
Appareil de serrage.

Fig. 114.
Pression dans les moules.

pression dans des moules (fig. 114) ou plateaux creusés dans la forme voulue et qu'on superpose sous la presse les uns au-dessus des autres. Chaque plateau comporte six carottes. La pression est maintenue pendant cinq ou six heures et, comme précédemment, on évite les bavures en opérant un serrage latéral au moyen

Fig. 115. — Serrage latéral.

d'un appareil parallélogrammique placé horizontalement à droite et à gauche des plateaux (fig. 115).

Après cette pression en moules, les carottes sont mises sous lisière. La lisière est une bande de toile qu'on roule en hélice autour de la carotte, de façon à l'envelopper complètement et à l'empêcher de se désagréger. Après un mois de dépôt, on recommence les trois opérations ci-dessus, et la carotte, débarrassée de sa lisière, est ficelée. On ébarbe les pointes et on la met en tonneaux, dont la contenance est de 100 kilogrammes. Le poids moyen final d'une carotte est de $1^{kgr},800$. La carotte fermentée ne pèse que 650 grammes.

CHAPITRE XII

Monopole des tabacs en France. — Son organisation.
Ses résultats.

Depuis 1811, l'État exploite lui-même, à ses risques et périls, le monopole de la fabrication et de la vente des tabacs. Mais ce serait une erreur de croire que le régime actuel ait succédé à une période de liberté.

Introduit en France vers l'an 1560, le tabac y fut frappé, en 1629, d'un droit de 30 sous par livre. Ce droit fut élevé, en 1644, à 13 livres par quintal pour les tabacs de la Virginie et du Brésil et d'autres provenances étrangères, et à 4 livres pour celui des colonies.

En 1674, le roi se réserva le privilège de la fabrication et de la vente, et l'exercice de ce privilège fut concédé pour six ans au prix de 500,000 livres par année, pendant les deux premières années, et 600,000 livres pour les années suivantes.

Une déclaration de 1676 ne permit la culture que dans certaines généralités, et, en 1697, le prix de la ferme fut élevé à 1,500,000 livres.

Il était de 4 millions en 1719, quand fut créé un droit d'importation, moyennant lequel le commerce du tabac était devenu libre ; mais le privilège de fabrication et de vente fut rétabli en 1721. Le bail, tombé à 1,300,000 livres, fut renouvelé, en 1723, avec la Compagnie des Indes, sur le pied de 3 millions de livres de rente annuelle ; les fermiers généraux le prirent au prix de 8 millions, en 1730, et il s'éleva progressivement jusqu'à 32 millions avant la Révolution.

La culture du tabac était alors probibée dans toutes les provinces, sauf la Franche-Comté, la Flandre et l'Alsace, qui n'étaient pas soumises au monopole de la Ferme générale. La loi opposait comme barrière à la fraude le droit de visite en tous lieux, les amendes, les galères et même la peine de mort ; des tribunaux spéciaux appliquaient ces peines exceptionnelles.

En 1790, la suppression des lignes de douanes intérieures, prononcée par l'Assemblée constituante, ne permit plus de maintenir la Flandre, l'Alsace et la Franche-Comté dans la situation privilégiée dont elles jouissaient. Il fallait soit étendre le monopole à ces trois provinces, soit le supprimer pour toute la France et proclamer la liberté d'industrie : c'est à ce dernier parti que s'arrêta l'Assemblée qui, après avoir supprimé la plupart des impôts indirects, décréta, malgré les efforts de Mirabeau, le 14 février 1791, la liberté de culture, de fabrication et de vente, prohiba l'importation des tabacs fabriqués, et frappa d'un droit de 25 livres par quintal celle des tabacs en feuilles, en réduisant ce droit aux trois quarts pour les navires français qui importeraient directement du tabac d'Amérique.

La liberté la plus complète se trouvait ainsi consacrée ; les revenus que le Trésor avait jusque-là tirés des tabacs n'avaient plus pour aliment qu'un simple droit de douane. Ce droit était lui-même bien loin d'être régulièrement perçu, dans une période de troubles politiques et de désorganisation administrative ; la majeure partie des entrées y échappait, et le premier effet de la nouvelle législation fut de faire tomber les ressources annuelles tirées de l'impôt sur le tabac au chiffre de 1,500,000 à 1,800,000 francs.

Réduit en 1792, rétabli en l'an VI, ce tarif continua à ne pas donner à beaucoup près les dix millions de revenu annuel sur lesquels on comptait ; les introductions frauduleuses s'effectuaient moyennant une prime d'assurance de 10 francs par quintal ; le tabac mis en vente était mélangé de matières hétérogènes, et, malgré un abaissement de qualité, était vendu presque aussi cher qu'au temps de la ferme.

Pendant le Directoire et le Consulat, la question de l'impôt sur le tabac fut traitée presque dans chaque session. On émit, à diverses reprises, l'avis d'interdire la culture et de rétablir le monopole. Les rapporteurs des commissions exprimèrent le regret de l'atténuation des produits de l'impôt, et l'espoir qu'à l'aide des remaniements proposés on pourrait « commencer à le considérer comme une de ces ressources qui cessent de n'exister que dans le *Bulletin des lois*[1] ».

C'est ainsi que la loi du 22 brumaire an VII porta le droit d'importation du quintal de tabac en feuilles à 30 francs pour les navires étrangers, à 20 francs pour les navires français, en frappant, en outre, la fabrication d'une taxe de 0 fr. 40 par kilogramme de tabac en poudre ou en carottes, de 0 fr. 24 par kilogramme de tabac à fumer ou en rôles ; que la loi du 29 floréal an X apporta de nouvelles restrictions à l'importation et fixa uniformément le droit de fabrication à 0 fr. 40 par kilogramme pour tous les tabacs sans exception.

Malgré ces mesures, le produit annuel de l'impôt, dont on espérait 12,500,000 francs, n'atteignit pas même 5 millions.

Sur les réclamations des commissions des finances du Tribunat, le Gouvernement proposa et fit adopter par les Chambres (loi du 5 ventôse an XII) la création de la régie des droits réunis, qui comprit dans ses attributions la surveillance et la répression des fraudes qui réduisaient le produit de l'impôt sur le tabac, et qui fut armée des pouvoirs les plus étendus pour combattre ces fraudes. En même temps, au droit de fabrication s'ajoutait un droit de licence que le Gouvernement avait le pouvoir de fixer et qu'il augmenta bientôt après, tant pour les fabricants que pour les débitants ; enfin le tarif des droits d'importation était augmenté de plus d'un tiers.

1. Rapport au Tribunat.

Ces droits s'élevèrent successivement de 100 francs et 80 francs par 100 kilogrammes (an XII), à 200 francs et 180 francs (1806), puis à 440 francs et 396 francs (1810). Plus prohibitifs que fiscaux, ces derniers tarifs constituaient une application du système connu sous le nom de blocus continental.

Enfin, la loi du 24 avril 1806 porta à 0 fr. 80 le droit de fabrication, créa un droit de vente de 0 fr. 20 par kilogramme à la charge du fabricant et prescrivit l'application de marques et vignettes de la régie sur tout tabac fabriqué. Le prix de chaque vignette fut fixé à un centime, par décret du 16 juin 1808.

Ces aggravations successives des anciens tarifs et surtout les mesures de surveillance, les pénalités rigoureuses, les précautions de tout genre édictées pour prévenir et réprimer la fraude eurent pour résultat une augmentation considérable du produit de l'impôt sur le tabac, qui s'éleva à 9 millions de francs en l'an XII, à 12 millions en l'an XIII, et à 16,400,000 francs en l'an XIV. Mais ce dernier chiffre ne put être atteint les années suivantes ; le produit de l'impôt descendit à 14,500,000 francs en 1807, à 13,300,000 francs en 1808, et resta inférieur à 14 millions de francs en 1809. Il n'arrivait donc pas à la moitié des 32 millions de livres perçus en 1790 au moyen de la ferme. Cependant les prix de vente aux consommateurs étaient sensiblement les mêmes qu'à cette dernière époque, la qualité seule des produits avait baissé par suite des sophistications auxquelles se livraient les fabricants et les débitants ; d'autre part, on ne pouvait songer à élever encore les impôts qui frappaient la fabrication et la vente, non plus qu'à aggraver les pénalités rigoureuses dont la législation punissait les fraudeurs. On dut donc reconnaître que les bases de l'impôt étaient vicieuses et qu'elles devaient être complètement réformées.

Une commission spéciale fut chargée par le gouvernement de rechercher les causes du déficit et les moyens de le faire cesser. Ses travaux, soumis à l'examen du ministre des finances et du Conseil d'État, eurent pour conséquence le rétablissement du monopole de la fabrication et de la vente des tabacs au profit de l'État, et une exploitation directe par la régie des droits réunis (l'administration des contributions indirectes d'aujourd'hui), qui eut, en même temps, à surveiller, au point de vue de la répression de la fraude, la culture indigène, soumise à un régime d'autorisation préalable et de réglementation spéciale (décret impérial du 29 décembre 1810, et règlement du 12 janvier 1811). Successivement prorogé par différentes lois, le monopole des tabacs n'a subi depuis le décret de 1810 que des modifications d'organisation qui n'ont en rien altéré ses bases et son principe.

Le législateur s'est d'ailleurs appliqué de tout temps à le bien garantir :

1° Par la loi du 12 février 1835, qui a rendu les dispositions de la loi du 28 avril 1816, relatives au tabac, applicables à la fabrication, à la circulation et à la vente « du tabac factice, ou de toute autre matière préparée pour être vendue comme tabac[1] »;

2° Par la loi de finances du 16 avril 1895 (art. 17), qui interdit la circulation des cigarettes autres que celles de la Régie, en quantité supérieure à 500 cigarettes, et ne permet leur fabrication que par le consommateur lui-même, par les membres de sa famille ou par les gens à son service et dans la limite de ses besoins personnels, dispositions qui ont pour but d'arrêter l'industrie des cigarettes dites à la main, qui avait acquis une certaine importance, et qui pouvait prêter à la fraude par l'emploi des tabacs de contrebande.

DIRECTION GÉNÉRALE DES MANUFACTURES DE L'ÉTAT.
ATTRIBUTIONS. — PERSONNEL

Par ordonnance en date du 5 janvier 1831, la fabrication du tabac, les approvisionnements et tous les travaux qui en dépen-

---

1. Une ordonnance en date du 13 février 1835, rendue pour l'exécution de cette loi, prescrit la destruction, dans un délai de quinzaine, de tous ces tabacs et matières, et la mise hors de service des instruments et ustensiles servant à les fabriquer.

dent avaient été constitués en un service spécial sous le nom de Direction générale des tabacs.

Cette Direction fut supprimée en 1848, mais rétablie de nouveau en 1860.

On lui adjoignit, en 1861, la fabrication des poudres du commerce, et elle reçut alors le nom de Direction générale des manufactures de l'État, qu'elle a conservé depuis.

La fabrication des poudres lui a été retirée en 1873, pour être rattachée au ministère de la guerre, mais la fabrication des allumettes lui a été confiée en 1890, peu d'années après l'établissement de ce nouveau monopole (1872).

La création de la Direction générale des Manufactures de l'État a été l'occasion d'une nouvelle répartition du service des tabacs.

Tout ce qui a trait à la fabrication des tabacs, à l'établissement et à l'exploitation des manufactures, à l'établissement et à l'exploitation des magasins, à l'achat des tabacs tant indigènes qu'exotiques, à la culture, en un mot, tout ce qui a un caractère industriel ou technique lui a été attribué.

L'administration des contributions indirectes n'a conservé que ce qui est relatif à la *vente* des tabacs, c'est-à-dire à la partie financière du service, tels que l'organisation et la gestion des entrepôts, l'établissement et la surveillance des débits de tabacs, l'encaissement des produits de tabacs de toute espèce vendus pour la consommation intérieure ou pour l'exportation, et l'encaissement des produits quelconques provenant de la vente ou de la fabrication des tabacs.

Quant aux attributions de la direction générale, elles ont été réparties en deux services bien distincts : celui de la culture et celui des manufactures (fabrication, analyse et estimation des tabacs, construction de bâtiments, usines et appareils, achats des tabacs exotiques).

Le personnel de la culture se recrute par la voie du concours; mais celui des emplois secondaires, c'est-à-dire des commis de culture, est exclusivement réservé aux anciens sous-officiers de l'armée. Le nombre de ces derniers est de 350 environ, et celui des agents supérieurs, directeurs, inspecteurs, contrôleurs, vérificateurs et commis de manufactures, de 220.

Les travaux du service des manufactures nécessitant des connaissances étendues dans les sciences chimiques et mécaniques et dans leurs applications à l'industrie, ont été confiés à un personnel spécial se recrutant exclusivement parmi les élèves de l'École polytechnique.

Ces jeunes gens, avant d'être incorporés dans l'administration, sont tenus de faire deux années d'étude dans une école spéciale dite d'application des tabacs.

Les fonctionnaires de ce service sont au nombre de quatre-vingts environ. Ils sont divisés en sous-ingénieurs, ingénieurs, directeurs, ingénieurs en chef-inspecteurs et administrateurs. Un certain nombre résident à Paris, parmi lesquels dix ou douze sont exclusivement chargés de l'estimation des tabacs (expertise), des études de construction, de l'enseignement des élèves ou bien sont attachés à l'administration centrale, près du directeur général et des administrateurs.

CULTURE

La culture du tabac ne peut avoir lieu sans permission ni pour une étendue de moins de 20 ares en une seule pièce. Toutefois le ministre peut exceptionnellement l'autoriser pour des étendues moindres, mais supérieures à 5 ares, à la condition que l'ensemble des pièces à cultiver dépasse 10 ares.

Les permissions sont personnelles et ne peuvent être cédées à des tiers.

Par la nature de leur sol et de leurs conditions climatériques, tous les départements ne sont pas en état de fournir des produits convenables ; d'autre part, les nécessités fiscales obligent à concentrer les plantations, afin de réduire les frais de surveillance.

Aussi la culture n'est-elle pas permise partout.

Elle n'est autorisée actuellement que dans vingt-deux départements, qui, par ordre d'importance, sont les suivants : Lot-et-Garonne, Dordogne, Lot, Gironde, Pas-de-Calais, Isère, Ille-et-Vilaine, Nord, Savoie, Meurthe-et-Moselle, Haute-Savoie, Vaucluse, Landes, Haute-Saône, Hautes-Pyrénées, Corrèze, Vosges, Puy-de-Dôme, Bouches-du-Rhône, Alpes-Maritimes, Meuse, Var.

L'administration détermine chaque année, au mois d'octobre, sur la proposition du directeur général des manufactures de l'État, le nombre d'hectares à mettre en culture dans chaque département, ainsi que la quantité de tabac à demander à chaque arrondissement, pour assurer, au plus, les quatre cinquièmes des approvisionnements des manufactures en tabac indigène. Elle fixe également les prix qui doivent être payés pour les diverses qualités de tabacs de la récolte suivante ; mais, afin d'encourager la culture, elle peut accorder un supplément de prix de 0 fr. 10 par kilogramme pour les qualités dites de *surchoix*.

L'administration fait aussi surveiller les plantations par ses agents, et les cultivateurs ne peuvent s'écarter des conditions qui leur ont été fixées par les arrêtés d'autorisation.

Les infractions à ces arrêtés sont constatées par des procès-verbaux, et si le nombre de plants de tabac ou si la surface cultivée sont supérieurs d'un cinquième aux quantités fixées, les délinquants peuvent être condamnés à une amende ; l'autorisation de planter peut, en outre, leur être retirée.

Les cultivateurs sont tenus de représenter en totalité le produit de leur récolte d'après les bases fixées par l'administration, sous peine de payer les quantités manquantes au prix du tabac de cantine.

Ils ne peuvent être excusés que s'ils ont fait constater par les employés chargés de la surveillance, en présence du maire de la localité et de concert avec eux, les accidents que les récoltes encore sur pied ont éprouvés du fait des intempéries. Le déficit est estimé de gré à gré, et, en cas de désaccord, il en est référé au préfet du département, qui le fait apprécier par des experts[1].

Pour les tabacs avariés depuis la récolte, il peut également en être tenu compte, mais à charge par les cultivateurs de les présenter au magasin de réception et de les faire détruire.

Après la récolte et à l'époque fixée par l'administration, les tiges et souches de toutes les plantations doivent être arrachées et détruites. Si les planteurs négligeaient cette opération ou se refusaient à l'exécuter, elle serait faite d'office et à leurs frais par les soins de l'administration, et les délinquants pourraient, en outre, être poursuivis comme s'ils avaient cultivé sans autorisation.

La culture du tabac peut aussi avoir lieu pour l'exportation, mais seulement dans les départements ci-après : Ille-et-Vilaine, Lot, Lot-et-Garonne, Nord et Pas-de-Calais.

Aucune demande de ce genre n'a été présentée en 1892.

Lorsque les deux genres de culture, pour l'intérieur et pour l'exportation, sont entreprises par un même cultivateur, la part afférente à l'État doit être prélevée tout d'abord.

Les tabacs destinés à être exportés ne peuvent séjourner en France au delà du 1er août de l'année qui suit la récolte, à moins que le cultivateur n'ait obtenu une prolongation de délai, qui, en aucun cas, ne peut dépasser le 1er septembre.

Néanmoins, si un culvivateur, au lieu d'exporter ses tabacs, préfère les déposer dans les magasins de la régie, ils y sont admis en entrepôt et peuvent y rester jusqu'au moment de leur exportation.

---

1. La loi de finances du 16 avril 1895 (art. 44) autorise la création de caisses d'assurances destinées à indemniser les planteurs des avaries que leur récolte aura subies sur le terrain, par suite « d'accidents de force majeure, tels que inondation, grêle, ouragan ».

Ces caisses seront alimentées par une retenue sur le prix des tabacs indigènes livrés, fixée par le Conseil général du département et dont le montant ne pourra dépasser 5 centimes.

Une retenue de 1 centime sur le prix des tabacs est déjà opérée, en vertu de la loi du 21 avril 1832, pour parer aux frais d'expertises et autres dépenses à la charge des planteurs.

Quand il y a des excédents, ils sont employés en encouragements et secours à ces derniers.

L'exportation est obligatoire dans des délais fixés, et, si elle n'est pas effectuée, les tabacs sont saisis et confisqués.

Le tableau ci-après indique la production du tabac en France, tous les quatre ans, depuis 1867.

1868.	19,223,408	kilogrammes.
1872.	11,658,481	—
1876.	12,478,034	—
1880.	13,083,778	—
1884.	16,252,425	—
1888.	20,175,563	—
1892.	20,566,483	—

Il montre que la production a toujours été en s'élevant et qu'elle dépasse très sensiblement, depuis 1888, celle des années antérieures à 1870, malgré la perte des deux départements du Bas-Rhin et du Haut-Rhin qui fournissaient à eux seuls près de la moitié du contingent.

La dépense d'acquisition des tabacs indigènes (France et Algérie) en 1892, s'est élevée, pour un poids total de 22,727,785 kilogrammes, à 19,654,303 francs, faisant ressortir un prix moyen de 86 fr. 47 les 100 kilogrammes.

Le nombre des planteurs en France, en 1891, a été de 51,972, et la surface plantée de 14,810 hectares.

FABRICATION

La fabrication a lieu dans des manufactures appartenant à l'État.

Ces établissements sont actuellement au nombre de vingt, dont deux à Paris (Gros-Caillou et Reuilly) et un dans chacune des villes ci-après : Bordeaux, Châteauroux, Dieppe, Dijon, le Havre, Lille, Lyon, le Mans, Marseille, Morlaix, Nancy, Nantes, Nice, Orléans, Pantin, Riom, Tonneins, Toulouse.

L'administration possède une autre manufacture à Limoges,

mais celle-ci est exclusivement destinée aux constructions mécaniques.

Avant d'être dirigés sur les manufactures, les tabacs en feuilles sont déposés dans des magasins spéciaux, où ils sont soumis à certaines manipulations. Le nombre de ces magasins est de vingt-sept, il y a, en outre, cinq magasins de transit pour la réception des tabacs exotiques en feuilles et le dépôt provisoire des tabacs indigènes à réexpédier sur les manufactures.

La proportion des tabacs exotiques en feuilles utilisés par les manufactures est assez élevée : il en a été acheté, en 1892, 15,435,131 kilogrammes. Sur ce chiffre, 13,545,243 kilogrammes provenaient de Virginie, Kentucky, Maryland, Brésil, Havane, Rio-Grande, Mexique, et le surplus de Java, Sumatra, Alsace, Roumélie, Caucase, Grèce, Platana, Baffra supérieur, Roumélie, Ayassoulouk.

L'administration achète également, pour la vente, des tabacs fabriqués à l'étranger.

Voici le détail de ceux qu'elle s'est procurés en 1892 :

Scaferlatis. . . .	de la Havane.	1,288		
	américains et ottomans. .	2,025	3,313 kilogr.	
Cigares	de la Havane.	28,800		
	de Manille	6,120	34,920 —	
Cigarettes. . . .	de la Havane.	48,199		
	américaines.	750		
	égyptiennes	2,776	52,490 —	
	grecques.	40		
	ottomanes	725		
	Total.		90,723 kilogr.	

Tous ces tabacs ont été demandés à des négociants ou achetés (mais pour une très faible partie seulement) par l'intermédiaire des consuls de France et autres agents à l'étranger, à l'exception toutefois de ceux de Havane, qui sont achetés, chaque année, par le consul général et par un ingénieur que l'administration envoie à cet effet dans le pays.

La production des manufactures a été, pour le même exercice (1892), de 36,144,910 kilogrammes, suivant le détail ci-dessous :

Poudres. . . . ,	étrangères	430	
	supérieures.	6,385	
	ordinaires	5,265,264	5,312,790 kilogr.
	à prix réduits.	40,711	
Rôles.	menus filés.	176,655	
	ordinaires	515,409	
	de zones	5,316	734,183 —
	de troupe.	36,803	
Carottes.			515,350 —
Scaferlatis. . . .	étrangers.	518,481	
	supérieurs	621,084	
	ordinaires	15,132,243	25,296,790 —
	de zones	67,37,185	
	de troupe et d'hospices. .	2,287,797	
Cigares	supérieurs	263,507	
	à 0 fr. 10.	797,614	
	à 0 fr. 075	356,471	3,225,407 —
	à 0 fr. 05.	1,807,845	
Cigarettes. . . .	sans papier.	19,135	
	modules différents	19,965	
	hongroises . , ...	46,817	
	élégantes. . . . , ...	696,974	1,060,390 —
	medianas.	22,380	
	françaises.	255,149	

Total . . . . 36,144,910 kilogr.

Les dénominations de tabacs à prix réduits, de zones, de troupe et d'hospices que contient ce tableau nécessitent une explication.

Afin de combattre par une concurrence de prix la fraude provenant de l'introduction en France des tabacs étrangers, les manufactures de l'État fabriquent un tabac à prix réduit, qui ne peut être vendu que dans des régions ou dans des conditions déterminées. Ces régions, qui sont divisées en plusieurs zones, comportent des prix différents qui vont en s'élevant à mesure qu'on s'éloigne de la frontière. On ne peut, sans commettre un délit, transporter du tabac en dehors des zones, ni d'une zone dans une zone supérieure, et les précautions les plus minutieuses sont prises pour limiter les approvisionnements, dans chaque zone, aux besoins réels de la consommation.

Ce sont les départements du nord et de l'est de la France qui sont les plus exposés, par leur situation géographique, à la fraude, et le nombre de zones qui y ont été formées est de trois.

Les tabacs de zones ne sont pas les seuls qui se vendent à prix réduit : ceux qui sont destinés aux troupes de terre et de mer, dits tabacs de cantine, et aux établissements charitables (hôpitaux, hospices, dépôts de mendicité, maisons de refuge, de secours, etc.), sont dans le même cas, ainsi que les provisions de bord pour les bâtiments armés de l'État et pour les passagers et les équipages des navires voyageant au long cours ou allant à la grande pêche (pêche de la baleine et de la morue)[1].

Les tabacs qui doivent être exportés jouissent aussi d'une diminution de prix, dite prime d'exportation.

Le tableau annexe F, où les prix de vente à l'intérieur et pour l'exportation ont été indiqués, montre l'importance de cette prime.

Des tarifs spéciaux sont également appliqués aux tabacs expédiés dans la zone franche de la Haute-Savoie et du pays de Gex, ainsi qu'en Corse, dans la principauté de Monaco et dans la Régence de Tunis.

Enfin, les tabacs expédiés par l'administration en Algérie sont

---

1. La loi de finances du 16 avril 1895 (art. 16) a abaissé, en faveur des malades et nécessiteux des établissements hospitaliers entretenus par l'État, les départements et les communes, les prix de tous les tabacs, qui, à l'avenir, devront leur être délivrés aux mêmes prix et conditions qu'aux troupes.

En exécution de cette disposition, un décret, en date du 9 juin 1895, a fixé les prix suivants :

Tabac à fumer. . . . . 1'50 le kilog.
   —   priser. . . . . 1 50   —
   —   mâcher . . . . 2 00   —

également vendus à prix réduits. Cette mesure a été prise pour enlever au commerce la vente de ces tabacs sous bénéfice des primes d'exportation. La réduction est même telle que les prix de ces tabacs, sur place, sont moins élevés que ceux auxquels la régie les vend en France : aussi est-il interdit de les y réintroduire.

Les tabacs de France entrent ainsi, en Algérie, en concurrence avec ceux fabriqués dans le pays, fabrication qui est tout à fait libre, de même que la culture.

ADMINISTRATION DES MANUFACTURES — NOMBRE D'OUVRIERS
LEURS SALAIRES

Le service, dans chaque manufacture, est confié à un directeur, assisté d'un ingénieur, d'un sous-ingénieur et d'un contrôleur.

Ces fonctionnaires, dont le dernier est pris généralement dans le service de la culture, constituent un conseil d'administration, qui doit se réunir chaque jour pour connaître de toutes les questions qui intéressent le bon ordre et l'économie du travail. Ses délibérations font l'objet de procès-verbaux qui, sauf les cas d'urgence, sont soumis, à la fin de chaque mois, à la direction générale.

Quand les manufactures se trouvent dans des départements où la culture est autorisée, le directeur de la manufacture exerce, en même temps, les fonctions de directeur de la culture.

Il y a beaucoup plus de femmes que d'hommes qui travaillent dans les manufactures et les magasins qui en dépendent.

Leur nombre s'est élevé, en 1892, à 14,910, tandis que celui des hommes n'a été que de 1780.

Ouvriers et ouvrières font des journées de dix heures.

Le taux moyen des salaires est ressorti, en 1892, à 4 fr. 95 par jour, pour les ouvriers, et à 3 fr. 04, pour les ouvrières.

VENTE DES TABACS

La vente des tabacs ne peut avoir lieu que dans les établissements désignés par l'administration des contributions indirectes et sous sa surveillance. Par un décret tout récent (9 mai 1894), les conditions de cette vente ont été complètement modifiées.

Les tabacs fabriqués de toutes espèces mis à la disposition des consommateurs par la régie ont été classés en trois catégories dites tabacs de luxe, tabacs de vente courante et tabacs de vente restreinte.

Une nomenclature générale de tous les tabacs est jointe à ce décret; elle fait connaître leurs prix, ainsi que les modes variés de leurs livraisons. (Annexe A.)

Quant aux ventes proprement dites, elles ont été réparties entre les entrepôts ou bureaux spéciaux, autrefois dénommés bureaux de vente directe, les entrepôts ordinaires et les débits.

Doivent livrer aux consommateurs, savoir :

A. — Les entrepôts ou bureaux spéciaux :

1º Les tabacs de luxe de toutes espèces, en coffrets, boîtes ou paquets. (Voir annexe E.)

2º Les tabacs de vente courante en coffrets, boîtes ou paquets et par quantité d'au moins 100 grammes pour les cigares et cigarettes, et de 500 grammes pour les autres espèces.

B. — Les entrepôts ordinaires, — mais seulement dans les localités non pourvues d'un entrepôt spécial :

1º Les cigares de luxe de la Havane et de Manille (en coffrets) dont la vente n'est pas autorisée dans les débits ordinaires;

2º Les tabacs de toutes espèces dont les débits de la localité ne seraient pas habituellement approvisionnés.

Mais les ventes faites par ces entrepôts sont soumises aux conditions suivantes :

Si elles sont d'une valeur inférieure à 25 francs, les consommateurs doivent supporter les frais de transport de la manufacture expéditrice à l'entrepôt.

Ils doivent, en outre, prendre livraison de leur commande dans un délai de dix jours à partir de la notification qui leur est faite de l'arrivée des produits en entrepôt, et, faute par eux de le faire, ils sont tenus de rembourser à l'État le montant de tous les frais de transport, aller et retour, ainsi que, le cas échéant, les frais d'emballage. Le versement d'une somme égale au cinquième de la valeur des commandes leur est, à cet effet, réclamée à titre de garantie au moment de leur demande.

C. — Les débits ordinaires :

1° Les cigares exceptionnels de la Havane de 2 à 5 francs pièce, en boîtes de deux pour les cigares de 2 à 3 francs, et de un pour ceux de 4 à 5 francs.

2° Les cigares exceptionnels de la Havane et de Manille valant de 0 fr. 25 à 1 fr. 50 le cigare, et fournis exclusivement en petites boîtes à couvercle de verre contenant quatre, six ou dix cigares.

3° Les cigares de France, de modules divers, de 0 fr. 25 à 0 fr. 50 pièce, sous le même boîtage et aux mêmes conditions que les havanes de même prix.

4° Les scaferlatis fabriqués avec des tabacs d'Orient, en boîtes ou paquets contenant 5 hectogrammes, 2 hectogrammes, 1 hectogramme ou 50 grammes.

5° Les scaferlatis et cigarettes de luxe fabriqués en France avec diverses sortes de tabacs, aux conditions fixées par la nomenclature générale A, et aux tableaux annexes B et C.

6° Les cigares, cigarettes et scaferlatis de fabrication étrangère mentionnés à l'annexe E.

7° Les cigarettes confectionnées avec des tabacs d'espèces diverses, par boîtes de cent, cinquante ou vingt-cinq cigarettes.

8° Les cigares de luxe de 0 fr. 25 à 0 fr. 50 pièce, fournis en étuis de cinq.

Enfin tous les tabacs de vente courante et de vente restreinte, et les cigarettes à la main.

Les débits peuvent aussi livrer en détail certains tabacs de luxe, de vente courante et de vente restreinte. Ces tabacs sont indiqués annexe **D**.

Des mesures ont, d'ailleurs, été prises pour que les entrepreneurs aient toujours à leur disposition les listes complètes de tous les produits de la régie et puissent les communiquer aux débitants et aux consommateurs.

C'est ainsi qu'il a été prescrit, par décision ministérielle, que la direction de l'expertise devra adresser, tous les six mois, aux entrepreneurs un nouveau tableau **E**, des espèces suivantes [1] :

1° Cigares de la Havane et de Manille ;

2° Cigares de modules divers et de modules spéciaux fabriqués en France ;

3° Scaferlatis et cigarettes de fabrication étrangère.

ENTREPÔTS ET DÉBITS — NOMBRE ET INSTITUTION

Le nombre des entrepôts spéciaux est aujourd'hui de trente-six, et celui des entrepôts ordinaires de trois cent vingt-quatre. L'administration possède, en outre, trois entrepôts en Algérie : à Alger, Blidah et Bône, et deux entrepôts en Corse. Quant au nombre des débits, il est considérable.

Les entrepôts ordinaires sont gérés par des fonctionnaires de l'administration des contributions indirectes; les entrepôts spéciaux, comme les débits, sont concédés à des particuliers.

L'intérêt qui s'attache à la création de ces derniers nous engage à la présenter avec détails.

Il y a deux sortes de débits : les débits simples et les recettes-débits. Les uns et les autres se divisent aussi en deux classes.

Les recettes-débits, dont les titulaires ne peuvent être que des hommes (receveurs-buralistes), comprennent, avec la vente des tabacs, la délivrance des permis pour le transport des bois-

---

1. Le tableau que nous donnons est le dernier qui ait paru (juillet 1895).

sons et pour la navigation. Ils sont concédés par le ministre des finances quand leur rendement brut est supérieur à 800 francs, et par les directeurs départementaux, d'accord avec le préfet, quand leur rendement ne dépasse pas ce chiffre.

Il y en avait 14,539 en 1892.

Les débits simples, dont les titulaires, hommes ou femmes, sont exclusivement chargés de la vente des tabacs, sont concédés par le ministre des finances, si leur revenu brut excède 1,000 francs, et par les préfets, si ce revenu est inférieur à 1,000 francs.

Le nombre total des débits était, en 1892, de 29,453, comprenant 11,412 débits de plus de 1,000 francs, et 18,041 débits de moins de 1,000 francs[1].

Aux termes d'un décret du 28 novembre 1873, une commission de neuf membres, choisis dans le Parlement et dans le Conseil d'État, est instituée auprès du ministre des finances, tenu désormais de nommer les titulaires des débits d'un produit supérieur à 1,000 francs, « au vu des présentations faites par la commission ».

Les fonctions de secrétaire sont confiées à un maître de requêtes au Conseil d'État. Il est assisté d'un secrétaire adjoint appartenant au personnel du ministère des finances.

Sont adjoints à la commission quatre auditeurs au Conseil d'État et deux auditeurs à la Cour des comptes, chargés d'étudier les affaires et de les présenter; ils ont voix délibérative pour celles dont ils sont rapporteurs.

Un autre décret, en date du 17 mars 1874, a institué de même, auprès de chaque préfet, une commission chargée d'examiner les demandes relatives à la concession des débits de seconde classe.

Les candidats aux débits de tabacs sont classés en quatre catégories.

---

1. Ces revenus sont constitués par des remises faites aux débitants sur les prix des tabacs par eux vendus.

Ils sont ainsi très différents suivant la position des débits et il en est qui atteignent jusqu'à 10,000 francs.

Première catégorie.

Les anciens officiers supérieurs, leurs femmes, leurs veuves et leurs enfants.

Les officiers d'un grade inférieur qui se seraient signalés par des actions d'éclat, leurs femmes, leurs veuves et leurs enfants.

Les anciens fonctionnaires des services publics, leurs femmes, leurs veuves et leurs enfants.

Deuxième catégorie.

Les officiers de grades inférieurs, leurs femmes, leurs veuves et leurs enfants.

Les anciens fonctionnaires ou agents civils inférieurs, leurs femmes, leurs veuves et leurs enfants.

Troisième catégorie.

Les anciens militaires de tout grade qui, n'étant pas restés sous les drapeaux au delà du terme fixé par les lois, auraient été mis hors de service par suite de blessures graves.

Quatrième catégorie.

Les personnes qui auraient accompli dans un intérêt public des actes de courage et de dévouement dûment attestés.

Les candidatures figurant dans les deux premières catégories sont les seules qui, en général, puissent être admises pour les débits de première classe.

Celles appartenant aux deux dernières sont examinées, pour les bureaux de deuxième classe, par les commissions départementales instituées par le décret du 17 mars 1874.

Toutefois la commission centrale en a souvent accueilli quelques-unes appartenant à la quatrième catégorie (actes de dévouement). Elle seule a qualité pour apprécier l'importance des services rendus dans cette catégorie.

Le nombre des vacances et des créations nouvelles de débits se trouve assez limité chaque année, et celui des demandes, même de celles qui sont favorablement accueillies par la Commission, lui est toujours très supérieur. Il en résulte que le nombre des ayants droit s'accroît sans cesse, et que l'obtention des débits est le plus souvent fort longue et difficile, sinon même impossible.

Les bureaux spéciaux sont concédés par le ministre des finances au même titre que les débits simples de première classe.

On a souvent agité la question de savoir s'il ne conviendrait pas de mettre les bureaux de tabac en adjudication et de distribuer des secours en argent aux ayants droit; mais l'institution actuelle a toujours prévalu.

SOUS-DÉBITS

Des débits peuvent être établis dans les gares de chemins de fer; toutefois, dans celles qui sont rapprochées d'un débit ordinaire, il ne peut être créé qu'un sous-débit, dépendant du débit voisin.

Ces débits et sous-débits font partie des bazars des chemins de fer, et ne peuvent être gérés que par les agents de ces entreprises.

Ces agents ont d'ailleurs la faculté de circuler sur les voies, pendant l'arrêt des trains, afin de faciliter les achats des voyageurs.

Pour faciliter l'approvisionnement des camps, l'administration autorise des débitants à s'établir provisoirement dans leur voisinage.

PROGRÈS DE LA FABRICATION ET DES VENTES — RECETTES DÉPENSES — CAPITAL DE LA RÉGIE

Le tableau ci-après résume la vente des tabacs fabriqués, tous les dix ans, depuis 1862 :

Vente des tabacs fabriqués.

| ANNÉES. | CIGARES de la HAVANE et de MANILLE. | CIGARES de FRANCE. | CIGARETTES de TOUTES ESPÈCES. | SCAFERLATI | | | CAROTTES. | POUDRE | | ROLES | | | TOTAL GÉNÉRAL. |
				ÉTRANGER et supérieur.	ORDINAIRE.	A PRIX réduit.		ÉTRANGÈRE, supérieure et ordinaire.	A PRIX réduit.	MENU-FILÉS.	ORDINAIRES.	A PRIX réduit	
	kilogr.	kilogr.	kilogr.	kilogr.	kilogr.	kilogr.	kilogr.	kilogr.	kilogr.	kilogr.	kilogr.	kilogr.	kilogr.
1862.	146,010	2,977,458	7,791	49,898	9,650,958	7,386,833	446,885	6,564,225	755,446	103,513	206,044	151,245	28,544,806
1872.	100,835	3,232,091	40,386	101,098	10,918,228	5,171,049	391,908	6,502,314	5,469	141,229	325,916	90,440	27,021,563
1882.	58,125	3,546,948	938,881	529,624	13,822,031	7,914,462	501,416	6,915,382	46,579	171,504	526.239	69,974	35,041,488
1892.	34,254	3,234.598	1,073,817	1,125,941	15,358,890	8,756,071	579,490	5,485,280	46,454	170,114	491,578	39,302	36,278,837

Ce tableau montre, — si on laisse de côté l'année 1872 qui a suivi la guerre, — que la vente des tabacs a toujours été en croissant, mais avec des variations notables dans les divers éléments dont elle se compose.

Il y a diminution constante et très marquée sur les cigares étrangers, ainsi que sur toutes les poudres; par contre, la vente des cigarettes s'est accrue dans une proportion très remarquable et qui semble accuser une modification dans les habitudes des fumeurs. On doit d'autant plus le penser que la vente des cigarettes à la main, autorisée par décret du 26 octobre 1893 dans les débits ordinaires, se trouvait encore, en mars 1894, limitée aux débits principaux de Paris et de plusieurs grandes villes, par suite de l'insuffisance des moyens de production.

Le tableau qui suit donne la statistique, tous les sept ans, depuis la création du monopole jusqu'en 1892, des quantités de tabacs vendues, des recettes, des dépenses et des bénéfices nets.

	QUANTITÉS VENDUES.	RECETTES.	DÉPENSES.	BÉNÉFICES.
	A	B	C	D
	kilogr.	francs.	francs.	francs.
Des six derniers mois de 1811 à 1814...	55,897,975	252,870,386	193,405,482	93,355,842
1815.	9,753,537	53,872,857	13,427,014	32,123,303
1822.	12,261,761	65,038,049	24,018,622	41,950,997
1829.	11,070,727	66,605,470	23,143,259	45,632,490
1836.	13,592,197	78,282,079	20,958,910	55,629,540
1843.	17,069,263	104,376,746	32,557,026	77,368,735
1850.	19,218,406	122,113,791	26,488,724	88,915,001
1857.	27,574,919	174,256,710	47,126,836	125,996,477
1864.	29,937,657	234,236,945	62,490,927	177,732,435
1871.	26,969,564	218,215,690	48,864,144	168,108,535
1878.	32,240,864	333,794,521	60,983,209	272,661,812
1885.	36,289,101	375,509,876	75,213,995	304,481,016
1892.	36,466,035	377,710,882	67,672,696	308,230,355

Tous les chiffres de ce tableau, sauf ceux de 1871, accusent des progrès continus ; mais ce sont les résultats financiers du monopole qui sont les plus remarquables. Ils ont augmenté dans une proportion dont il n'existe peut-être pas d'autre exemple en matière d'impôts.

Cette augmentation est principalement due à l'élévation des prix de vente, qui ont tous été successivement augmentés, particulièrement en 1862 et 1872. Encore tout récemment (décret du 9 mai 1894), ils viennent d'être élevés pour un assez grand nombre de produits, tels que les cigares et les scaferlatis fabriqués à l'étranger, certains scaferlatis fabriqués en France avec des tabacs étrangers, et presque toutes les cigarettes.

On ne les a diminués, — et encore bien légèrement, — que pour les cigarettes hongroises en scaferlati supérieur, en maryland et en scaferlati ordinaire.

La modération des dépenses mérite aussi de fixer l'attention.

Elles sont restées sensiblement proportionnelles aux ventes, ce qui accuse, eu égard à l'augmentation graduelle et considérable des prix de main-d'œuvre, des progrès suivis dans la fabrication.

Le rapport entre la dépense et la recette a ainsi toujours été en diminuant. De 63 pour 100 qu'il était de 1811 à 1814, il est successivement descendu à 40,37 pour 100 en 1815 ; à 35,49 pour 100 en 1822 ; à 31,48 pour 100 en 1829 ; à 28,93 pour 100 en 1836 ; à 25,86 pour 100 en 1843 ; à 27,18 pour 100 en 1850 ; à 22,96 pour 100 en 1871 ; à 20 pour 100 en 1885 ; et il n'est plus aujourd'hui que de 18,39 pour 100.

Il convient d'ajouter, pour l'intelligence complète du tableau qui précède :

1° Que dans les quantités vendues, colonne A, figurent les ventes faites pour l'exportation (y compris les régies étrangères et la principauté de Monaco) pour 389,050 kilogrammes, et celles des tabacs en feuilles pour 187,198 kilogrammes.

2° Que les recettes B comprennent aussi la vente de divers produits accessoires, variables d'une année à une autre et qui, pour 1892, ont été les suivants :

Manquants à la charge des planteurs. . . . .   11,502 francs.
Frais supplémentaires de paquetage et de boitage à la
    charge des débitants et des exportateurs.   1,228,764   —
Droits perçus à l'importation.   464,123   —
Produits des ventes de jus et des résidus des tabacs im-
    propres à la fabrication   3,362   —

3° Que les chiffres de la colonne C sont ceux des dépenses en argent afférentes à chaque exercice, et que ceux de la colonne D tiennent compte des variations subies par le capital de la régie. Ces derniers ne sont point ainsi la différence entre les recettes et les dépenses; ils en diffèrent en plus ou en moins, suivant que le capital de la régie a diminué ou augmenté pendant le même exercice.

Le capital de la régie se compose de ses approvisionnements: tabacs en feuilles, indigènes ou exotiques ; tabacs fabriqués ou en cours de fabrication; tabacs de saisies; résidus de toute sorte (côtes, caboches, poussières, etc), et de ses bâtiments de tout genre (manufactures, magasins et entrepôts), avec le matériel, l'outillage et les fournitures qu'ils renferment.

Ce capital, qui s'élevait à la fin de 1892 à 119,525,733 francs, était représenté ainsi qu'il suit :

Valeur des approvisionnements. . . . .   72,054,966 francs [1].
Valeur des immeubles, des machines et des objets mo-
    biliers   47,470,787   —

et se trouvait en diminution de 1,807,831 francs sur celui de 1891.

1. Les tabacs de saisies (2,479 kilogr.) entrent dans ce chiffre pour 5,956 francs.

La loi du 28 avril 1816 prescrit la saisie de tous les tabacs détenus, fabriqués, vendus ou colportés en dehors de l'exercice de la Régie.

Ces tabacs sont détruits quand ils ne sont pas jugés propres à la fabrication; dans le cas contraire, ils sont envoyés dans les manufactures où ils sont dénaturés et mêlés à d'autres tabacs. Il n'est fait exception que pour les tabacs de qualité supérieure et de très belle apparence, comme les cigares façon Havane, qui, sous la dénomination de tabacs déclassés, sont vendus à des personnes connues et incapables d'en faire le commerce.

Cette vente se fait exclusivement à Paris, au bureau spécial du Gros-Caillou.

Tous les tabacs fabriqués, saisis à l'importation, peuvent toutefois être vendus, mais à charge de réexportation.

La perte éprouvée par ce même capital, en 1870 et 1871, par suite de la guerre, avait été de 25,588,046 francs.

IMPORTATION

En principe, l'importation du tabac étranger est interdite en France. Toutefois, il est fait exception pour les tabacs dits « de santé ou d'habitude », destinés à être consommés par l'importateur lui-même, mais l'importation ne peut avoir lieu sans une autorisation délivrée par l'administration des contributions indirectes.

Le maximum d'importation, que l'on peut faire venir en une ou plusieurs fois, a été fixé à 10 kilogrammes par année, et les droits d'entrée à :

Cigares et cigarettes.	36 francs le kilogramme.	
Tabac à priser et à mâcher	15 —	—
Tabac à fumer du Levant.	25 —	—
Tabac à fumer de toute autre origine. .	15 —	—

Disons, à ce sujet, que les provisions de tabac que peuvent avoir les voyageurs à leur entrée en France ne jouissent d'aucune franchise, quelle qu'en soit d'ailleurs la minime quantité : si l'administration des douanes montre quelque tolérance à cet égard, on ne peut donc que lui en savoir gré.

Mais les voyageurs peuvent toujours conserver leurs provisions, si elles ne dépassent pas un kilogramme de tabac ou 500 cigares, en acquittant les droits d'importation.

CONSOMMATION

Le taux moyen de la consommation en France, pour 1892, ressort à 942 grammes, et la dépense à 10 fr. 67 par habitant et par an [1].

1. D'après les documents déjà publiés par l'Administration, ces chiffres paraissent devoir être très légèrement plus faibles pour 1893 : 933 grammes et 10 fr. 66.

Cette consommation est relativement faible, si on la compare à celles qui se font dans plusieurs contrées de l'Europe.

Ainsi ces dernières ont été, pour la même année (1892), de :

2,500 grammes en Belgique et en Hollande,
1,720 — en Espagne,
1,500 — en Allemagne,
1,300 — en Autriche-Hongrie,
1,020 — en Danemark et en Norvège.

En Russie, la consommation moyenne par habitant a été sensiblement la même qu'en France, mais partout ailleurs, en Europe, elle a été moindre.

Voici quelques chiffres :

660 grammes en Roumanie,
565 — en Italie,
450 — en Turquie et en Portugal,
430 — en Grèce,
380 — en Serbie.

CHAPITRE XIII

Législations étrangères.

Le tabac est une matière essentiellement imposable, puisque sa consommation est facultative et toute de fantaisie ; aussi presque tous les États tirent-ils un revenu du tabac, soit au moyen d'impôts, soit par l'établissement de monopoles.

La variété des moyens d'application est très grande, ainsi qu'on va en juger par quelques exemples.

L'Angleterre est le seul pays où la culture du tabac soit interdite.

L'importation, la vente et la fabrication du tabac sont frappées de taxes ; mais pour encourager la fabrication, la taxe d'importation est moindre sur le tabac à fabriquer que sur le tabac fabriqué.

En Allemagne, les taxes portent sur l'importation et la culture[1] ; en Russie, sur la circulation, l'importation et la vente.

En Suisse, en Belgique et en Hollande, le tabac n'est assujetti qu'à un droit d'importation, qui est toujours peu élevé.

En Grèce, la culture du tabac est libre, mais un impôt est perçu sur le poids du tabac coupé, opération qui ne peut s'effectuer que dans les ateliers de l'État.

La vente du papier à cigarettes est aussi réservée à l'État.

L'Autriche-Hongrie est, de tous les États, celui où le monopole de la fabrication et de la vente du tabac a été le plus ancienne-

1. Un projet d'impôt sur la fabrication vient d'être soumis au Conseil fédéral (novembre 1894).

ment établi. Il date de deux siècles pour les provinces de l'empire, mais ce n'est qu'en 1850 qu'il a été étendu à la Hongrie.

Ce monopole est administré par une régie.

En Italie, le monopole du tabac, institué en 1869, fut d'abord confié à une société dite « Régie cointéressée des tabacs »; mais, depuis 1883, l'État l'exploite lui-même.

Le monopole des tabacs en Turquie date de 1884. Il est restreint à la consommation intérieure et a été concédé à une société fermière.

La culture et l'exportation du tabac sont restées libres, mais les planteurs de tabac doivent être autorisés par la société fermière.

En Espagne, le monopole des tabacs, qui fonctionne depuis 1887, est affermé à une Compagnie.

En Portugal, le monopole des tabacs, établi en 1888, fut d'abord exploité par l'État; mais, depuis 1891, il a été concédé à une société, moyennant une redevance fixe et une participation aux bénéfices comptés à partir d'un chiffre déterminé.

En Serbie, le résultat a été tout opposé. Le monopole, institué en 1886 et affermé à une société, dut être résilié en 1887, et, depuis cette époque, il est exploité par l'État.

Citons encore la Tunisie, où un monopole existe depuis 1870. D'abord mis en régie, il est depuis 1876 affermé par adjudication tous les trois ans.

Le service du pesage public en fait partie, et les recettes qu'il procure appartiennent au fermier.

Un autre produit y est encore annexé : c'est celui du Takrouri ou Kif, chanvre destiné à la fabrication du haschich, dont il est fait un assez grand usage en Tunisie.

Ce chanvre, dont la culture est prohibée en Tunisie, est tiré des environs de Bône.

Le Takrouri est trop coûteux pour être fumé seul; on le mélange, mais en très petite proportion, avec le tabac à fumer, particulièrement avec des tabacs riches en nicotine.

La ferme ne s'exerce directement que dans la ville et la province de Tunis; partout ailleurs, elle a des sous-traitants. Ceux-ci sont au nombre de vingt-deux, qui se partagent le territoire de la Régence.

Le fermier n'a pas de droit d'importation ou d'exportation à payer pour les tabacs et le Takrouri.

L'importation des tabacs fabriqués, ainsi que celle des tabacs en feuilles, est interdite aux particuliers, mais il n'en est pas de même de celles des cigares, sur laquelle le fermier perçoit un droit d'entrée. La vente des cigares importés est d'ailleurs entièrement libre.

La culture du tabac, qui se fait généralement dans les jardins, doit être autorisée. Elle n'est tolérée que dans certaines circonscriptions, et c'est au fermier qu'en incombe la surveillance.

La ferme ne fabrique pas de cigares.

Les débitants de tabacs peuvent s'établir librement : ils ne sont assujettis qu'à un droit de patente.

C'est auprès du fermier, pour la province de Tunis, ou de ses sous-traitants, pour les autres provinces, que les débitants viennent s'approvisionner ; mais les manufactures, aussi bien celle de Tunis que celles des sous-traitants, vendent aussi au détail.

CHAPITRE XIV

Thérapeutique. — Effets physiologiques du tabac.

Le tabac fut tout d'abord considéré par les médecins comme capable de guérir toutes les maladies, et de là vinrent les noms d'herbe sainte, de panacée universelle qui lui furent donnés.

On en fit usage sous toutes les formes : à l'état de sucs, d'onguents, de pilules, de sirops, de décoction, de bains, etc., etc., et les cures qu'il opérait étaient, dit-on, merveilleuses.

Nicot affirmait qu'étant en Portugal, il avait guéri un de ses parents d'un ulcère qu'il avait au nez par des applications de feuilles de tabac.

Certains médecins conseillaient le tabac en fumée ou en sirop pour la guérison de l'asthme, et le médecin anglais Fowler s'en servait pour soigner l'hydropisie. Il l'administrait à l'état de liqueur, composée d'une infusion de tabac, mêlée à de l'alcool.

Son efficacité contre les maladies scrofuleuses ne laissait pas de doute, et Monard raconte qu'un jeune homme fut guéri d'écrouelles par Nicot, qui lui fit suivre un traitement à base de tabac.

Ménandre rapporte à son tour qu'un chanoine de Louvain fut guéri de la même manière, par Nicot, d'un cancer qu'il avait à la joue.

Il dit qu'il guérit lui-même un de ses parents atteint d'épilepsie, en lui faisant prendre chaque matin une forte décoction de tabac, et qu'il se servait avec succès d'onguent de tabac pour soigner la surdité et les maux d'oreilles.

D'autres médecins, parmi lesquels on peut citer le célèbre

Hivernius, faisaient des applications de tabac en feuilles légèrement chauffées, pour combattre l'atonie des intestins, la paralysie,
l'apoplexie, l'asphyxie, les polypes, etc., etc.

Enfin, les vertus du tabac étaient telles, dit Everarth, qu'à
l'aide de lotions de tabac il fit disparaître les taches de rousseur
d'une jeune fille, qui devint très belle.

Il y avait là des exagérations évidentes, et les funestes effets
que provoqua souvent l'emploi du tabac comme remède ne tar-
dèrent pas à soulever contre lui les critiques les plus vives, les
oppositions les plus ardentes.

Les médecins se divisèrent en deux classes : les uns préconi-
sant le tabac et ses bienfaits, les autres le condamnant avec une
égale énergie. Pour ces derniers, le tabac était susceptible de produire tous les maux, et son usage devait être proscrit de la manière la plus rigoureuse. — Il en est même (Hoffman et Néander)
qui allèrent jusqu'à dire, pour mieux peindre les désordres qu'il
pouvait amener, qu'ils avaient vu le crâne et les poumons de
fumeurs que la fumée du tabac avait rendus tout noirs, et le cerveau d'un priseur, couvert d'une suie noirâtre et tellement desséché qu'il ne formait plus qu'un grumeau.

Aujourd'hui, le tabac n'est plus employé en thérapeutique, du
moins pour les maladies de l'homme, car il l'est toujours pour
celles des animaux, principalement de la race ovine, et on l'emploie aussi pour la destruction des insectes dans les serres et les
plantations ; mais si les luttes d'école ont cessé, nombreux sont
encore les médecins qui, de nos jours, s'élèvent contre le tabac,
qu'ils représentent comme contraire à la santé.

A en croire même quelques-uns, l'usage du tabac ne serait
rien moins pour les populations qu'une cause de dégénérescence
physique et morale, d'affaiblissement de l'intelligence, de stérilité,
et il affecterait toujours la vue et la mémoire.

Les faits protestent heureusement contre ces sinistres opinions.

L'Académie de médecine en a, d'ailleurs, fait justice.

Consultée en 1881, par le ministre de l'intérieur, sur une demande qui lui avait été adressée par une société dite « contre l'abus du tabac », à l'effet d'obtenir d'être déclarée d'utilité publique, l'Académie, dans un savant rapport qui lui fut présenté par l'un de ses membres, et où sont passées en revue toutes les opinions exprimées jusqu'alors sur les effets du tabac, a simplement conclu que *l'abus* du tabac pouvait être nuisible.

Voici au reste comment s'exprime ce rapport[1] :

. . . .

« Si l'usage modéré du tabac ne détermine qu'exceptionnellement des accidents morbides, particulièrement chez des enfants, des jeunes gens, des femmes, des personnes qui n'y sont pas habituées, le bref exposé précédent montre que fréquemment le tabac présente une nocuité redoutable, lorsqu'il est employé d'une manière excessive.

« Des états morbides attribués à l'abus du tabac, les uns sont relativement fréquents et assez généralement reconnus, comme les dyspepsies, les angines de poitrine, les altérations de la mémoire et de la vue; les autres sont plus exceptionnels ou sont insuffisamment démontrés au point de vue étiologique, mais néanmoins méritent d'être encore étudiés.

« Faire connaître les maladies, les accidents attribuables à l'usage du tabac et proposer les mesures hygiéniques propres à les prévenir ou à les combattre, tel est le double but que poursuit la Société contre l'abus du tabac, qui a demandé à M. le Ministre d'être reconnue d'utilité publique.

« Puisque l'Académie est actuellement consultée pour savoir si cette demande est justifiée par un grand intérêt d'hygiène publique, et si les considérations d'ordre médical invoquées par les membres de cette Société reposent sur un ensemble de faits et d'inductions acquis dès à présent à la science, votre commission propose à l'Académie de répondre à M. le ministre : 1° Qu'il y a

1. Rapport d'une commission composée de MM. Vulpian, Pator, Villemin, Léon Colin et Gustave Lagneau (rapporteur).

un intérêt d'hygiène publique à faire connaître l'action nuisible que peut avoir le tabac employé d'une manière excessive :

« 2° Que cette action nuisible est démontrée par un ensemble de faits et d'inductions, dès à présent acquis à la science. »

La Société dont il vient d'être question a été fondée en 1877, par M. Decroix, vétérinaire principal en retraite.

Elle a un journal qui paraît tous les mois, et où sont enregistrés et commentés tous les faits fâcheux pouvant résulter de l'abus du tabac ou de son simple usage : c'est, en d'autres termes, l'abandon même du tabac qu'elle poursuit. Cette Société, au reste, n'a pas obtenu d'être déclarée d'utilité publique.

Si l'usage immodéré du tabac est de nature à amener des accidents, surtout lorsqu'il s'agit de mauvais tabac, car plus il est commun, plus il est fort, il importe d'ajouter que, presque toujours, le malaise disparaît avec la cause qui l'a produit, c'est-à-dire avec le renoncement au tabac, et c'est ce que relate avec soin le rapport de l'Académie.

Au reste, malgré toutes les attaques dont il a été l'objet, le tabac n'a pas cessé de se répandre et il a en quelque sorte conquis le monde. On le cultive presque partout, et on n'estime pas à moins de 500 millions le nombre d'hommes qui en font usage.

On le recherche pour les distractions et les sensations qu'il procure ; mais combien sous ce rapport il diffère des autres narcotiques, l'opium, le haschish, le bétel et le coca, dont le procès n'est plus à faire. Le consommation de ceux-ci dépasse cependant encore celle du tabac. Puisse-t-il les remplacer tous un jour !

On ne saurait donc justement se montrer ennemi du tabac, et, puisque son abus seul est nuisible, on doit en laisser jouir librement ceux qui n'en souffrent pas. Ils y trouvent un charme, un plaisir que ne sauraient comprendre ceux qui n'en ont jamais fait usage ou qui n'ont pu s'y habituer, et dont la réalité est telle que le tabac est devenu pour le plus grand nombre d'entre eux le compagnon obligé de leurs travaux ou de leurs études.

Loin de tenir les hommes éloignés les uns des autres, le tabac

à fumer les rapproche et établit entre eux des rapports de socia-
bilité : on se plaît à fumer ensemble.

Les Hollandais, grands fumeurs, ont peint cet attrait par une
expression bien frappante : « Nous fumerons quelques pipes sur
cette affaire, » disent-ils, quand ils doivent traiter d'un sujet
important.

La consommation du tabac à priser, que l'on avait favorisée
par l'institution de râpeurs-jurés, qui se rendaient à domicile pour
mettre ce tabac en poudre alors qu'il était livré en carottes, a
longtemps dépassé celle du tabac à fumer, mais c'est le contraire
qui a lieu depuis un demi-siècle environ.

Il était de très bon ton autrefois de priser, et l'on prisait partout, dans les salons aussi bien qu'à la cour.

Les vertus du tabac étaient exaltées à ce point qu'on les chan-
tait et qu'on les vantait au théâtre.

Tout le monde connaît cette chanson populaire :

J'ai du bon tabac dans ma tabatière,...

et tout le monde sait aussi ce que Molière fait dire à Sganarelle,
dans le *Festin de Pierre* : « C'est la passion des honnêtes gens,
et qui vit sans tabac n'est pas digne de vivre; » mais la mode en
est passée aujourd'hui. Toutefois la tabatière de luxe existe toujours, et elle est encore offerte en présent aux hommes politiques
par les souverains.

Quant au tabac à mâcher, il n'a jamais été en faveur que chez
les ouvriers et les marins. Il remplace le plus souvent, pour eux,
le tabac à fumer, dont ils ne peuvent librement faire usage dans
leurs travaux ou à bord.

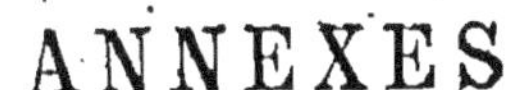

ANNEXES

Nomenclature générale et prix de vente à l'intérieur des tabacs fabriqués.

PRODUITS.	NUMÉROS D'ORDRE.	PRIX DE VENTE à l'intérieur, par kilogramme aux consommateurs.	OBSERVATIONS
			TABACS DE LUXE. **I. — CIGARES.**
	1.	1,250 00 e	en coffrets d'origine ou en paquets.
	1 *bis.*	1,300 00	en boîtes de 1 cigare.
	2	1,000 00	en coffrets d'origine ou en paquets.
	2 *bis.*	1,050 00	en boîtes de 1 cigare.
	3	750 00	en coffrets d'origine ou en paquets.
	3 *bis.*	787 50	en boîtes de 2 cigares.
	4	500 00	en coffrets d'origine ou en paquets.
	4 *bis.*	525 00	en boîtes de 2 cigares.
	5	375 00	en coffrets d'origine ou en paquets.
	5 *bis.*	393 75	en boîtes de 4 cigares.
	6	312 50	Modules divers. en coffrets d'origine ou en paquets.
	6 *bis.*	331 25	en boîtes de 4 cigares.
CIGARES	7	250 00	en coffrets d'origine ou en paquets.
fabriqués	7 *bis.*	262 50	en boîtes de 4 cigares.
à l'étranger.	8	225 00	en coffrets d'origine ou en paquets.
(Havane et Manille).	8 *bis.*	237 50	en boîtes de 4 cigares.
	9	200 00	en coffrets d'origine ou en paquets.
	9 *bis.*	212 50	en boîtes de 6 cigares.
	10	175 00	en coffrets d'origine ou en paquets.
	10 *bis.*	187 50	en boîtes de 6 cigares.
	11	150 00	en coffrets d'origine ou en paquets.
	11 *bis.*	162 50	en boîtes de 6 cigares.
	12	150 00	Impériales en coffrets d'origine ou en paquets.
	13	125 00	Modules divers. en coffrets d'origine ou en paquets.
	13 *bis.*	135 00	en boîtes de 10 et en étuis de 5 cigares.
	14	125 00	Cazadores en coffrets d'origine ou en paquets.
	15	112 50	en coffrets d'origine ou en paquets.
	15 *bis.*	120 00	Modules divers. en boîtes de 10 et en étuis de 5 cigares.
	16	100 00	en coffrets d'origine ou en paquets.
	16 *bis.*	107 50	en boîtes de 10 et en étuis de 5 cigares.
	17	100 00	Conchas en paquets de 4 cigares.
	18	87 50	en coffrets d'origine ou en paquets.
	18 *bis.*	95 00	en boîtes de 10 et en étuis de 5 cigares.
	19	75 00	Modules divers. en coffrets d'origine ou en paquets.
	19 *bis.*	82 50	en boîtes de 10 et en étuis de 5 cigares.
	20	62 50	en coffrets d'origine ou en paquets.
	20 *bis.*	70 00	en boîtes de 10 et en étuis de 5 cigares.
	21	50 00	Cheroots de Manille en coffrets divers.
	22	37 50	
	23	25 00	Modules déclassés en coffrets.
	24	12 50	
	31	125 00	en coffrets de 25 cigares.
	31 *bis.*	135 00	en boîtes de 10 et en étuis de 5 cigares.
	32	100 00	en coffrets de 25 cigares.
	32 *bis.*	107 50	en boîtes de 10 et en étuis de 5 cigares.
CIGARES	33	87 50	en coffrets de 25 cigares.
de	33 *bis.*	95 00	Modules divers. en boîtes de 10 et en étuis de 5 cigares.
France.	34	75 00	en coffrets de 25 cigares.
	34 *bis.*	82 50	en boîtes de 10 et en étuis de 5 cigares.
	35	62 50	en coffrets de 25 cigares.
	35 *bis.*	70 00	en boîtes de 10 et en étuis de 5 cigares.
	36	31 25	en coffrets de 100 et de 50 cigares. (I H.)
	37	25 00	en coffrets de 100 et de 50 cigares. (D B.)

PRODUITS.	NUMÉRO D'ORDRE.	PRIX DE VENTE à l'intérieur, par kilogramme aux consommateurs.	OBSERVATIONS.

II. — CIGARETTES.

PRODUITS.	NUMÉRO	PRIX	OBSERVATIONS.
	1	180 00 c	
	2	170 00	
	3	160 00	
	4	150 00	
	5	140 00	
	6	130 00	
	7	120 00	
	8	100 00	
	9	90 00	
CIGARETTES	10	80 00	
	11	75 00	
fabriquées	12	70 00	Modules divers en boîtes ou en paquets.
	13	65 00	
à l'étranger.	14	60 00	
	15	55 00	
	16	50 00	
	17	45 00	
	18	40 00	
	19	35 00	
	20	30 00	
	21	25 00	
	22	20 00	
	23	15 00	
	31	170 00	
	32	150 00	
	33	130 00	
	34	120 00	
	35	100 00	
	36	90 00	
	37	80 00	
	38	75 00	
	39	70 00	
CIGARETTES	40	65 00	
de	41	60 00	Modules divers en boîtes de 100, 50 et 25 cigarettes.
	42	55 00	
France.	43	50 00	
	44	45 00	
	45	40 00	
	46	35 00	
	47	30 00	
	48	25 00	
	49	20 00	
	50	15 00	

III. — SCAFERLATIS.

PRODUITS.	NUMÉRO	PRIX	OBSERVATIONS.
SCAFERLATIS	1	100 00	
	2	60 00	
fabriqués	3	32 00	Espèces diverses en boîtes ou en paquets.
à l'étranger.	4	28 00	
	5	24 00	
SCAFERLATIS	11	45 00	
de France.	12	35 00	Espèces diverses en boîtes de 100 et de 50 grammes.
	13	30 00	

PRODUITS.	NUMÉROS D'ORDRE.	PRIX DE VENTE à l'intérieur, par kilogramme aux consommateurs.	OBSERVATIONS.
			TABACS DE VENTE COURANTE.
I. — CIGARES	41	87f 50c	Cazadores, londrès extra en coffrets de 25 ou en paquets de 6 cigares.
	42	75 00	Londrès, trabucos. { en coffrets de 50 et paquets de 6, brevas en coffrets de 100 cigares.
	42 bis.	75 00	en coffrets de 25 cigares.
	43	62 50	Aromaticos, camelias. { en coffrets de 50 et paquets de 6 cigares.
	43 bis.	62 50	en coffrets de 25 cigares.
	44	50 00	Opéras, favoritos. { en coffrets de 100 et paquets de 6 cigares.
	44 bis.	50 00	en coffrets de 25 cigares.
	45	37 50	Londrecitos, millares. { en coffrets de 100 cigares.
	45 bis.	37 50	en coffrets de 50 cigares.
	46	25 00	Cigares à 10 centimes. { en paquets de 25 ou 10 cigares.
	46 bis.	25 00	en coffrets.. . . . . . { de 250 cigares.
	46 ter.	25 00	de 50 cigares.
	47	18 75	Cigares. . . { à 7 centimes 1/2. en paquets de 25 ou 10 cigares.
	48	12 50	à 5 centimes en paquets de 25 cigares.
II. — CIGARETTES.	61	100 00	Cigarettes sans papier. { Damitas, en coffrets de 100 et étuis de 10 cigarettes.
	62	75 00	Senoritas, en coffrets de 100 et étuis de 20 cigarettes.
	63	50 00	Ninas, en paquets de 20 cigarettes.
	64	50 00	Russes, en tabac à 16 francs, en paquets de 10 cigarettes.
	65	25 00	Chasseurs, en tabac à 16 francs, en paquets de 20 et en coffrets de 1,000 cigarettes.
	66	50 00	Hongroises. { en tabac à 30 francs.
	67	45 00	— 25 —
	68	40 00	— 20 —
	69	35 00	— 16 —
	70	30 00	— 12 fr. 50.
	71	45 00	Élégantes. . { en tabac à 30 francs.
	72	40 00	— 25 —
	73	35 00	— 20 — } en bondons de 20 cigarettes.
	74	30 00	— 16 —
	75	25 00	— 12 fr. 50.
	76	35 00	Françaises . { en tabac à 30 francs.
	77	30 00	— 25 —
	78	25 00	— 20 —
	79	20 00	— 16 —
	80	15 00	— 12 fr. 50.
	81	35 00	Cigarettes à la main, en tabac à { en portefeuilles.. } de 20 cigarettes.
	82	32 50	16 francs. . . . . . { en bondons. . . .
	83	30 00	Cigarettes à la main, en tabac à { en portefeuilles..
	84	27 50	12 fr. 50. . . . . . . { en bondons. . . .
III. — SCAFERLATIS.	21	25 00	Levant supérieur, en paquets de 50 grammes.
	22	20 00	Levant ordinaire, Varinas, Lattakieh, en paquets de 50 grammes.
	23	16 00	Scaferlatis. { supérieur, Maryland, Virginie, en paquets de 50 grammes.
	24	12 50	ordinaire. . . . . . { en paquets de 500 grammes.
	24 bis.	12 50	en paquets de 40 grammes.
IV. — RÔLES ET CAROTTES.	1	16 00	Rôles. . . . { menu-filés, de 100 grammes.
	2	12 50	ordinaires, de 1 kilogramme et 500 grammes.
	3	12 50	Carottes.
V. — POUDRES.	1	16 00	Poudres. . . { supérieure et étrangère en paquets de 100 grammes.
	2	12 50	ordinaire en tonneaux.

PRODUITS.	NUMÉROS D'ORDRE.	PRIX DE VENTE à l'intérieur, par kilogramme aux consommateurs.	OBSERVATIONS.
			TABACS DE VENTE RESTREINTE.
I. — SCAFERLATIS.	31	8 f 00 c	Scaferlatis. de 3ᵉ zone en paquets.
	32	5 00	de 2ᵉ zone en paquets.
	33	3 00	de 1ʳᵉ zone...... 2ᵉ subdivision. en
	34	1 50	1ʳᵉ subdivision. paquets.
	35	5 00 1	Scaferlati d'hospices, en paquets de 100 grammes.
	36	1 50	Scaferlati de troupes, en paquets de 100 grammes.
II. — RÔLES.	11	8 00	Rôles.... de 2ᵉ zone de 1 kilogramme.
	12	6 03	de 1ʳᵉ zone de 1 kilogramme.
	13	2 00	de troupes de 1 kilogramme.
III.— POUDRES.	11	5 00 1	Poudre d'hospice, en tonneaux.

1. Ces prix ont été abaissés à 1 fr. 50 par décret du 9 juin 1895.

ANNEXE B.
Cigarettes de luxe fabriquées en France.

Nota. — Toutes les variétés sont mises en boîtes de 100 et 50 cigarettes. — Les variétés dont les prix sont soulignés sont, en outre, mises en boîtes de 25 cigarettes.

DÉSIGNATION DES MODULES.	EN DUBÊQUE AROMATIQUE, EN GIUBECK, A 45 FRANCS.		EN PHERESLI, EN SAMSOUN, EN SULTAN DOUX, EN VIZIR SUPÉRIEUR, A 35 FRANCS.		EN DUBÊQUE MOYEN. EN VIZIR ORDINAIRE, EN LATTAKIEH SUPÉRIEUR, A 30 FRANCS.		EN LEVANT SUPÉRIEUR, A 25 FRANCS,		EN LATTAKIEH ET LEVANT ORDINAIRE, EN VARINAS. A 20 FRANCS.		EN MARYLAND, EN CAPORAL SUPÉRIEUR, A 16 FRANCS.		EN CAPORAL ORDINAIRE, A 12 FR. 50.	
	Numéros de série.	Prix de vente du kilogramme aux consommateurs.	Numéros de série.	Prix de vente du kilogramme aux consommateurs.	Numéros de série.	Prix de vente du kilogramme aux consommateurs.	Numéros de série.	Prix de vente du kilogramme aux consommateurs.	Numéros de série.	Prix de vente du kilogramme aux consommateurs.	Numéros de série.	Prix de vente du kilogramme aux consommateurs.	Numéros de série.	Prix de vente du kilogramme aux consommateurs.
Odalisques	46	35f00c	47	30f00c	48	25f00c	49	20f00c	»	»	»	»	»	»
Espagnoles	45	40 00	46	35 00	47	30 00	48	25 00	49	20f00c	»	»	»	»
Almées	46	35 00	47	30 00	48	25 00	49	20 00	»	»	»	»	»	»
Entractes	45	40 00	46	35 00	47	30 00	48	25 00	49	20 00	»	»	»	»
Guatémala	43	50 00	44	45 00	45	40 00	46	35 00	47	30 00	48	25f00c	49	20f00
Petits pages	44	45 00	45	40 00	46	35 00	47	30 00	48	25 00	49	20 00	»	»
Pages	43	50 00	44	45 00	45	40 00	46	35 00	47	30 00	48	25 00	49	20 00
Dames	43	50 00	44	45 00	45	40 00	46	35 00	47	30 00	48	25 00	49	20 00
Favorites	41	60 00	43	50 00	44	45 00	45	40 00	46	35 00	47	30 00	48	25 00
Amazones-élégantes	41	60 00	43	50 00	44	45 00	45	40 00	46	35 00	47	30 00	48	25 00
Amazones-élégantes à bagues	37	80 00	39	70 00	41	60 00	43	50 00	44	45 00	45	40 00	46	35 00
Jokeys	41	60 00	43	50 00	44	45 00	45	40 00	46	35 00	47	30 00	48	25 00
Grenades-Hongroises en papier ordinaires . Grenades-Hongroises en papier à bout ambré	39	70 00	41	60 00	43	50 00	44	45 00	45	40 00	46	35 00	47	30 00
Havanaises	39	70 00	41	60 00	43	50 00	44	45 00	45	40 00	46	35 00	47	30 00
Égyptiennes	36	90 00	39	70 00	41	60 00	43	50 00	44	45 00	45	40 00	46	35 00
Boyards	35	100 00	37	80 00	39	70 00	41	60 00	43	50 00	44	45 00	45	40 00
Russes	34	120 00	35	100 00	37	80 00	39	70 00	41	60 00	43	50 00	»	»

ANNEXE C.

Scaferlatis de luxe fabriqués en France.

NUMÉROS de SÉRIE.	ESPÈCES.	PRIX DE VENTE aux consommateurs.	OBSERVATIONS.
		fr. c.	
11	Dubèque aromatique. . . . . Giubeck..	45 00	Toutes les espèces sont mises en boîtes de 100 et 50 grammes.
12	Phéresli très fort . . . . Sultan doux. . . . . Samsoun supérieur.. . . . . Vizir supérieur.	35 00	
13	Dubèque moyen. . . . . Lattakieh supérieur. . . . . , . . Vizir ordinaire.	30 00	

ANNEXE D

Vente des débits au détail.

NUMÉROS de la série.	ESPÈCES.	BOITAGE ou PAQUETAGE.	PRIX DU KILOGRAMME aux consommateurs.	PRIX DE VENTE au détail.
	TABACS DE LUXE.			
	CIGARES FABRIQUÉS A L'ÉTRANGER.			
12	Impériales de la Havane.	Coffrets d'origine.	150f 00	0f 60 le cigare.
14	Cazadores de la Havane.	*Idem.*	125 00	0 50 —
21	Cheroots de Manille. . .	*Idem.*	50 00	0 20 —
	TABACS DE VENTE COURANTE.			
	I. — CIGARES.			
41	Cazadores.	Coffrets de 25. . .	87 50	0f 35 le cigare.
42	Londrès.	Coffrets de 50. . .	75 00	0 30 —
	Trabucos	Coffrets de 50. . .		
	Brevas.	Coffrets de 100 . .		
43	Aromaticos	Coffrets de 50. . .	62 50	0 25 —
	Camélias	Coffrets de 50. . .		
44	Opéras.	Coffrets de 100 . .	50 00	0 20 —
	Favoritos	Coffrets de 100 . .		
45 et 45 *bis*	Londrecitos.	Coffrets de 100 et de 50	37 50	0 15 —
	Millarès.	*Idem.*		
46 et 46 *bis*	Cigares à 0f 10, ordinaires.	Coffrets de 250 et paquets de 25. .	25 00	0 10 —
	Cigares à 0f 10, comprimés	Paquets de 25. . .		
	Cigares à 0f 10, cigarros.	Coffrets de 250 . .		
47	Cigares à 0f 075 ordinaires.	Paquets de 25. . .	18 75	0 15 les 2 cigares.
	Cigares à 0f 075, comprimés			
48	Cigares à 0f 05, bouts tournés.	*Idem.*	12 50	0 05 le cigare.
	Cigares à 0f 05, bouts coupés ronds.			
	Cigares à 0f 05, bouts coupés comprimés. . .			

NUMÉROS de la série.	ESPÈCES.	BOITAGE ou PAQUETAGE.	PRIX DU KILOGRAMME aux consommateurs.	PRIX DE VENTE au détail.
	II. — CIGARETTES.			
63	Sans papier, « Ninas ». .	Paquets de 20. . .	50ᶠ00	0ᶠ05 la cigarette.
65	Chasseurs, en tabac à 16ᶠ.	Coffrets de 1,000.	25 00	0 05 les 2 cigarettes.
	III. — SCAFERLATIS.			
24	Caporal ordinaire.	Paquets de 500 gr.	12 50	12 50 les 1,000 gr.
	IV. — RÔLES ET CAROTTES.			
1	Rôles menu-filés.	Rôles de 100 gr. .	16 00	16 00 les 1,000 gr.
2	Rôles ordinaires	Rôles de 1 kilogr, et 500.	12 50	12 50 —
3	Carottes.	Carottes.	12 50	12 50 —
	V. — POUDRES.			
2	Poudre ordinaire.	En vrac	12 50	12 50 —

TABACS DE VENTE RESTREINTE.

NUMÉROS de la série.	ESPÈCES.	BOITAGE ou PAQUETAGE.	PRIX DU KILOGRAMME aux consommateurs.	PRIX DE VENTE au détail.
	I. — SCAFERLATIS.			
31	Scaferlati de 3ᵉ zone. . .	Paquets de 500 gr.	8 00	8 00 —
32	— 2ᵉ zone. . .	Idem.	5 00	5 00 —
	II. — RÔLES.			
11	Rôles de 2ᵉ zone.	Rôles de 1 kilogr.	8 00	8 00 —
12	Rôles de 1ʳᵉ zone.	Idem.	6 00	6 00 —
13	Rôles de troupes.	Idem.	2 00	2 00 —
	III. — POUDRE D'HOSPICE.			
11	Poudre d'hospice.	En vrac	5 00	5 00 [1] —

1. Ce prix a été abaissé à 1 fr. 50 par décret du 9 juin 1895.

MANUFACTURE DES TABACS DE PARIS (GROS-CAILLOU).

SERVICE DE L'EXPERTISE.

Cigares de modules divers de la Havane, de Manille et de France, cigarettes et scaferlatis de fabrication étrangère.

NOTA. — Les prix de vente du kilogramme aux consommateurs sont indiqués dans la nomenclature générale pour chaque numéro de série.

MARQUE DE FABRIQUE	DÉSIGNATION DES ESPÈCES	NUMÉRO de série	VENTE DANS LES BUREAUX SPÉCIAUX et par l'intermédiaire des entrepôts ordinaires. Le coffret de			VENTE DANS LES BUREAUX spéciaux. Le paquet de		NUMÉRO de série	VENTE DANS LES BUREAUX SPÉCIAUX ET DANS LES DÉBITS ORDINAIRES. Petites boîtes à couvercle de verre.					Étuis de à cigares.
			100 cigares.	50 cigares	25 cigares.	4 cigares.	6 cigares.		de 1.	de 2.	de 4.	de 6.	de 10.	
			fr. c.	fr. c.	fr. c.	fr. c.	fr. c.		fr. c.	fr. c.	fr. c.	fr. c.	fr. c.	fr. c.
						1° CIGARES EXCEPTIONNELS DE LA HAVANE ET DE MANILLE.								
5 fr. LE CIGARE.														
Upmann	Invincibles	1	»	»	125 00	»	»	1 bis	5 20	»	»	»	»	»
2 fr. LE CIGARE.														
Corona	Coronas	4	»	»	50 00	8 00	»	4 bis	»	4 20	»	»	»	»
Flor de Cuba	Cabinets	4	»	»	50 00	»	»	4 bis	»	4 20	»	»	»	»
1 fr. 50 LE CIGARE.														
Corona	Invencibles	5	»	»	37 50	»	9 00	5 bis	»	»	6 30	»	»	»
Upmann	Impériales	5	»	75 00	»	»	9 00	5 bis	»	»	6 30	»	»	»
1 fr. 25 LE CIGARE.														
Aguila de Oro (Bock y Cª).	Escepcionales	6	»	»	31 25	»	7 50	6 bis	»	»	5 30	»	»	»
H. Clay	Idem.	6	»	»	31 25	»	7 50	6 bis	»	»	5 30	»	»	»
H. Clay	Alvas.	6	»	»	31 25	»	7 50	6 bis	»	»	5 30	»	»	»
Comercial	Escepcionales	6	»	»	31 25	»	7 50	6 bis	»	»	5 30	»	»	»
Escepcion	Cabinets (Boys de Monterrey)	6	»	»	31 25	»	7 50	6 bis	»	»	5 30	»	»	»
Flor de Cuba	Invencibles	6	»	»	31 25	»	7 50	6 bis	»	»	5 30	»	»	»
Flor de Cuba	Escepcionales	6	»	»	31 25	»	7 50	6 bis	»	»	5 30	»	»	»
Tabacos	Idem.	6	»	»	31 25	»	7 50	6 bis	»	»	5 30	»	»	»
Upmann	Idem.	6	»	62 50	31 25	»	7 50	6 bis	»	»	5 30	»	»	»

MARQUE DE FABRIQUE	DÉSIGNATION DES ESPÈCES	NUMÉRO de série	Le coffret de 100 cigares	Le coffret de 50 cigares	Le coffret de 25 cigares	Le paquet de 4 cigares	Le paquet de 6 cigares	NUMÉRO de série	Petites boîtes à couvercle de verre de 1	de 2	de 4	de 6	de 10	Étuis de 5 cigares
			fr. c.	fr. c.	fr. c.	fr. c.	fr. c.		fr. c.	fr. c.	fr. c.	fr. c.	fr. c.	fr. c.
1 fr. LE CIGARE.														
Aguila de Oro (Bock y Cª).	Alfredos	7	»	»	25 00	»	6 00	7 bis	»	»	4 20	»	»	»
Cabañas.	Esquisitos	7	»	»	25 00	»	6 00	7 bis	»	»	4 20	»	»	»
Cabañas.	Non plus ultra	7	»	»	25 00	»	6 00	7 bis	»	»	4 20	»	»	»
H. Clay.	Idem	7	»	»	25 00	»	6 00	7 bis	»	»	4 20	»	»	»
H. Clay.	Perfectos	7	»	»	25 00	»	6 00	7 bis	»	»	4 20	»	»	»
Comercial.	Alfredos	7	»	»	25 00	»	6 00	7 bis	»	»	4 20	»	»	»
Corona	Castelares	7	»	»	25 00	»	6 00	7 bis	»	»	4 20	»	»	»
Flor de Cuba	Alfredos	7	»	»	25 00	»	6 00	7 bis	»	»	4 20	»	»	»
Flor de Cuba	Patriotas	7	»	»	25 00	»	6 00	7 bis	»	»	4 20	»	»	»
Intimidad.	Sin Iguales	7	»	»	25 00	»	6 00	7 bis	»	»	4 20	»	»	»
Legitimidad	Rothschilds	7	»	»	25 00	»	6 00	7 bis	»	»	4 20	»	»	»
Upmann	Non plus ultra	7	»	50 00	»	»	6 00	7 bis	»	»	4 20	»	»	»
Villar y Villar	Bouquets	7	»	»	25 00	»	6 00	7 bis	»	»	4 20	»	»	»
0 fr. 90 LE CIGARE.														
Aguila de Oro (Bock y Cª).	Bouquets	8	»	»	22 50	»	5 40	8 bis	»	»	3 80	»	»	»
Comercial.	Elegantes	8	»	»	22 50	»	5 40	8 bis	»	»	3 80	»	»	»
Corona	Bouquets	8	»	»	22 50	»	5 40	8 bis	»	»	3 80	»	»	»
Flor de Cuba	Idem	8	»	»	22 50	»	5 40	8 bis	»	»	3 80	»	»	»
Intimidad.	Alfredos	8	»	»	22 50	»	5 40	8 bis	»	»	3 80	»	»	»
Legitimidad	Non plus ultra	8	»	45 00	»	»	5 40	8 bis	»	»	3 80	»	»	»
Upmann	Regª Britª	8	»	45 00	»	»	5 40	8 bis	»	»	3 80	»	»	»
Upmann	Para la Nobleza	8	»	45 00	»	»	5 40	8 bis	»	»	3 80	»	»	»
0 fr. 80 LE CIGARE.														
Africana	Rothschilds	9	»	40 00	»	»	4 80	9 bis	»	»	»	5 10	»	»
Africana	Bouquets	9	»	»	20 00	»	4 80	9 bis	»	»	»	5 10	»	»
Aguila de Oro (Bush y Cª).	Bouquets especiales	9	»	»	20 00	»	4 80	9 bis	»	»	»	5 10	»	»
Aguila de Oro (Bush y Cª).	Regª Britª	9	»	40 00	»	»	4 80	9 bis	»	»	»	5 10	»	»
Cabañas.	Bouquets	9	»	»	20 00	»	4 80	9 bis	»	»	»	5 10	»	»
Cabañas.	Petits bouquets	9	»	»	20 00	»	4 80	9 bis	»	»	»	5 10	»	»
H. Clay.	Bouquets	9	»	»	20 00	»	4 80	9 bis	»	»	»	5 10	»	»
H. Clay.	Regª Britª	9	»	40 00	»	»	4 80	9 bis	»	»	»	5 10	»	»
Comercial.	Bouquets	9	»	»	20 00	»	4 80	9 bis	»	»	»	5 10	»	»
Comercial.	Regª Britª	9	»	40 00	»	»	4 80	9 bis	»	»	»	5 10	»	»
Flor de Cuba	Bouquet especial	9	»	»	20 00	»	4 80	9 bis	»	»	»	5 10	»	»
Flor de Cuba	Rothschilds	9	»	»	20 00	»	4 80	9 bis	»	»	»	5 10	»	»
Intimidad.	Bouquets	9	»	»	20 00	»	4 80	9 bis	»	»	»	5 10	»	»
Intimidad.	Regª Britª	9	»	40 00	»	»	4 80	9 bis	»	»	»	5 10	»	»

MARQUE DE FABRIQUE	DÉSIGNATION DES ESPÈCES	NUMÉRO de série	VENTE DANS LES BUREAUX SPÉCIAUX et par l'intermédiaire des entrepôts ordinaires. Le coffret de 100 cigares.	50 cigares.	25 cigares.	VENTE DANS LES BUREAUX spéciaux. Le paquet de 4 cigares.	6 cigares.	NUMÉRO de série	VENTE DANS LES BUREAUX SPÉCIAUX ET DANS LES DÉBITS ORDINAIRES. Petites boîtes à couvercle de verre. de 1.	de 2.	de 4.	de 6.	de 10.	Étuis de 5 cigares.
			fr. c.	fr. c.	fr. c.	fr. c.	fr. c.		fr. c.	fr. c.	fr. c.	fr. c.	fr. c.	fr. c.
0 fr. 80 LE CIGARE (*Suite*).														
Legitimidad	Regª Bouquets	9	»	»	20 00	»	4 80	9 *bis*	»	»	»	5 10	»	»
Matilde	Regª Britª	9	»	40 00	»	»	4 80	9 *bis*	»	»	»	5 10	»	»
Tabacos	Bouquets superfinos	9	»	»	20 00	»	4 80	9 *bis*	»	»	»	5 10	»	»
	Britª Chica	9	»	40 00	»	»	4 80	9 *bis*	»	»	»	5 10	»	»
Villar y Villar	Regª Britª	9	»	40 00	».	»	4 80	9 *bis*	»	»	»	5 10	»	»
	Regª de Londres	9	»	40 00	»	»	4 80	0 *bis*	»	»	»	5 10	»	»
0 fr. 70 LE CIGARE.														
Africana	Regª Britª	10	»	35 00	»	»	4 20	10 *bis*	»	»	»	4 50	»	»
Carolina	*Idem*	10	»	35 00	»	»	4 20	10 *bis*	»	»	»	4 50	L	»
Corona	Regª Garciosa	10	»	35 00	»	»	4 20	10 *bis*	»	»	»	4 50	»	»
Flor de Cuba	Regª de Francia	10	»	35 00	»	»	4 20	10 *bis*	»	»	»	4 50	»	»
Matilde	Regª non plus	10	»	35 00	»	»	4 20	10 *bis*	»	»	»	4 50	»	»
	Regª Chica	10	»	35 00	»	»	4 20	10 *bis*	»	»	»	4 50	»	»
Upmann	Preciosos	10	»	35 00	»	»	4 20	10 *bis*	»	»	»	4 50	»	»
	Regª especial	10	»	35 00	»	»	4 20	10 *bis*	»	»	»	4 50	»	»
0 fr. 60 LE CIGARE.														
Africana	Regª Reina extra fina	11	60 00	»	»	»	3 60	11 *bis*	»	»	»	3 90	»	»
Aguila de Oro (Bock y Cª)	Reina Mª Vª	11	60 00	30 00	»	»	3 60	11 *bis*	»	»	»	3 90	»	»
Cabañas	Regª C/il faut	11	»	30 00	»	»	3 60	11 *bis*	»	»	»	3 90	»	»
	Brevas	11	60 00	»	»	»	3 60	11 *bis*	»	»	»	3 90	»	»
	C/il faut especial	11	»	30 00	»	»	3 60	11 *bis*	»	»	»	3 90	»	»
Carolina	Brevas à la conserva	11	»	30 00	»	»	3 60	11 *bis*	»	»	»	3 90	»	»
H. Clay	Victorias	11	»	30 00	»	»	3 60	11 *bis*	»	»	»	3 90	»	»
	Culebras	11	»	»	15 00	»	3 60	11 *bis*	»	»	»	3 90	»	»
Comercial	Albertos	11	»	30 00	»	»	3 60	11 *bis*	»	»	»	3 90	»	»
	Patriotas	11	»	30 00	15 00	»	3 60	11 *bis*	»	»	»	3 90	»	»
Corona	Petits bouquets	11	»	»	15 00	»	3 60	11 *bis*	»	»	»	3 90	»	»
Flor de Cuba	Regª C/il faut	11	»	30 00	»	»	3 60	11 *bis*	»	»	»	3 90	»	»
Intimidad	Almirantes	11	»	30 00	»	»	3 60	11 *bis*	»	»	»	3 90	»	»
	Brevas finas	11	»	30 00	»	»	3 60	11 *bis*	»	»	»	3 90	»	»
	Cazadores chicos	11	60 00	»	»	»	3 60	11 *bis*	»	»	»	3 90	»	»
Legitimidad	Regª Antillas	11	»	30 00	»	»	3 60	11 *bis*	»	»	»	3 90	»	»
	Petits bouquets	11	»	»	15 00	»	3 60	11 *bis*	»	»	»	3 90	»	»
	Regª C/il faut	11	»	30 00	»	»	3 60	11 *bis*	»	»	»	3 90	»	»
Tabacos	Deliciosos	11	»	»	15 00	»	3 60	11 *bis*	»	»	»	3 90	»	»
Upmann	Brevas de Calidad	11	60 00	»	»	»	3 60	11 *bis*	»	»	»	3 90	»	»
	Principe de Gales	11	»	30 00	»	»	3 60	11 *bis*	»	»	»	3 90	»	»
Vencedora	Petits bouquets	11	»	»	15 00	»	3 60	11 *bis*	»	»	»	3 90	»	»
Villar y Villar	Brevas de Calidad	11	60 00	»	»	»	3 60	11 *bis*	»	»	»	3 90	»	»

MARQUE DE FABRIQUE.	DÉSIGNATION DES ESPÈCES.	NUMÉRO de série.	VENTE DANS LES BUREAUX SPÉCIAUX et par l'intermédiaire des entrepôts ordinaires. Le coffret de 100 cigares.	50 cigares.	25 cigares.	VENTE DANS LES BUREAUX spéciaux. Le paquet de 4 cigares.	6 cigares.	NUMÉRO de série.	VENTE DANS LES BUREAUX SPÉCIAUX ET DANS LES DÉBITS ORDINAIRES. Petites boîtes à couvercle de verre. de 1.	de 2.	de 4.	de 6.	de 10.	Étuis de 5 cigares.
			fr. c.	fr. c.	fr. c.	fr. c.	fr. c.		fr. c.	fr. c.	fr. c.	fr. c.	fr. c.	fr. c.
0 fr. 50 LE CIGARE.														
Aguila de Oro (Bock y Cª).	Trabucos finos	13	»	25 00	»	»	3 00	13 bis.	»	»	»	»	5 40	»
	Cazadores chicos	13	»	25 00	»	»	3 00	13 bis.	»	»	»	»	5 40	»
Cabañas	Trabucos	13	»	25 00	»	»	3 00	13 bis.	»	»	»	»	5 40	»
	Regª Favorita	13	»	25 00	»	»	3 00	13 bis.	»	»	»	»	5 40	»
Carolina	Victorias	13	»	25 00	»	»	3 00	13 bis.	»	»	»	»	5 40	»
	Regª C/il faut	13	50 00	»	»	»	3 00	13 bis.	»	»	»	»	5 40	»
H. Clay	Darlings	13	»	25 00	»	»	3 00	13 bis.	»	»	»	»	5 40	»
	Conchas de Regª	13	»	25 00	»	»	3 00	13 bis.	»	»	»	»	5 40	»
Comercial	Regª de la Reina	13	»	25 00	»	»	3 00	13 bis.	»	»	»	»	5 40	»
	Regª de Conchas	13	»	25 00	»	»	3 00	13 bis.	»	»	»	»	5 40	»
Corona	Regª de Paris	13	»	25 00	»	»	3 00	13 bis.	»	»	»	»	5 40	»
	Regª del Principe	13	»	55 00	»	»	3 00	13 bis.	»	»	»	»	5 40	»
Flor de Cuba	Conchas finas	13	»	25 00	»	»	3 00	13 bis.	»	»	»	»	5 40	»
	Favoritos	13	»	25 00	»	»	3 00	13 bis.	»	»	»	»	5 40	»
Intimidad	Pour les amateurs	13	50 00	»	»	»	3 00	13 bis.	»	»	»	»	5 40	»
	Regª de Madrid	13	»	25 00	»	»	3 00	13 bis.	»	»	»	»	5 40	»
Legitimidad	Conchas finas	13	»	25 00	»	»	3 00	13 bis.	»	»	»	»	5 40	»
	Brevas Corrientes	13	50 00	»	»	»	3 00	13 bis.	»	»	»	»	5 40	»
Tabacos	Reina Mercedes	13	»	25 00	»	»	3 00	13 bis.	»	»	»	»	5 40	»
Upmann	Conchas finas	13	50 00	»	»	»	3 00	13 bis.	»	»	»	»	5 40	»
	Regª de la Reina	13	50 00	»	»	»	3 00	13 bis.	»	»	»	»	5 40	»
Vencedora	Regª Bouquets	13	»	»	12 50	»	3 00	13 bis.	»	»	»	»	5 40	»
	Victorias	13	»	25 00	»	»	3 00	13 bis.	»	»	»	»	5 40	»
Villar y Villar	Regª de la Reina	13	50 00	»	»	»	3 00	13 bis.	»	»	»	»	5 40	»
0 fr. 45 LE CIGARE.														
Africana	Londrecitos 1ª	15	45 00	»	»	»	2 70	15 bis.	»	»	»	»	4 80	»
Aguila de Oro (Bock y Cª)	Reinas	15	»	22 50	»	»	2 70	15 bis.	»	»	»	»	4 80	»
Cabañas	Ansolmitos	15	45 00	»	»	»	2 70	15 bis.	»	»	»	»	4 80	»
	Reinas finas	15	»	22 50	»	»	2 70	15 bis.	»	»	»	»	4 80	»
Carolina	Conchas 1ª	15	45 00	»	»	»	2 70	15 bis.	»	»	»	»	4 80	»
	Preciosas	15	»	22 50	»	»	2 70	15 bis.	»	»	»	»	4 80	»
	Londres 2ª	15	45 00	»	»	»	2 70	15 bis.	»	»	»	»	4 80	»
Carvajal	Conchas finas	15	»	22 50	»	»	2 70	15 bis.	»	»	»	»	4 80	»
	Brevas	15	45 00	»	»	»	2 70	15 bis.	»	»	»	»	4 80	»
H. Clay	Reina extra fina	15	»	22 50	»	»	2 70	15 bis.	»	»	»	»	4 80	»
Comercial	Regª Reina Chica	15	45 00	»	»	»	2 70	15 bis.	»	»	»	»	4 80	»
	Trabucos	15	45 00	»	»	»	2 70	15 bis.	»	»	»	»	4 80	»
Corona	Conchas bouquets	15	»	22 50	»	»	2 70	15 bis.	»	»	»	»	4 80	»

MARQUE DE FABRIQUE	DÉSIGNATION DES ESPÈCES	NUMÉRO de série	VENTE DANS LES BUREAUX SPÉCIAUX et par l'intermédiaire des entrepôts ordinaires. Le coffret de 100 cigares.	50 cigares.	25 cigares.	VENTE DANS LES BUREAUX spéciaux. Le paquet de 4 cigares.	6 cigares.	NUMÉRO de série.	VENTE DANS LES BUREAUX SPÉCIAUX ET DANS LES DÉBITS ORDINAIRES. Petites boîtes à couvercle de verre. de 1.	de 2.	de 4.	de 6.	de 10.	Étuis de 5 cigares.
			fr. c.	fr. c.	fr. c.	fr. c.	fr. c.		fr. c.	fr. c.	fr. c.	fr. c.	fr. c.	fr. c.
0 fr. 45 LE CIGARE (Suite.)														
Flor de Cuba	Reinas	15	»	22 50	»	»	2 70	15 bis.	»	»	»	»	4 80	»
Legitimidad	Idem	15	»	22 50	»	»	2 70	15 bis.	»	»	»	»	4 80	»
Upmann	Princesas	15	45 00	»	»	»	2 70	15 bis.	»	»	»	»	4 80	»
	Reinas	15	»	22 50	»	»	2 70	15 bis.	»	»	»	»	4 80	»
Vencedora	Conchas especiales	15	»	22 50	»	»	2 70	15 bis.	»	»	»	»	4 80	»
0 fr. 40 LE CIGARE.														
Africana	Trabucos	16	»	20 00	»	»	2 40	16 bis.	»	»	»	»	4 30	»
Aguila de Oro (Bock y Cª)	Principes	16	»	20 00	»	»	2 40	16 bis.	»	»	»	»	4 30	»
Cabañas	Medianos	16	40 00	»	»	»	2 40	16 bis.	»	»	»	»	4 30	»
	Princesas	16	40 00	»	»	»	2 40	16 bis.	»	»	»	»	4 30	»
Carolina	Favoritos	16	»	20 00	»	»	2 40	16 bis.	»	»	»	»	4 30	»
Carvajal	Londres finos	16	40 00	»	»	»	2 40	16 bis.	»	»	»	»	4 30	»
	Elegantes	16	40 00	»	»	»	2 40	16 bis.	»	»	»	»	4 30	»
H. Clay	Conchas	16	»	20 00	»	»	2 40	16 bis.	»	»	»	»	4 30	»
Comercial	Favoritas	16	40 00	»	»	»	2 40	16 bis.	»	»	»	»	4 30	»
Corona	Ponies	16	»	20 00	»	»	2 40	16 bis.	»	»	»	»	4 30	»
	Princesas	16	40 00	»	»	»	2 40	16 bis.	»	»	»	»	4 30	»
Flor de Cuba	Regª Reina Chica	16	40 00	»	»	»	2 40	16 bis.	»	»	»	»	4 30	»
Intimidad	Reinas	16	40 00	»	»	»	2 40	16 bis.	»	»	»	»	4 30	»
Legitimidad	Flor de Prensados	16	40 00	»	»	»	2 40	16 bis.	»	»	»	»	4 30	»
Matilde	Infantes	16	40 00	»	»	»	2 40	16 bis.	»	»	»	»	4 30	»
Villar y Villar	Princesas	16	40 00	»	»	»	2 40	16 bis.	»	»	»	»	4 30	»
0 fr. 35 LE CIGARE.														
Africana	Coquetas	18	35 00	»	»	»	2 10	18 bis.	»	»	»	»	3 80	»
Aguila de Oro (Bock y Cª)	Londres de Corto	18	35 00	»	»	»	2 10	18 bis.	»	»	»	»	3 80	»
	Londrocitos	18	35 00	»	»	»	2 10	18 bis.	»	»	»	»	3 80	»
Cabañas	Preciosos	18	35 00	»	»	»	2 10	18 bis.	»	»	»	»	3 80	»
Carolina	Londres de Corto	18	35 00	»	»	»	2 10	18 bis.	»	»	»	»	3 80	»
Carvajal	Regª de Damas	18	»	17 50	»	»	2 10	18 bis.	»	»	»	»	3 80	»
	Ponies	18	»	17 50	»	»	2 10	18 bis.	»	»	»	»	3 80	»
H. Clay	Coquetas	18	»	17 50	»	»	2 10	18 bis.	»	»	»	»	3 80	»
	Idem	18	»	17 50	»	»	2 10	18 bis.	»	»	»	»	3 80	»
Flor de Cuba	Princesas	18	35 00	»	»	»	2 10	18 bis.	»	»	»	»	3 80	»
	Coquetas	18	»	17 50	»	»	2 10	18 bis.	»	»	»	»	3 80	»
Legitimidad	Princesas	18	35 00	»	»	»	2 10	18 bis.	»	»	»	»	3 80	»
Tabacos	Entreactos	18	35 00	»	»	»	2 10	18 bis.	»	»	»	»	3 80	»
Upmann	Idem	18	35 00	»	»	»	2 10	18 bis.	»	»	»	»	3 80	»

MARQUE DE FABRIQUE.	DÉSIGNATION DES ESPÈCES.	NUMÉRO de série.	VENTE DANS LES BUREAUX SPÉCIAUX et par l'intermédiaire des entrepôts ordinaires. Le coffret de 100 cigares.	50 cigares.	25 cigares.	VENTE DANS LES BUREAUX spéciaux. Le paquet de 4 cigares.	6 cigares.	NUMÉRO de série.	VENTE DANS LES BUREAUX SPÉCIAUX ET DANS LES DÉBITS ORDINAIRES. Petites boîtes à couvercle de verre. de 1.	de 2.	de 4.	de 6.	de 10.	Étuis de 5 cigares.
			fr. c.	fr. c.	fr. c.	fr. c.	fr. c.		fr. c.	fr. c.	fr. c.	fr. c.	fr. c.	fr. c.
0 fr. 30 LE CIGARE.														
Cabañas	Chiquitos	19	30 00	»	»	»	1 80	19 bis	»	»	»	»	3 30	»
Corona	Young Ladies	19	30 00	»	»	»	1 80	19 bis	»	»	»	»	3 30	»
Flor de Cuba	Pigmeos	19	30 00	»	»	»	1 80	19 bis	»	»	»	»	3 30	»
Legitimidad	Damas	19	30 00	»	»	»	1 80	19 bis	»	»	»	»	3 30	»
Vencedora	Coquetas	19	30 00	»	»	»	1 80	19 bis	»	»	»	»	3 30	»
Villar y Villar	Damas	19	30 00	»	»	»	1 80	19 bis	»	»	»	»	3 30	»
Manille	Conchitas	19	»	15 00	»	»	»	19 bis	»	»	»	»	3.30	»
0 fr. 25 LE CIGARE.														
Manille	Conchas	20	»	12 50	»	»	»	20 bis	»	»	»	»	2 80	1 40

2° CIGARES ORDINAIRES DE LA HAVANE ET DE MANILLE.

VENTE DANS LES BUREAUX SPÉCIAUX ET DANS LES DÉBITS ORDINAIRES.

MARQUE	DÉSIGNATION	NUMÉRO	100 cigares	50 cigares	25 cigares	4 cigares	6 cigares	NUMÉRO	de 1	de 2	de 4	de 6	de 10	Étuis
Havane	Impériales	12	»	30 00	»	»	»	.....	»	»	»	»	»	»
Havane	Cazadores	14	»	25 00	»	»	»	.....	»	»	»	»	»	»
Havane	Conchas	17	»	»	»	1 60	»	.....	»	»	»	»	»	»
Manille	Cheroots	21	20 00	»	»	»	»	.....	»	»	»	»	»	»

3° CIGARES DE FRANCE. — MODULES DIVERS.

MARQUE	DÉSIGNATION	NUMÉRO	100 cigares	50 cigares	25 cigares	4 cigares	6 cigares	NUMÉRO	de 1	de 2	de 4	de 6	de 10	Étuis
La Esfinge	Escepcionales	»	»	»	»	»	»	31 bis	»	»	»	»	»	2 70
	Non plus ultra	»	»	»	»	»	»	32 bis	»	»	»	»	»	2 15
	Excelentes	»	»	»	»	»	»	33 bis	»	»	»	»	»	1 90
	Preciosos	»	»	»	»	»	»	34 bis	»	»	»	»	»	1 65
	Reinas	»	»	»	»	»	»	35 bis	»	»	»	»	»	1 40

MODULES SPÉCIAUX.

VENTE DANS LES BUREAUX SPÉCIAUX ET PAR L'INTERMÉDIAIRE DES ENTREPÔTS ORDINAIRES.

MARQUE	DÉSIGNATION	PRIX.	NUMÉRO	100 cigares	50 cigares	25 cigares	4 cigares	6 cigares	
El Fenix	Patriotas	0f 50	31	»	»	12 50	»	»	.....
	Esquisitos	0 40	32	»	»	10 00	»	»	.....
	Bouquets	0 30	34	»	»	7 50	»	»	.....
Carmencita	Alfredos	0 50	31	»	»	12 50	»	»	.....
	Rigolettos	0 40	32	»	»	10 00	»	»	.....
	Regª Fina	0 35	33	»	»	8 75	»	»	.....
	Victorias	0 30	34	»	»	7 50	»	»	.....
	Reinitas	0 25	35	»	»	6 25	»	»	.....

Modules spéciaux réservés aux propriétaires de cafés, casinos, cercles ou restaurants.

4° CIGARETTES FABRIQUÉES A L'ÉTRANGER.

ORIGINE.	DÉSIGNATION DES ESPÈCES.	NUMÉRO de SÉRIE.	PRIX du KILOGRAMME.	BOITES de 100.	de 50.	de 25.	de 20.	de 10.
			fr. c.	fr. c.	fr. c.	fr. c.	fr. c.	fr. c.
Ottomanes	En A'ala (grosses)	4	150 00	15 00	»	3 75	»	1 50
	En A'ala (minces)	7	120 00	12 00	»	3 00	»	1 20
	Yaka (grosses)	8	100 00	10 00	»	2 50	»	1 00
	Yaka (minces)	10	80 00	8 00	»	2 00	»	0 80
	Baffra	14	60 00	»	»	»	1 20	0 60
	Broussa	15	55 00	»	»	»	1 10	0 55
	Nazir	16	50 00	»	»	»	1 00	0 50
Égyptiennes	Cléopâtre	6	130 00	13 00	6 50	»	»	1 30
	Khédivo	8	100 00	10 00	5 00	2 50	»	»
	Khédive	10	80 00	8 00	4 00	2 00	»	»
	La Nubienne	7	120 00	12 00	6 00	3 00	»	»
	Imperiales	10	80 00	»	»	2 00	»	»
	Le Kkalife	6	130 00	13 00	6 50	3 25	»	1 30
	Le Pacha	9	80 00	9 00	4 50	2 25	»	0 90
Américaines	Richmond Gem (straight cut)	9	90 00	»	»	»	»	»
	Richmond Gem (étui)	11	75 00	»	»	»	1 50	»
	Richmond Gem (bondons)	11	75 00	»	»	»	1 50	»
Russes	Royales	8	100 00	»	»	2 50	»	1 00
	Palma	14	60 00	»	»	1 50	»	0 60
Havane	Hebra (paquets)	18	40 00	»	»	»	0 80	»
	Havane picadura (paquets)	21	25 00	»	»	»	0 50	»
Algériennes	Hygiéniques	16	50 00	»	»	1 25	»	»
	Pur Havane	20	30 00	»	»	»	0 60	»

5° SCAFERLATIS FABRIQUÉS A L'ÉTRANGER.

ORIGINE.	DÉSIGNATION DES ESPÈCES.	NUMÉRO de SÉRIE.	PRIX du KILOGRAMME.	BOITES OU PAQUETS DE 250 gr.	125 gr.	100 gr.	62 gr. 5.	25 gr.
Ottomans	En A'ala	1	100 00	»	»	10 00	»	2 50
	Yaka	2	60 00	»	»	6 00	»	1 50
Américain	Richmond Gem	3	32 00	»	»	»	2 00	»
Anglais	Three Castles	4	28 00	»	»	»	1 75	»
	Dost Bird, S. Eye	5	24 00	6 00	»	»	1 50	»
Havano	Hebra	5	24 00	»	3 00	»	»	»

Tableau des prix de vente des tabacs livrés pour l'exportation.

(Décision ministérielle du 10 mars 1888.)

DÉSIGNATION DES TABACS.			PRIX DE VENTE aux consommateurs par kilogramme.	PRIX NET A PAYER par kilogramme par l'exportateur quelle que soit l'importance des levées particielles.
			fr. c.	fr. c.
Cigares exceptionnels de la Havane.	Marques et modules divers . .	1f50c la pièce, en coffrets d'origine.	375.00	339 00
		1 25 idem.	312 50	276 50
		1 00 idem.	250 00	214 00
		0 80 idem.	200 00	164 00
		0 60 idem.	150 00	138 00
		0 50 idem.	125 00	113 00
		0 45 idem.	112 50	100 50
		0 40 idem.	100 00	88 00
		0 35 idem.	87 50	75 50
		0 30 idem. . . . . ·	75 00	63 00
Cigares de la Havane, vente courante.	Impériales	0 60 idem.	150 00	128 00
	Cazadores.	0 50 idem.	125 00	104 00
	Conchas.	0 40 idem.	100 00	80 00
Cigares de Manille.	Conchitas (flor de la Isabela) .	0 30 idem.	75 00	53 00
	Conchas (flor de la Isabela) . .	0 25 idem.	62 50	41 00
	Nuevos cortados	0 20 idem.	50 00	32 00
	Londrès extra.	0 35 la pièce, en coffrets de 50 et en paquets de 6 cigares.	87 50	64 00
	Cazadores chicos.	0 35 la pièce, en coffrets de 50 et de 25 et en paq. de 6 cig.	87 50	64 00
	Londrès et Trabucos finos. . .	0 30 idem.	75 00	53 00
	Brevas.	0 30 la pièce, en coffrets de 100 cigares.	75 00	53 00
	Camelias et Aromaticos.	0 25 la pièce, en coffrets de 50 et de 25 et en paq. de 6 cig.	62 50	41 00
Cigares de France.	Operas	0 20 la pièce, en coffrets de 100 et de 25 et en paq. de 6 cig.	50 00	35 00
	Favoritos	0 20 idem.	50 00	35 00
	Londrecitos.	0 15 la pièce, en coffrets de 100 et de 50.	37 50	30 00
	Millares.	0 15 idem.	37 50	30 00
	0f 10c (cylindriq. et comprimés)	0 10 la pièce, en coffrets de 250, de 100 et de 50 et en paquets de 25 et de 10 cigares.	25 00	16 20
	0 075 (cylindriques et carrés) .	0 075 la pièce, en paquets de 25 et de 10 cigares	18 75	11 70
	0 05 (bout-tourné, bout coupé).	0 05 la pièce, en paquets de 25 cigares	12 50	7 20
Cigarettes. (1,000 cigarettes sont comptées pour 1 kilogramme.)	Façon russe.	En boîtes de 10 cigarettes	50 00	28 80
	Ordinaires dites Chasseurs . .	En coffres de 1,000 ou en boîtes de 20 cigarettes.	25 00	14 40
	De la Havane.	En paquets de 20 cigarettes	25 00	14 40
	De vente spéciale, marques et modules divers.	En boîtes de 100, de 50 et de 25 cigarettes.	Prix divers.	Remise 10 pour 100.
	Hongroises	Vizir en boîtes de 100 et de 50 et en paq. de 20 cigarettes.	50 00	30 00
		Levant supérieur, idem.	45 00	26 00
		Caporal supérieur, Maryland, Levant, idem.	40 00	20 80
		Caporal ordinaire, idem.	35 00	18 40
	Élégantes	Vizir en boîtes de 100 et de 50 et en paq. de 20 cigarettes.	40 00	24 00
		Levant supérieur, idem.	35 00	21 00
		Caporal supérieur, Maryland, Levant, idem	30 00	16 00
		Caporal ordinaire.	25 00	13 60
	Medianas	Vizir en paquets de 20 cigarettes	35 00	21 00
		Levant supérieur, idem.	30 00	18 40
		Caporal supérieur, Maryland, Levant, idem	25 00	13 60
		Caporal ordinaire, idem.	20 00	10 40
	Françaises	Vizir en paquets de 20 cigarettes	30 00	18 40
		Levant supérieur, idem.	25 00	14 40
		Caporal supérieur, Maryland, Levant, idem	20 00	10 40
		Caporal ordinaire, idem.	15 00	8 00
	Cigarettes sans papier	Damitas. en coffrets de 100 et en paquets de 20 cigarettes.	100 00	72 00
		Señoritas, idem.	75 00	54 00
		Niñas, Habana, San-Felice en paquets de 20 cigarettes. . .	50 00	36 00
Tabac à priser	Poudre étrangère.	Virginie pur, Virginie haut goût, Virginie et Amersfort, Portugal, Cuba, Espagne, Hollande	16 00	6 20
	Poudre supérieure	. . . .	16 00	6 20
	Poudre ordinaire.	. . . .	12 50	4 80
Tabac à fumer	Scaferlati étranger.	Giubeck, Dubèque aromatique.	45 00	40 50
		Vizir supérieur, Phoresli, Sultan doux, Samsoun supérieur.	35 00	31 50
		Vizir, Lattaquich supérieur, Dubèque moyen.	25 00	20 00
		Levant supérieur	20 00	13 00
		Virginie, Maryland, Varinas, Levant, Lattaquich.	16 00	6 20
	Scaferlati supérieur.	. . . .	16 00	6 20
	Scaferlati ordinaire	. . . .	12 50	4 80
Tabac à mâcher . . .	Rôles menu-filés	En rôles de 1 hectogramme	16 00	6 20
	Rôles ordinaires	En rôles de 5 hectogrammes ou de 1 kilogramme . . .	12 50	4 80
Carottes.	Ordinaires à fumer	. . . .	12 50	4 80
	Fermentées à pulvériser . . .	. . . .	12 50	4 80

Note (en marge, cigares) : 250 cigares, quel qu'en soit le poids réel, sont comptés pour 1 kilogramme.

TABLE

ANNEXES

8256. — May et Motteroz, L.-Imp. réunies,
7, rue Saint-Benoît, Paris.

8256. — MAY & MOTTEROZ, L.-Imp. réunies

7, rue Saint-Benoît, Paris